高职高专机电一体化专业规划教材

传感器原理及应用技术

杜晓妮　吴　辉　主编
金龙国　主审

電子工業出版社
Publishing House of Electronics Industry
北京·BEIJING

内 容 简 介

本书介绍各种传感器的工作原理、基本特性及其在实际工程中的应用技术。全书共有9章，主要内容包括：传感器基础，光电、霍尔、电感式、电容式、电阻式、超声波、数字式等传感器及其他典型传感器的工作原理、性能、测量电路及工程应用，各种传感器与实际工程检测技术相结合的应用实例。

本书可作为高职高专机电一体化、电气自动化等专业的教材，也可供有关工程技术人员参考。

图书在版编目(CIP)数据

传感器原理及应用技术/杜晓妮，吴辉主编. --北京：电子工业出版社，2014.6
高职高专机电一体化专业规划教材
ISBN 978-7-121-23206-0

Ⅰ. ①传… Ⅱ. ①杜… ②吴… Ⅲ. ①传感器－高等职业教育－教材 Ⅳ. ①TP212

中国版本图书馆CIP数据核字(2014)第098185号

策划编辑：朱怀永
责任编辑：朱怀永　　　特约编辑：王　纲
印　　刷：北京虎彩文化传播有限公司
装　　订：北京虎彩文化传播有限公司
出版发行：电子工业出版社
　　　　　北京市海淀区万寿路173信箱　邮编　100036
开　　本：787×1 092　1/16　　印张：13　　字数：333千字
版　　次：2014年6月第1版
印　　次：2023年1月第5次印刷
定　　价：29.00元

凡所购买电子工业出版社图书有缺损问题，请向购买书店调换，若书店售缺，请与本社发行部联系，联系及邮购电话：(010)88254888。

质量投诉请发邮件至 zlts@phei.com.cn，盗版侵权举报请发邮件至 dbqq@phei.com.cn。

服务热线：(010)88258888。

编审编委会

丛书序言

2006年国家先后颁布了一系列加快振兴装备制造业的文件，明确指出必须加快产业结构调整，推动产业优化升级，加强技术创新，促进装备制造业持续稳定发展，为经济平稳较快发展做出贡献，使我们国家能够从世界制造大国成长为世界制造强国、创造强国。党的十八大又一次强调坚持走中国特色新型工业化、信息化道路，推动信息化和工业化深度融合，推动战略性新兴产业、先进制造业健康发展，加快传统产业转型升级。随着科技水平的迅猛发展，机电一体化技术的广泛应用大幅度地提高了产品的性能和质量，提高了制造技术水平，实现了生产方式的自动化、柔性化、集成化，增强了企业的竞争力，因此，机电一体化技术已经成为全面提升装备制造业、加快传统产业转型升级的重要抓手之一，机电一体化已是当今工业技术和产品发展的主要趋向，也是我国工业发展的必由之路。

随着国家对装备制造业的高度重视和巨大的传统产业技术升级需求，对机电一体化技术人才的需求将更加迫切，培养机电一体化高端技能型人才成为国家装备制造业有效高速发展的必要保障。但是，相关部门的调查显示，机电一体化技术专业面临着两种矛盾的局面：一方面社会需求量巨大而迫切，另一方面职业院校培养的人才失业人数不断增大。这一现象说明，我们传统的机电一体化人才培养模式已经远远不能满足企业和社会需求，现实呼吁要加大力度对机电一体化技术专业人才培养能力结构和专业教学标准的研究，特别是要进一步探讨培养“高端技能型人才”的机电一体化技术人才职业教育模式，需要不断探索、完善机电一体化技术专业建设、教学建设和教材建设。

正式基于以上的现状和实际需求，电子工业出版社在广泛调研的基础上，2012年确立了“高职高专机电一体化专业工学结合课程改革研究”的课题，统一规划，系统设计，联合一批优秀的高职高专院校共同研究高职机电一体化专业的课程改革指导方案和教材建设工作。寄希望通过院校的交流，以及专业标准、教材及教学资源建设，促进国内高职高专机电一体化专业的快速发展，探索出培养机电一体化“高端技能型人才”的职业教育模式，提升人才培养的质量和水平。

该课题的成果包括《工学结合模式下的高职高专机电一体化专业建设指导方案》和专业课程系列教材。系列教材突破传统教材编写模式和体例，将专业性、职业性和学生学习指南以及学生职业生涯发展紧密结合。具有以下特点：

1. 统一规划、系统设计。在电子工业出版社统一协调下，由深圳职业技术学院等二十余所高职高专示范院校共同研讨构建了高职高专机电一体化专业课程体系框架及课程标准，较好地解决了课程之间的序化和课程知识点分配问题，保证了教材编写的系统性和内在关联性。

2. 普适性与个性结合。教材内容的选取在统一要求的课程体系和课程标准框架下考虑，特别是要突出机电一体化行业共性的知识，主要章节要具有普适性，满足当前行业企业的主要能力需求，对于具有区域特性的内容和知识可以作为拓展章节编写。

3. 强调教学过程与工作过程的紧密结合，突破传统学科体系教材的编写模式。专业课程教材采取基于工作过程的项目化教学模式和体例编写，教学项目的教学设计要突出职业性，突出将学习情境转化为生产情境，突出以学生为主体的自主学习。

4. 资源丰富，方便教学。在教材出版的同时为教师提供教学资源库，主要内容为：教学课件、习题答案、趣味阅读、课程标准、教学视频等，以便于教师教学参考。

为保证教材的产业特色、体现行业发展要求、对接职业标准和岗位要求、保证教材编写质量，本系列教材从宏观设计开发方案到微观研讨和确定具体教学项目（工作任务），都倾注了职业教育研究专家、职业院校领导和一线教学教师、企业技术专家和电子工业出版社各位编辑的心血，是高等职业教育教材为适应学科教育到职业教育、学科体系到能力体系两个转变进行的有益尝试。

本系列教材适用于高等职业院校、高等专科学校、成人高校及本科院校的二级职业技术学院机电一体化专业使用，也可作为上述院校电气自动化、机电设备等专业的教学用书。

本系列教材难免有不足之处，请各位专家、老师和广大读者不吝指正，希望本系列教材的出版能为我国高职高专机电类专业教育事业的发展和人才培养做出贡献。

“高职高专机电一体化专业工学结合课程改革研究”课题组
2013 年 6 月

前　言

《传感器原理及应用技术》是为高职高专院校机电一体化、电气自动化等专业编写的专业课教材，是编者们在多年从事传感器类课程的教学及科研的基础上编写而成的。本书内容丰富、全面、新颖，力求由浅入深，在讲述各种传感器的原理及特性时，尽量讲清楚相关的各种物理概念；在介绍各种传感器的工程应用时，充分结合实际生产与工程实践，使本教材具有一定的实用与参考价值。本书编写过程中充分考虑了传感器的实际应用与教学内容的需要，并希望以此促进各专业传感器课程的教学。

全书内容主要分为两部分，第一部分主要介绍传感器的基础理论知识；第二部分系统地介绍各种传感器的原理、结构、应用等内容，目的在于培养学生选择和使用各种传感器的技巧，使学生在掌握传感器基本原理的基础上，更进一步地利用这些知识来解决实际工程应用中的具体问题。

全书共分为 9 章，除去第 1 章传感器基础理论概述之外，其余的 8 章内容都具有独立性，在使用本教材时，可根据不同专业的要求和特点，对内容进行适当的取舍。

本书可作为高职高专机电一体化、电气自动化等专业的教材，也可供有关工程技术人员参考。

本书由杜晓妮编写第 1 章、第 7 章 、第 9 章；吴辉编写第 3 章、第 4 章、第 5 章；宋剑英编写第 2 章、第 6 章；崔连涛编写第 8 章。本书由杜晓妮担任第一主编和统稿，由吴辉担任第二主编，由青岛职业技术学院金龙国教授主审。全书在编写过程中，得到了许多同行的支持，他们提出了许多宝贵的意见，同时，电子工业出版社的编辑同志工作认真负责，对本书的出版提供了大力支持，在此一并表示衷心的感谢。本书在编写过程中，参阅了许多文献，在此向参考文献的作者致谢。

由于作者水平有限，书中难免会有不足之处，恳请广大读者批评指正。

作　者

2013 年 11 月

目　录

第1章 传感器概述

本章主要内容

1. 传感器基础知识；
2. 传感器的基本特性；
3. 传感器的标定与校准；
4. 传感器的应用与发展趋势。

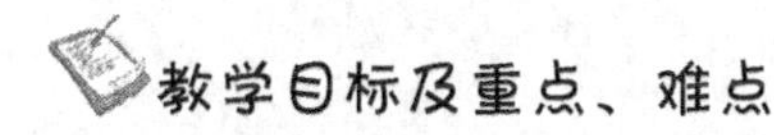

教学目标及重点、难点

教学目标

1. 了解传感器的定义、作用、特性及发展趋势；
2. 掌握传感器的组成、分类及标定方法。

重点：传感器的定义、作用、组成、分类、特性。

难点：传感器的标定与校准方法。

1.1 传感器基础知识

1.1.1 传感器的定义及作用

1. 传感器的定义

传感器是指能感受规定的被测量并按一定规律转换成可用输出信号的器件或装置，所以传感器又称敏感元件、检测器件、转换器件等。传感器的输出量通常是电信号，它便于传输、转换、处理、显示等。电信号有很多形式，如电压、电流等，输出信号的形式通常由传感器的原理确定。

如在电子技术中的热敏元件、磁敏元件、光敏元件及气敏元件，在机械测量中的转矩、转速测量装置，在超声波技术中的压电式换能器等都可以统称为传感器。

根据中华人民共和国国家标准《传感器通用术语》(GB/T 7665—2005)，传感器(transducer/sensor)的定义是：能感受规定的被测量并按照一定的规律转换成可用输出信号的器件或装置，通常由敏感元件和转换元件组成，如图1-1所示。

2. 传感器的作用

世界已经进入信息时代，传感器是构成现代信息技术的三大支柱之一，人们在利用信息的过程中，首先要获取信息，而传感器是获取信息的主要手段和途径。构成现代信息技术的三大支柱：

传感器技术—信息采集——“感官”；

通信技术—信息传输——“神经”；

计算机技术—信息处理——“大脑”。

目前,传感器涉及的领域有：现代大工业生产、基础学科研究、宇宙开发、海洋探测、军事国防、环境保护、资源调查、医学诊断、智能建筑、汽车、家用电器、生物工程、商检质检、公共安全甚至文物保护等。

传感器的作用和功能可以概括为：

- 测量与数据采集；
- 检测与控制；
- 诊断与监测；
- 辅助观测仪器；
- 资源探测；
- 环境保护；
- 家用电器；
- 医疗卫生。

1.1.2 传感器的组成与分类

1. 传感器的组成

传感器的基本功能是检测信号和进行信号转换,因此传感器通常由敏感元件、转换元件和其他辅助件构成,有时也将信号调节与转换电路、辅助电源作为传感器的组成部分,如图 1-1 所示。

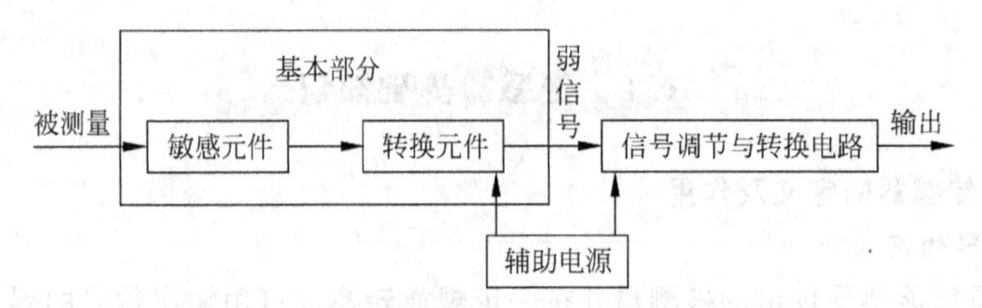

图 1-1 传感器的基本组成

(1) 敏感元件

敏感元件一般指直接感受被测量(一般为非电量),并输出与被测量成确定关系的其他量(一般为电量)的元件。如应变式压力传感器的弹性膜片就是敏感元件,它的作用是将压力转换为弹性膜片的变形。敏感元件如果直接输出电量(热电偶),它就同时兼为转换元件了。还有些传感器的敏感元件和转换元件合为一体,如压阻式压力传感器。

(2) 转换元件

转换元件又称变换器、传感元件,一般情况下,它不直接感受被测量,而是将敏感元件的输出量转换为电量输出,如应变式压力传感器中的应变片就是转换元件,它的作用是将弹性膜片的变形转换为电阻值的变化。转换元件有时也直接感受被测量而输出与被测量成确定关系的电量,如热电偶和热敏电阻。

(3) 信号调节与转换电路

信号调节与转换电路是指能把转化元件输出的电信号转换为便于显示、记录、处理和控制的有用电信号的电路。信号调节与转换电路的种类要视转换元件的类型而定，常用的电路有电桥、放大器、振荡器、阻抗变换器等。

2. 传感器的分类

一般情况下，对某一物理量的测量可以使用不同的传感器，而同一传感器又往往可以测量不同的多种物理量。所以，传感器从不同的角度有许多分类方法。

目前一般采用两种分类方法：

一种是按被测参数分类，如对温度、压力、位移、速度等的测量，相应的有温度传感器、压力传感器、位移传感器、速度传感器等。

另一种是按传感器的转换原理分类，易于从原理上认识传感器的变换特性。每一种传感器需要配以原理上基本相同的测量电路，如果再配上不同的敏感元件，就可以实现多种非电量的测量，有利于扩大传感器的应用范围。按转换原理分类，把传感器分为两大类，第一类为能量控制型传感器，第二类为能量转换型传感器。前一类需要外附电源，传感器才能工作，因而是无源的，它能用于静态和动态的测量；后一类能把非电量直接变为电量，一般不需要电源，是有源的，因而又称发电式传感器，它主要用于动态的测量。

① 按检测对象：温度、压力、位移等传感器。

② 按传感器原理或反应效应：光电、压电、热阻等传感器。

③ 按传感器材料分类：半导体，有机、无机材料，生物材料传感器。

④ 按应用领域：化工、纺织、电力、交通等传感器。

⑤ 按输出信号形式：模拟和数字传感器。

1.2　传感器的基本特性

在检测控制系统和科学实验中，需要对各种参数进行检测和控制，而要达到比较优良的控制性能，则必须要求传感器能够感测被测量的变化并且不失真地将其转换为相应的电量，这种要求主要取决于传感器的基本特性。传感器的基本特性主要分为静态特性和动态特性。

1.2.1　传感器的静态特性

传感器的静态特性指传感器的输入为不随时间变化的恒定信号或缓慢变化时，传感器的输出与输入之间的关系。传感器的静态特性可以用代数方程和其特性指标来描述。

1. 数学描述

如果不考虑迟滞及蠕变效应，其静态特性可用下列代数方程来表示。

蠕变：固体材料在保持应力不变的条件下，应变随时间延长而增加的现象。

$$y = a_0 + a_1 x + a_2 x^2 + \cdots + a_n x^n \tag{1-1}$$

式中，x——传感器的输入量；

y——传感器的输出量；

$a_0, a_1, \cdots, a_n$——决定特性曲线的形状和位置的系数，一般通过传感器的校准试验数据经曲线拟合求得，可正可负。

理想线性情况下：$y=a_1x$。

传感器的静态特性指标主要是通过校准试验来获取的。所谓校准试验，就是在规定的试验条件下，利用一定等级的校准设备，给传感器加上标准的输入量而测出其相应的输出量，如此进行反复测试，得到输出-输入数据，一般用表列出或用曲线画出。

2. 特性指标

特性指标主要包括线性度、灵敏度、迟滞、重复性、分辨力、漂移、稳定性、阈值等。

(1) 线性度

其反映传感器输出量与输入量之间数量关系的线性程度，指传感器输出量与输入量之间的实际关系曲线偏离拟合直线的程度，定义为在全量程范围内实际特性曲线与拟合直线之间的最大偏差值 Δ_{max} 与满量程输出值 Y_{FS} 之比，如图 1-2 和图 1-3 所示。在实际使用中，为了标定和数据处理的方便，希望得到线性关系，因此引入各种非线性补偿环节，如采用非线性补偿电路或计算机软件进行线性化处理，从而使传感器的输出与输入关系为线性或接近线性。但如果传感器非线性的方次不高，输入量变化范围较小时，可用一条直线(切线或割线)近似地代表实际曲线的一段，使传感器输入输出特性线性化，所采用的直线称为拟合直线。线性度也称非线性误差，用 γ 表示即

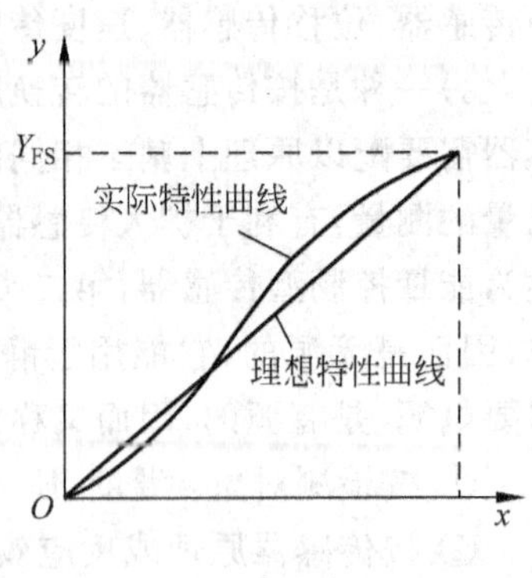

图 1-2 线性度(一)

$$\gamma = \pm \frac{\Delta_{max}}{Y_{FS}} \times 100\% \tag{1-2}$$

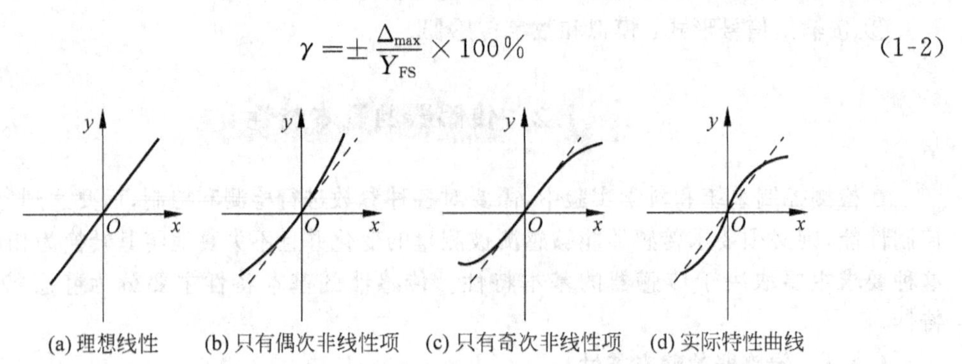

图 1-3 线性度(二)

(2) 灵敏度

灵敏度是传感器静态特性的一个重要指标，其定义为输出量的增量 Δy 与引起该增量的相应输入量增量 Δx 之比。用 S 表示灵敏度，即 $S=\frac{\Delta y}{\Delta x}$，它表示单位输入量的变化所引起传感器输出量的变化。显然，灵敏度 S 值越大，表示传感器越灵敏，如图 1-4 所示。

对线性传感器，S 是一个常数，对非线性传感器，S 是个变量 $S=\frac{dy}{dx}$，表示某一工作点的灵敏度。

从灵敏度的定义可知，传感器的灵敏度通常是一个有因次的量，因此表述某一传感器的灵敏度时，必须说明它的因次。

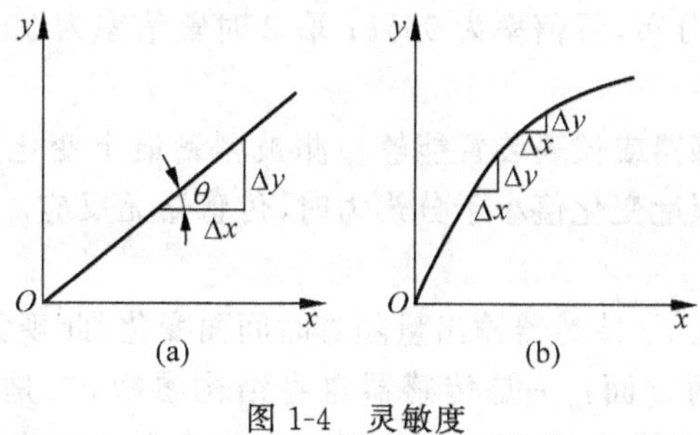

图 1-4 灵敏度

(3) 迟滞

传感器在输入量由小到大(正行程)及输入量由大到小(反行程)变化期间,其输入输出特性曲线不重合的现象称为迟滞,如图 1-5 所示。

对于同一大小的输入信号,传感器的正反行程输出信号大小不相等,这个差值称为迟滞差值。

迟滞误差:传感器在全量程范围内最大的迟滞差值 $\Delta H_{\max}$ 与满量程输出值 Y_{FS} 之比,用 γ_H 表示,即

$$\gamma_H = \frac{\Delta H_{\max}}{Y_{FS}} \times 100\% \tag{1-3}$$

产生迟滞现象主要是传感器敏感元件材料的物理性质和机械零部件的缺陷所造成的。例如,弹性敏感元件弹性滞后、运动部件摩擦、传动机构的间隙、紧固件松动等。迟滞误差又称回差或变差。

(4) 重复性

重复性是指传感器在输入量按同一方向作全量程连续多次变化时,所得特性曲线不一致的程度,如图 1-6 所示。

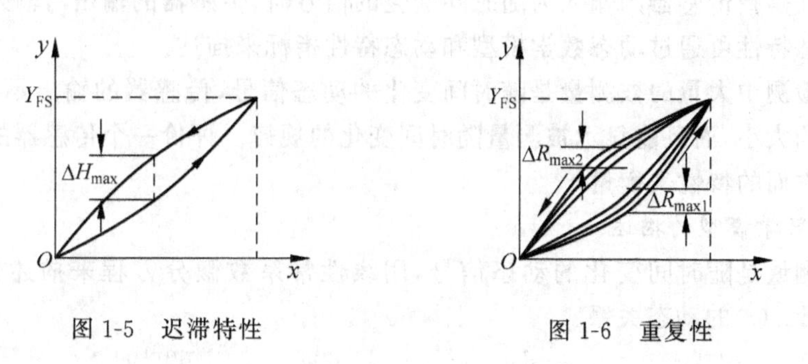

图 1-5 迟滞特性

图 1-6 重复性

重复性误差:属于随机误差,常用标准差 σ 计算,也可用正反行程中最大重复差值 $\Delta R_{\max}$ 计算,即

$$\gamma_R = \pm \frac{(2-3)\sigma}{Y_{FS}} \times 100\% \tag{1-4}$$

或

$$\gamma_R = \pm \frac{\Delta R_{\max}}{Y_{FS}} \times 100\% \tag{1-5}$$

式(1-4)中分别求出全部校准数据与其相应行程的标准偏差 σ,然后计算。σ 前的系数

取 2 时,误差完全依正态分布,置信率为 95%；取 3 时置信率为 99.73%。

(5) 分辨力

分辨力用来表示传感器或仪表装置能够检测被测量最小变化量的能力,通常以最小量程的单位值表示。当被测量变化值小于分辨力时,传感器无反应。

(6) 漂移

在输入量不变的情况下,传感器输出量随着时间而变化,此现象称为漂移。

产生漂移的原因有两方面：一是传感器自身结构参数,二是周围环境(如温度、湿度等)。最常见的漂移是温度漂移,即周围环境温度变化而引起输出量的变化,温度漂移主要表现为温度零点漂移和温度灵敏度漂移。

温度漂移通常用传感器工作环境温度偏离标准环境温度(一般为 20℃)时的输出值的变化量与温度变化量之比(ξ)来表示,即

$$\xi = \frac{y_t - y_{20}}{\Delta t} \tag{1-6}$$

式中,Δt——工作环境温度 t 与标准环境温度 t_{20} 之差,即 $\Delta t = t - t_{20}$；

y_t——传感器在环境温度 t 时的输出；

y_{20}——传感器在环境温度 t_{20} 时的输出。

(7) 稳定性

是指传感器在相当长的时间内仍保持其性能的能力,即在室温条件下,经过规定的时间间隔后,传感器的输出与起始标定时的输出之间的差异。

(8) 阈值

是指传感器产生可测输出变化量时的最小被测输入量值。

1.2.2 传感器的动态特性

动态特性是指传感器的输入为随时间变化的信号时,传感器的输出与输入之间的关系。传感器的动态特性可通过动态数学模型和动态特性指标来描述。

在实际检测中大量的被测量是随时间变化的动态信号,传感器的输出不仅需要能精确测量被测量的大小,而且能显示被测量随时间变化的规律。评价一个传感器的优劣,须从静态和动态两方面的特性来衡量。

1. 动态数学模型的描述

由于被测量是随时间变化的动态信号,用线性常系数微分方程来描述传感器输出量 $y(t)$ 与输入量 $x(t)$ 的动态关系：

$$a_n \frac{\mathrm{d}^n y}{\mathrm{d}t^n} + a_{n-1} \frac{\mathrm{d}^{n-1} y}{\mathrm{d}t^{n-1}} + \cdots + a_1 \frac{\mathrm{d}y}{\mathrm{d}t} + a_0 y = b_m \frac{\mathrm{d}^m x}{\mathrm{d}t^m} + b_{m-1} \frac{\mathrm{d}^{m-1} x}{\mathrm{d}t^{m-1}} + \cdots + b_1 \frac{\mathrm{d}x}{\mathrm{d}t} + b_0 x \tag{1-7}$$

式中,$a_0, a_1, \cdots, a_n$；$b_0, b_1, \cdots, b_m$ 是与传感器的结构特性有关的常系数。

对于常见的传感器,其动态模型通常可用零阶、一阶、二阶的常微分方程来描述,分别称为零阶系统、一阶系统、二阶系统。

(1) 零阶系统

当式(1-7)中除了 a_0, a_1 外,其他系数均为零,则 $a_0 y = b_0 x$,即 $y(t) = k \cdot x(t)$,$k = \frac{b_0}{a_0}$ 为

传感器静态灵敏度或放大系数,系统为零阶系统。

(2) 一阶系统

当式(1-7)中除了 a_0,a_1,b_0 外,其他系数均为零,则 $a_1\frac{\mathrm{d}y}{\mathrm{d}t}+a_0y=b_0x$,即 $\tau\frac{\mathrm{d}y(t)}{\mathrm{d}t}+y(t)=kx(t)$,系统为一阶系统或惯性系统。$\tau$ 为时间常数,k 为静态灵敏度。例如,不带套管热电偶测温系统可看做一阶系统。

(3) 二阶系统

二阶系统的微分方程:

$$a_2\frac{\mathrm{d}^2y}{\mathrm{d}t^2}+a_1\frac{\mathrm{d}y}{\mathrm{d}t}+a_0y=b_0x$$

改写为

$$a_2\frac{\mathrm{d}^2y(t)}{\mathrm{d}t^2}+2\xi\omega_{\mathrm{n}}\frac{\mathrm{d}y(t)}{\mathrm{d}t}+\omega_{\mathrm{n}}^2y(t)=\omega_{\mathrm{n}}^2kx(t) \tag{1-8}$$

式中,ξ——阻尼比;

k——静态灵敏度;

ω_{n}——系统的固有频率。

二阶系统分为两种情况:二阶惯性系统(特征方程为两个负实根)和二阶振荡系统(特征方程为一对带实部的共轭复根)。

例如带有套管的热电偶、RLC 振荡电路均可看做二阶系统。

用微分方程作为传感器的数学模型的优点是:通过求解微分方程容易分清暂态分量和稳态分量。

求解微分方程很麻烦,通常用传递函数来研究传感器的动态特性。

2. 动态特性的主要指标

研究传感器的动态特性有时需要从时域对传感器的响应和过渡过程进行分析,在进行时域分析时常用的标准输入信号有阶跃信号和脉冲信号。

其主要指标有时域单位阶跃响应性能指标和频域频率特性性能指标。

(1) 单位阶跃响应性能指标

① 二阶传感器。

二阶传感器的单位阶跃响应在很大程度上取决于阻尼比 ξ 和固有频率 ω_{n}。

$$\xi\begin{cases}=0,\text{无阻尼,等幅振荡}\\>1,\text{过阻尼,不振荡的衰减过程}\\=1,\text{临界阻尼,不振荡的衰减过程}\\(0,1),\text{衰减的振荡过程,}\xi\text{ 值不同,衰减快慢就不同}\end{cases}$$

ω_{n} 由传感器结构参数决定,它是等幅振荡的频率,ω_{n} 越高,传感器的响应越快。

如图 1-7(a)所示为衰减振荡的二阶传感器输出的单位阶跃响应曲线,单位阶跃响应的主要性能指标如下。

峰值时间 t_{p}——振荡峰值所对应的时间;

最大超调量 σ_{P}——响应曲线偏离稳态值的最大值;

上升时间 t_{r}——响应曲线从稳态值的 10%上升到稳态值的 90%所需的时间;

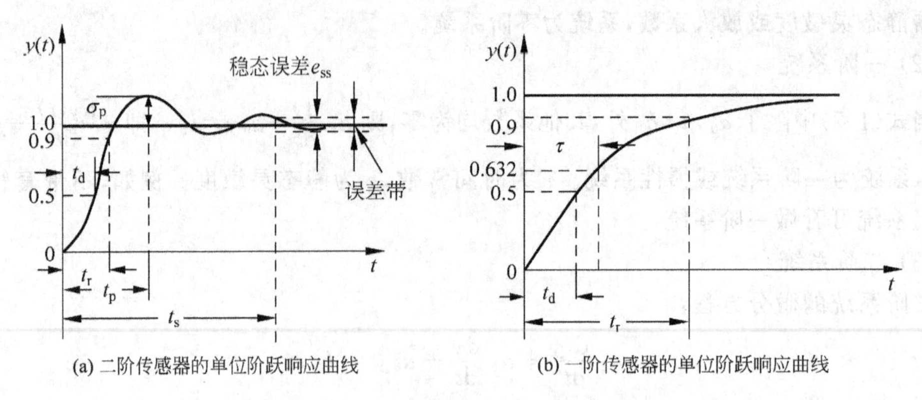

(a) 二阶传感器的单位阶跃响应曲线　　(b) 一阶传感器的单位阶跃响应曲线

图 1-7　一、二阶传感器时域动态响应特性

延迟时间 t_d——响应曲线上升到稳态值的 50%所需的时间；

调节时间 t_s——响应曲线进入并且不再超出误差带所需要的最短时间，误差带通常规定为稳态值的±5% 或±2%；

稳态误差 e_{ss}——系统响应曲线的稳态值与希望值之差。

②一阶传感器。

如图 1-7(b)所示为一阶传感器输出的单位阶跃响应曲线，单位阶跃响应的主要性能指标如下。

时间常数 τ——一阶传感器输出上升到稳态值的 63.2%所需的时间；

延迟时间 t_d——传感器输出达到稳态值的 50%所需的时间；

上升时间 t_r——传感器输出达到稳态值的 90%所需的时间。

(2) 频域频率特性性能指标

一阶传感器频率特性如图 1-8 所示，主要指标有时间常数 τ、截止频率。

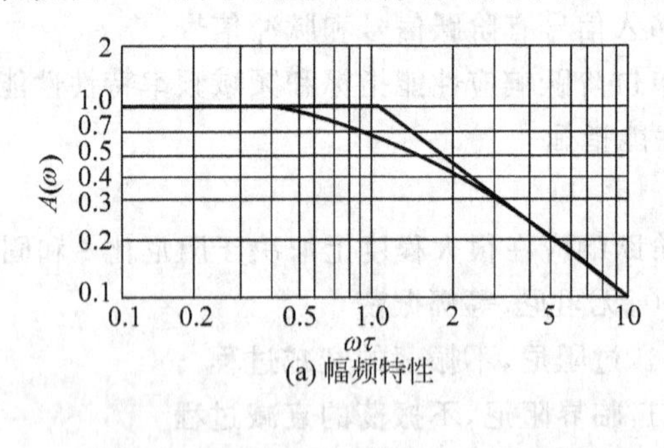

(a) 幅频特性

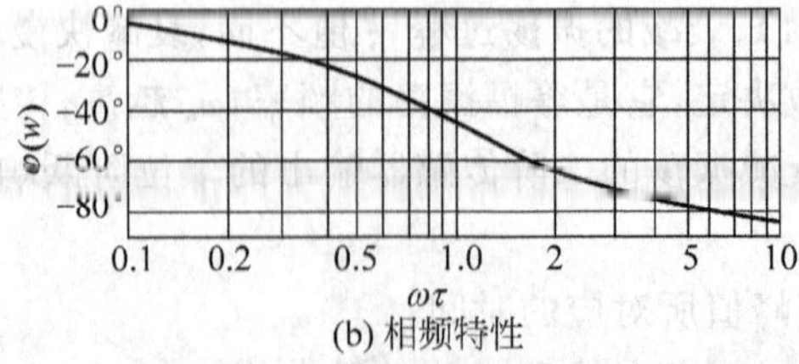

(b) 相频特性

图 1-8　一阶传感器的频率特性

截止频率：它反映传感器的响应速度，截止频率越高，传感器的响应速度越快。对一阶传感器，其截止频率为 $1/\tau$。

二阶传感器频率特性如图 1-9 所示，主要指标有通频带、工作频带、时间常数、固有频率、相位误差、跟随角。

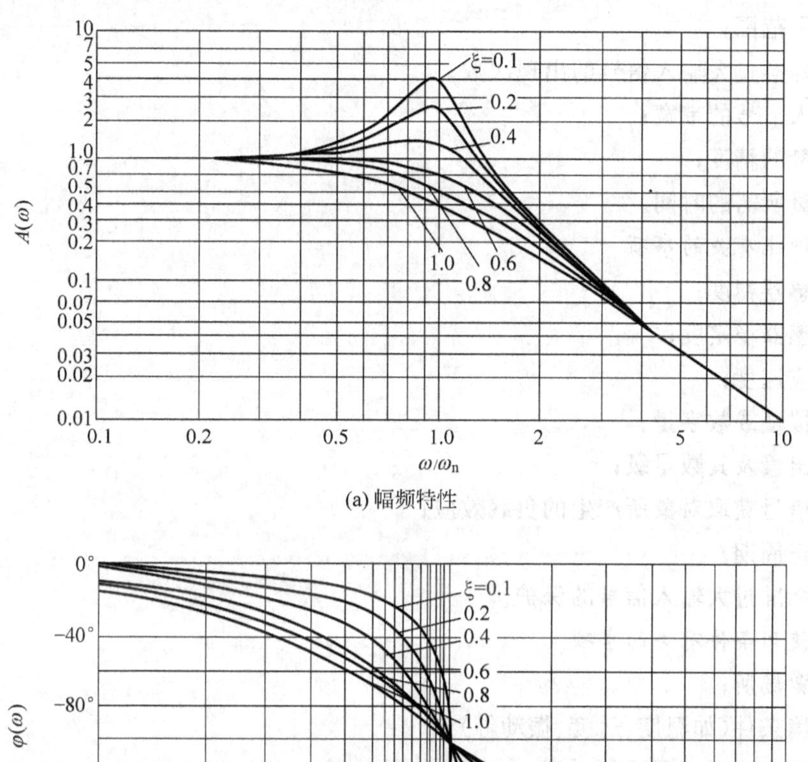

(a) 幅频特性

(b) 相频特性

图 1-9　二阶传感器的频率特性

- 通频带($\omega_{0.707}$)：传感器在对数幅频特性曲线上衰减 3dB 时所对应的频率范围。
- 工作频带 $\omega_{0.95}$($\omega_{0.90}$)：当传感器的幅值误差为±5%或±10%时其增益保持在一定值内的频率范围。
- 固有频率 ω_n：二阶传感器的固有频率 ω_n 表征其动态特性。
- 相位误差：在工作频带范围内，传感器的实际输出与所希望的无失真输出间的相位差值。
- 跟随角 $\omega_{0.707}$：当 $\omega=\omega_{0.707}$ 时，对应于相频特性上的相角。
- 时间常数：表征一阶传感器的动态特性，其值越小，频带越宽。

1.2.3 选择传感器的注意事项

1. 与测量条件有关的事项

① 测量目的；

② 被测量；

③ 测量范围；

④ 超标准过大输入信号的出现次数；

⑤ 输入信号的带宽；

⑥ 测量的精度；

⑦ 测量所需的时间。

2. 与性能有关的事项

① 传感器精度；

② 传感器稳定度；

③ 响应速度；

④ 模拟量或数字量；

⑤ 输出量及其数量级；

⑥ 对信号获取对象所产生的负载效应；

⑦ 校正周期；

⑧ 超标准过大输入信号的保护。

3. 与使用条件有关的事项

① 设置场所；

② 环境条件(如温度、适度、振动等)；

③ 测量全过程所需要的时间；

④ 传感器与其他设备的距离及连接方式；

⑤ 传感器所需的功率容量。

4. 与购买和维修有关的事项

① 价格；

② 交货日期；

③ 服务与维修制度；

④ 零配件的储备；

⑤ 保修期限。

1.3 传感器的标定与校准

1. 基本概念

(1) 标定

标定是指利用某种标准器具对新研制或生产的传感器进行全面的技术检定和标度。

（2）校准

校准是指对传感器在使用中和储存后进行的再次性能测试。

标定的基本方法是利用标准仪器产生已知的非电量并输入待标定的传感器中，然后将传感器的输出量与输入的标准量进行比较从而得到一系列标准数据或者曲线。实际应用中输入的标准量可以用标准传感器检测得到，即将待标定的传感器与标准传感器进行比较。

传感器的标定是通过实验建立传感器输入量与输出量之间的关系，同时确定出不同使用条件下的误差关系。

2. 传感器的标定工作分类

① 新研制的传感器须进行全面技术性能的检定，用检定数据进行量值传递，同时检定数据也是改进传感器设计的重要依据。

② 经过一段时间的储存或使用后对传感器的复测工作。

对传感器进行标定，是根据实验数据确定传感器的各项性能指标，实际上也可确定传感器的测量精度。标定传感器时，所用的测量仪器的精度至少要比被标定的传感器的精度高一个等级。这样，通过标定确定的传感器的静态性能指标才是可靠的，所确定的精度才是可信的。

3. 静态标定

静态标定是指在输入信号不随时间变化的静态标准条件下，对传感器的静态特性，如灵敏度、线性度、滞后和重复性等指标的检定。

静态标定的目的是确定传感器的静态特性指标，如线性度、灵敏度、滞后和重复性等。

4. 动态标定

动态标定主要是研究传感器的动态响应。常用的标准激励信号源是正弦信号和阶跃信号。动态标定的目的是确定传感器的动态特性参数，如频率响应、时间常数、固有频率和阻尼比等。

5. 标定过程步骤

① 将传感器全量程（测量范围）分成若干等间距点。

② 根据传感器量程分点情况，由小到大逐渐一点一点地输入标准量值，并记录下与各输入值相对应的输出值。

③ 将输入值由大到小一点一点地减小，同时记录下与各输入值相对应的输出值。

④ 按②和③所述过程，对传感器进行正、反行程往复循环多次测试，将得到的输出与输入测试数据用表格列出或画成曲线。

⑤ 对测试数据进行必要的处理，根据处理结果就可以确定传感器的线性度、灵敏度、滞后和重复性等静态特性指标。

1.4　传感器的应用与发展趋势

1. 传感器的应用

我国的传感器技术及产业在国家“大力加强传感器的开发和在国民经济中的普遍应用”等一系列政策导向和资金的支持下，近年来取得了较快发展。目前，有1688家传感器研发机构,产品约6000种,年产量13.2亿多支,其中约1/2产品销往国外。

传感器技术大体可分三代:

第一代是结构型传感器,它利用结构参量变化来感受和转化信号。

第二代是20世纪70年代发展起来的固体型传感器,这种传感器由半导体、电介质、磁性材料等固体元件构成,利用材料某些特性制成。例如,利用热电效应、霍尔效应、光敏效应,分别制成热电偶传感器、霍尔传感器、光敏传感器。

第三代传感器是刚刚发展起来的智能型传感器,是微型计算机技术与检测技术相结合的产物,使传感器具有一定的人工智能。

现代传感器利用新的材料、新的集成加工工艺使传感器技术越来越成熟,传感器种类越来越多,除了早期使用的半导体材料、陶瓷材料外,光纤以及超导材料的发展为传感器的发展提供了物质基础。未来还会有更新的材料,如纳米材料,更有利于传感器的小型化。目前,现代传感器正从传统的分立式,朝着集成化、智能化、数字化、系统化、多功能化与网络化,并向着微功耗、高精度、高可靠性、高信噪比、宽量程的方向发展。

现代传感器具有全集成化、智能化、高精度、高性能、高可靠性和低价格等显著优点。只有通过计算机与传感器的协调发展,现代科学技术才能有所突破。可以说传感器技术已成为现代技术进步的重要因素之一。

2. 传感器的发展趋势

(1) 向高精度发展

随着自动化生产程度的不断提高,对传感器的要求也在不断提高,必须研制出具有灵敏度高、精确度高、响应速度快、互换性好的新型传感器以确保生产自动化的可靠性。目前,能生产精度在万分之一以上的传感器的厂家为数很少,其产量也远远不能满足要求。

(2) 向高可靠性、宽温度范围发展

传感器的可靠性直接影响到电子设备的抗干扰等性能,研制高可靠性、宽温度范围的传感器将是永久性的方向。提高温度范围历来是大课题,大部分传感器其工作范围都在−20℃～70℃,在军工系统中要求工作温度在−40℃～85℃,而汽车锅炉等场合要求传感器工作在−20℃ ～120℃,在冶炼、焦化等方面对传感器的温度要求更高,因此发展新兴材料(如陶瓷)的传感器将很有前途。

(3) 向微型化发展

各种控制仪器设备的功能越来越强大,各个部件体积所占位置越小越好,因而传感器本身体积也是越小越好,这就要求发展新的材料及加工技术,目前利用硅材料制作的传感器体积已经很小。例如,传统的加速度传感器是由重力块和弹簧等制成的,体积较大、稳定性差、寿命也短,而利用激光等各种微细加工技术制成的硅加速度传感器体积非常小,互换性和可靠性都较好。

(4) 向微功耗及无源化发展

传感器一般都是非电量向电量的转化,工作时离不开电源,在野外现场或远离电网的地方,往往是用电池供电或用太阳能等供电,开发微功耗的传感器及无源传感器是必然的发展方向,这样既可以节省能源又可以提高系统寿命。目前,低功耗的芯片发展很快,例如TI2702运算放大器,静态功耗只有1.5mA,而工作电压只需2～5V。

(5) 向智能化、数字化发展

随着现代化技术的发展，传感器的功能已突破传统的功能，其输出不再是一个单一的模拟信号(如 0～10mV)，而是经过微型计算机处理好的数字信号，有的甚至带有控制功能，这就是所说的数字传感器。

本章小结

本章主要分别从传感器的基本概念、传感器的一般特性、传感器的标定方法等方面介绍了传感器的基本知识。

① 传感器是指能感受规定的被测量并按照一定的规律转换成可用输出信号的器件或装置，一般处于研究对象或检测控制系统的最前端，是感知、获取与检测信息的窗口。传感器由敏感元件、转换元件、信号调理电路三部分组成。

② 传感器的静态特性是指检测系统的输入为不随时间变化的恒定信号时，系统的输出与输入之间的关系，主要包括线性度、灵敏度、迟滞、重复性、漂移等。

③ 为得到精确的测量结果，须对测量数据进行处理，测量数据须经过系统误差的发现和消除、粗大误差的发现和消除、正态性检验后才能对随机误差进行处理并得到可信的测量结果。

④ 传感器中的弹性敏感元件是指具有弹性变形特性的物体。弹性敏感元件的基本特性有刚度、灵敏度、弹性滞后、固有振荡频率等。

思考题与习题 1

1-1　什么是传感器？传感器在自动测控系统中起什么作用？

1-2　传感器通常由哪几部分组成？通常传感器可以分成哪几类？若按转换原理分类，可以分成哪两类？

1-3　传感器的静态性能指标有哪些？单位阶跃响应性能指标有哪些？

1-4　采用哪些措施可以提高传感器的技术性能？

1-5　什么是传感器的标定？标定的基本方法是什么？

1-6　选用传感器时要注意哪些问题？

第2章　光电传感器

本章主要内容

1. 光电效应及光电器件；
2. 光电传感器的类型及应用；
3. 光电开关及光电断续器；
4. 红外传感器；
5. 光纤传感器。

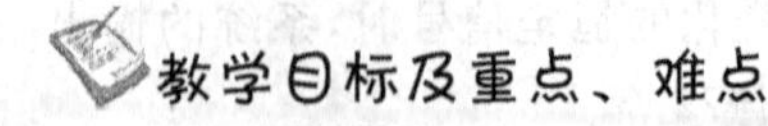

教学目标及重点、难点

教学目标

1. 了解光电器件的结构、特性及检测原理；
2. 掌握光电传感器的原理及应用电路；
3. 掌握红外传感器的结构、原理、类型及应用；
4. 掌握光纤传感器的结构、原理、类型及应用。

重点：光电器件和光电传感器的类型及测量应用电路。

难点：光电传感器的工程应用。

光电传感器是将光信号转换为电信号的一种传感器。要将光信号转化成电信号，必须经过两个步骤：一是先将非电量的变化转化成光信号的变化；二是通过光电器件的作用，将光信号的变化转化成电量的变化。这样，光电传感器就将这些非电量的变化转换成光信号的变化，从而实现了非电量的检测。由于光电传感器的检测基于光电效应，所以具有可靠性高、精度高、非接触式、反应快、结构简单等特点，因此光电式传感器在现代测量与控制系统中应用非常广泛。

2.1　光电效应

光的粒子学说认为光是由一群光子组成的，每一个光子具有一定的能量，光子的能量$E=hf$，其中h为普朗克常数，f为光的频率。因此，光的频率越高，光子的能量也就越大。光照射在物体上会产生一系列的物理或化学效应，例如光合效应、光热效应、光电效应等。

光电效应就是指一束光线照射到物体上时，物体受到一连串能量为$E=hf$的光子轰击，被照射物体的材料吸收了光子的能量而发生了相应的电效应现象。根据产生电效应的不同，光电效应大致可以分为两类，即外光电效应和内光电效应。

1. 外光电效应

在光线作用下，物体内的电子逸出物体表面向外发射的物理现象称为外光电效应，也称

光电发射效应。逸出来的电子称为光电子。外光电效应可用爱因斯坦光电方程来描述，即

$$\frac{1}{2}mv^2 = hf - W$$

由爱因斯坦光电方程可知，当光照射物体时，物体中电子吸收入射光子的能量 hf，当物体吸入的能量 hf 超出逸出功 W 时电子就会逸出物体表面，产生光电子发射。超出的能量就表现在电子逸出的动能上。能否产生光电效应，取决于光子的能量 hf 是否大于物体表面的电子逸出功 W。

根据外光电效应制成的光电元器件有光电管、光电倍增管、光电摄像管等。

2. 内光电效应

内光电效应又分为光电导效应和光生伏特效应。

(1) 光电导效应

光电导效应是在光线作用下改变物质电阻率从而使物体导电能力发生变化的物理现象。

光敏电阻就是根据光电导效应制成的光电器件。

(2) 光生伏特效应

光生伏特效应是在光线作用下，半导体材料吸收光能，PN 结受到照射后在结区附近激发出电子-空穴对，从而在 PN 结上产生一定方向电动势的现象。基于光生伏特效应的光电器件有光电池、光敏二极管、光敏三极管和光敏晶闸管等。例如，一只玻璃封装的光敏二极管，接一只 50μA 的电流表，当二极管受光照时有电流输出，无光照时无电流输出。

2.2　光电器件

根据光电效应制作的器件称为光电器件，也称光敏器件。

光电器件的种类很多，主要有光电管、光电倍增管、光敏电阻、光敏二极管、光敏三极管、光电池、光电耦合器件等。下面介绍这些光电器件的结构、工作原理、参数、基本特性。

2.2.1　光电管及光电倍增管

1. 光电管

光电管是基于外光电效应的光电器件。光电管的典型结构如图 2-1 所示，由玻璃壳、两个电极(光电阴极 K 和阳极 A)、引出插脚等组成，将球形玻璃壳抽成真空，在内半球面上涂上一层光电材料作为阴极 K，球心放置小球形或小环形金属作为阳极 A。当阴极 K 受到光线照射时便发射电子，电子被带正电位的阳极 A 吸引，朝阳极 A 方向移动，这样就在光电管内产生了电子流，从而在外电路中便产生了电流。光电管主要用于分光光度计、光电比色计等分析仪器和各种自动装置。光电管的符号和测量电路如图 2-2 所示。

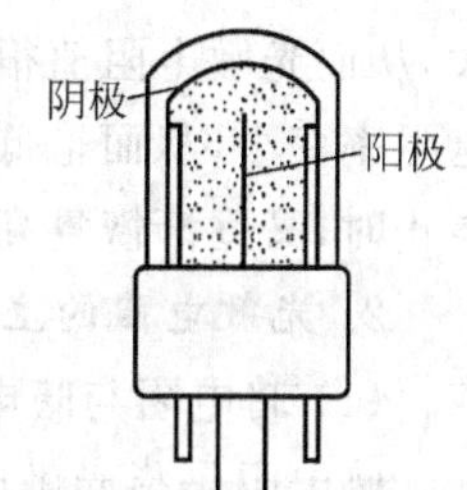

图 2-1　光电管的结构

2. 光电倍增管

光电管的灵敏度较低，在微光测量中通常采用光电倍增管。光电倍增管由真空管壳内的光电阴极、阳极以及位于其间的若干个倍增电极构成。光电倍增管工作时在各电极之间加上规定的电压。当

光或辐射照射阴极时，阴极发射光电子，光电子在电场的作用下加速逐级轰击发射倍增电极，在末级倍增电极形成数量为光电子的 10^6～10^8倍的次级电子。众多的次级电子最后被阳极收集，在阳极电路中产生可观的输出电流。光电倍增管结构原理图如图 2-3 所示。

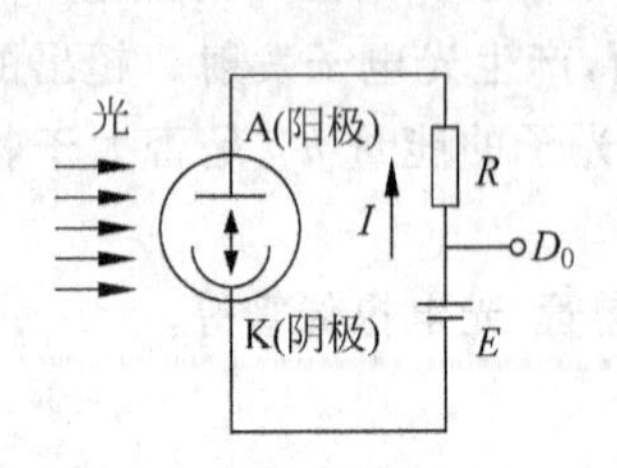

图 2-2　光电管的符号及测量电路

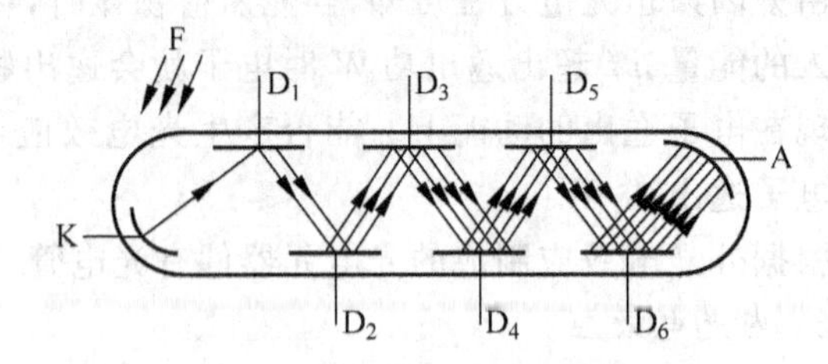

图 2-3　光电倍增管结构原理图

通常光电倍增管的灵敏度比光电管要高出几万倍，在微光下就可产生较大的电流。例如，光电倍增管可用来探测高能射线产生的辉光等，由于光电倍增管有非常高的灵敏度，因此使用时应注意避免强光照射而损坏光电阴极。但由于光电倍增管是玻璃真空器件，体积大、易破碎，工作电压高达上千伏，所以目前已逐渐被新型半导体光敏元件所取代。

2.2.2　光敏电阻

光敏电阻是一种基于光电导效应制成的光电器件。光敏电阻没有极性，相当于一个电阻器件，其符号如图 2-4 所示。

1. 光敏电阻的结构与工作原理

(1) 光敏电阻的结构

光敏电阻的结构如图 2-5 所示，由一块两边带有金属电极的光电半导体组成，电极和半导体之间组成欧姆接触。由于半导体吸收光子而产生光电效应，光仅仅照射在光敏电阻表面层，因此光电导体一般都做成薄层。

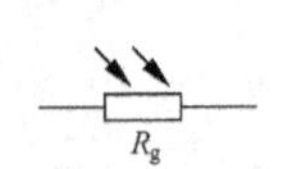

图 2-4　光敏电阻符号

图 2-5　光敏电阻结构图

(2) 光敏电阻的工作原理

在光敏电阻的两端加直流或交流工作电压的条件下，当无光照射时，光敏电阻电阻率变大，从而光敏电阻值很大，电路中电流很小；当有光照射时，由于光敏材料吸收了光能，光敏电阻率变小，从而呈低阻状态，电路中电流很大。光照越强，阻值越小，电流越大。当光照射停止时，又逐渐恢复高电阻值状态，电路中只有微弱的电流。

2. 光敏电阻的主要参数

(1) 暗电阻与暗电流

暗电阻是指光敏电阻在不受光照射时的电阻值，此时在给定工作电压下，流过光敏电阻的电流称为暗电流。

(2) 亮电阻与亮电流

光敏电阻在有光照射时的阻值,称为该光照射下的亮电阻,此时流过的电流称为亮电流。

(3) 光电流

光电流是指亮电流与暗电流的差值。显然,亮电阻与暗电阻的差值越大,光电流越大,灵敏度也越高。

3. 光敏电阻的基本特性

(1) 伏安特性

伏安特性是指在一定的光照下,加在光敏电阻两端的电压和光电流之间的关系,如图 2-6 所示。由图可以看出,光敏电阻的伏安特性为线性关系,且照度不同,其斜率也不同。在外加电压一定时,光电流的大小随光照的增强而增加。同普通电阻一样,光敏电阻也有最大功率,超过额定功率将会导致光敏电阻永久性损坏。在使用时光敏电阻受耗散功率的限制,其两端的电压不能超过最高工作电压,图 2-6 中虚线为允许功耗曲线,由它可以确定光敏电阻的正常工作电压。

(2) 光照特性

其指光敏电阻的光电流 I_{Φ} 与光通量 Φ 的关系。不同的光敏电阻,其光照特性不同,但多数光敏电阻的光照特性如图 2-7 所示。

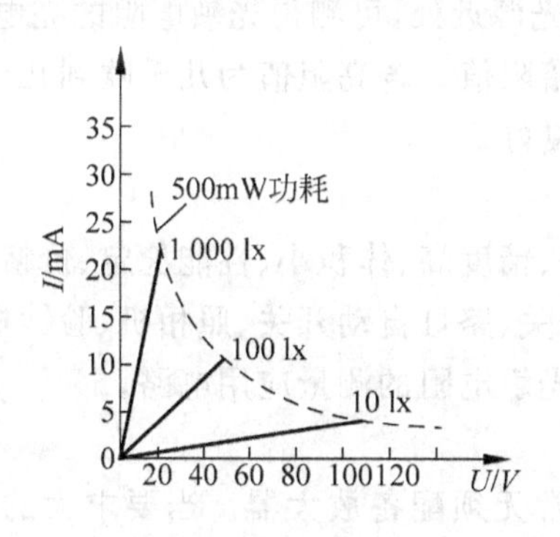

图 2-6　光敏电阻的伏安特性

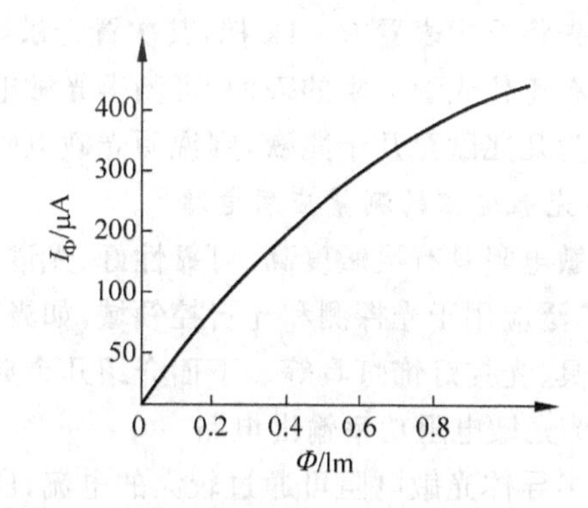

图 2-7　光敏电阻的光照特性

由于光敏电阻的光照特性呈非线性,因此不能用于光的精密测量,只能用做开关式的光电转换器。

(3) 光谱特性

光谱特性是指光敏电阻对于不同波长的入射光,其相对灵敏度 K 不同的特性。各种不同材料的光谱特性曲线如图 2-8 所示。从图中可以看出,不同材料的峰值所对应的光的波长是不一样的,因此,在选用光敏电阻时,应考虑光源的发光波长与光敏电阻的光谱特性峰值的波长相接近,这样才能获得高的灵敏度。

(4) 响应时间

响应时间是指当光敏电阻受到光照射时,光电流要经过一段时间才能达到稳态值,而在停止光照后,光电流也不立刻为零。由于不同材料的光敏电阻的响应时间特性不同,所以它们的频率特性也不同。由于光敏电阻的响应时间比较大，所以它不能用在要求快速响应的场合。

(5) 温度特性

温度特性是指在一定的光照下，光敏电阻的阻值、灵敏度或光电流与温度的关系，如图 2-9 所示。随着温度的升高，暗电阻和灵敏度都下降。显然，光敏电阻的温度系数越小越好，但不同材料的光敏电阻，温度系数是不同的。因此，使用光敏电阻时应考虑采用降温措施，改善光敏电阻的温度系数。

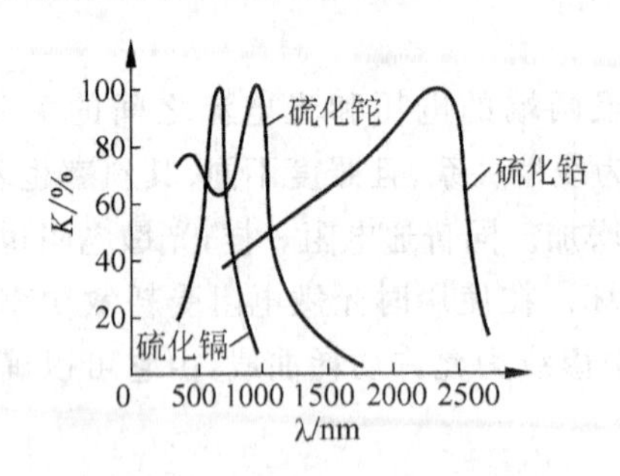

图 2-8 光敏电阻的光谱特性曲线

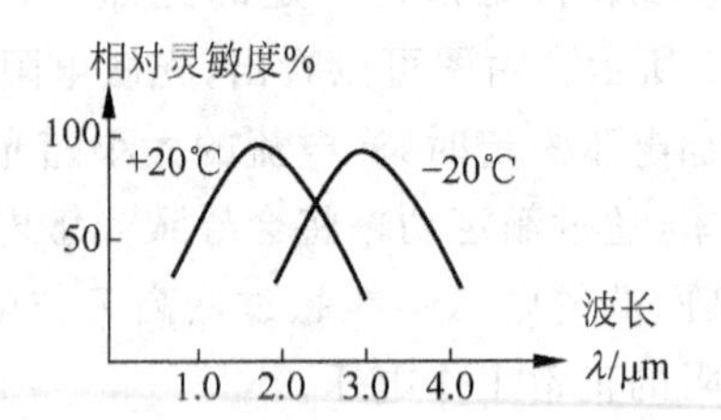

图 2-9 光敏电阻的温度特性

4. 光敏电阻的检测

首先将万用表置 $R\times1\text{k}$ 挡，其次置光敏电阻于光源近处，可测得光敏电阻的亮电阻；最后用黑布遮住光敏电阻的表面，可测得光敏电阻的暗阻值。若亮阻值为几千欧到几十千欧，暗阻值为几兆欧至几十兆欧，则说明光敏电阻性能良好。

5. 光敏电阻的测量应用电路

光敏电阻具有灵敏度高、可靠性好、光谱特性好、精度高、体积小、性能稳定、价格低廉等特点，广泛应用于光探测和光自控领域，如光声控开关、路灯自动开关、照相机、验钞机、光控动物玩具、光控灯饰灯具等。下面介绍几个典型的光敏电阻的测量应用电路。

(1) 光敏电阻功率输出电路

因半导体光敏电阻可通过较大的电流，所以通常无须配备放大器。当要求大的输出功率时，可采用如图 2-10 所示的电路。

(2) 光敏电阻开关电路

图 2-11 为光敏电阻开关电路，有光照时，光敏电阻 R_g 下降。

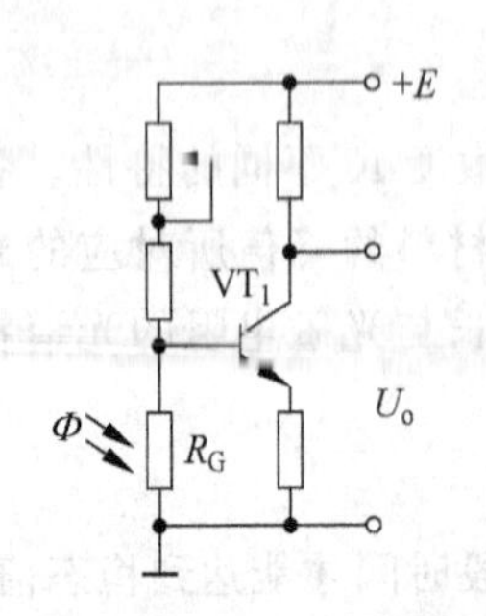

图 2-10 光敏电阻功率输出电路

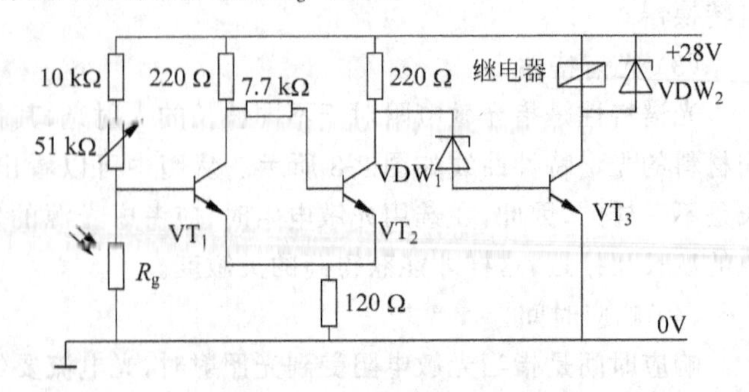

图 2-11 光敏电阻开关电路

(3) 光敏电阻声光控开关电路

图 2-12 所示电路是光敏电阻在声、光控开关中的应用。白天 R_g 小，VT_2 导通，VT_3 截止，VT_4 导通，晶闸管 VS 截止，H 灭；晚上 R_g 大，VT_2 截止，VT_3 由 VT_1 控制，待机，VT_2 失去对 VT_3 的控制，压电陶瓷片 B 接收声音触发信号，VT_3 导通，VT_4 截止，晶闸管 VS 导通，H 点亮；同时二极管整流压降突然下降，VT_3 保持低电压，保持 VS 通，H 亮后，C_3 经电阻缓慢放电，直到不再维持 VT_4 截止。

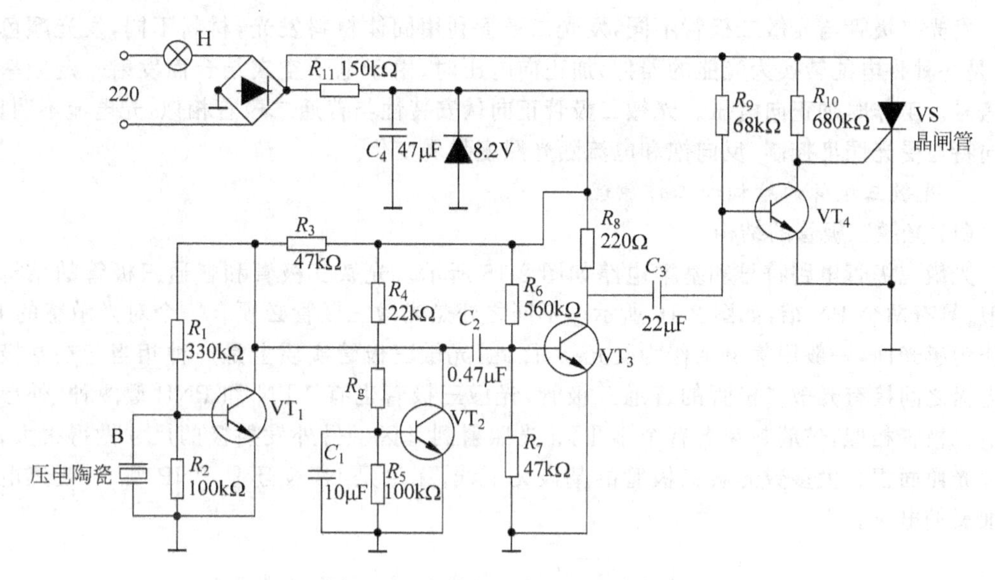

图 2-12　光敏电阻声光控开关电路

2.2.3　光敏二极管及光敏三极管

光敏二极管和光敏三极管的工作原理主要基于半导体的光生伏特效应。其特点是响应速度快、频率响应好、灵敏度高、可靠性高，广泛应用于可见光和远红外探测，以及自动控制、自动报警、自动计数等领域和装置。

1. 光敏二极管的结构和工作原理

(1) 光敏二极管的结构

光敏二极管的结构与一般的二极管相似，其 PN 结对光敏感。将其 PN 结装在管的顶部，上面有一个透镜制成的窗口，以便使光线集中在 PN 结上。为了提高转换效率，大面积受光，PN 结面积比一般二极管大。光敏二极管是基于半导体光生伏特效应的原理制成的光电器件。光敏二极管的电路符号如图 2-13 所示。

(2) 光敏二极管工作原理

光敏二极管工作时外加反向电压，在没有光照射时，反向电阻很大，反向电流很小，此时光敏二极管处于截止状态。当有光照射时，在 PN 结附近产生光生电子和空穴对，在电场作用下形成由 N 区指向 P 区的光电流，将光信号转变为电信号输出。当入射光的强度发生变化时，光生电子和空穴对的浓度也相应发生变化，通过光敏二极管的电流也随之发生变化。光照越强光电流越大，光电流方向与反向电流一致。光敏二极管基本电路如图 2-14 所示。

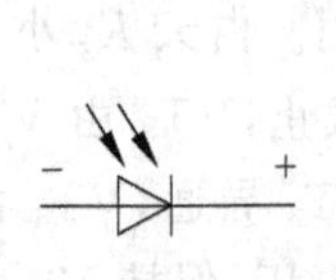

图 2-13　光敏二极管符号

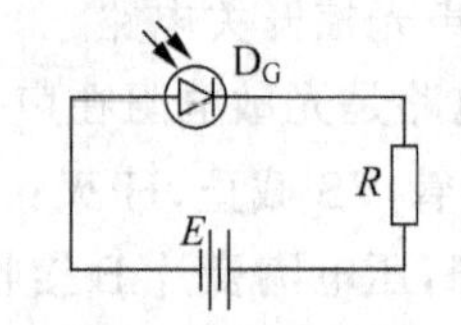

图 2-14　光敏二极管基本电路

发光二极管与光敏二极管不同，发光二极管利用固体材料发光，材料不同，发光颜色不同，是一种将电能转换为光能的器件，加正向电压时，由于电子空穴结合而发射一定频率的光信号。工作时加正向电压。光敏二极管正向伏安特性与普通二极管相似，光电流不明显，反向特性受光照度控制，反向饱和电流随光照度强弱变化。

2. 光敏三极管的结构和工作原理

(1) 光敏三极管的结构

光敏三极管电路符号和基本电路如图 2-15 所示。光敏三极管和普通三极管的结构相类似，具有两个 PN 结，如图 2-16 所示。不同之处是光敏三极管必须有一个对光敏感的 PN 结作为感光面，一般用集电结作为受光结，因此，光敏三极管实质上是一种相当于在基极和集电极之间接有光敏二极管的普通三极管，光敏三极管也有 NPN 和 PNP 型两种，外形与光电二极管相似，玻璃封装上有个小孔，让光照射到基区。另外发射极的尺寸做得很大，以扩大光照面积。大多数光敏三极管的基极无引线，无论是 NPN 还是 PNP 型，一般集电结均加反偏电压。

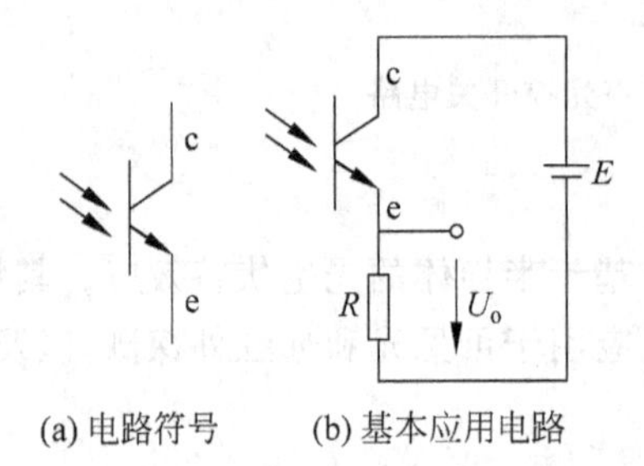

图 2-15　光敏三极管电路符号及基本电路

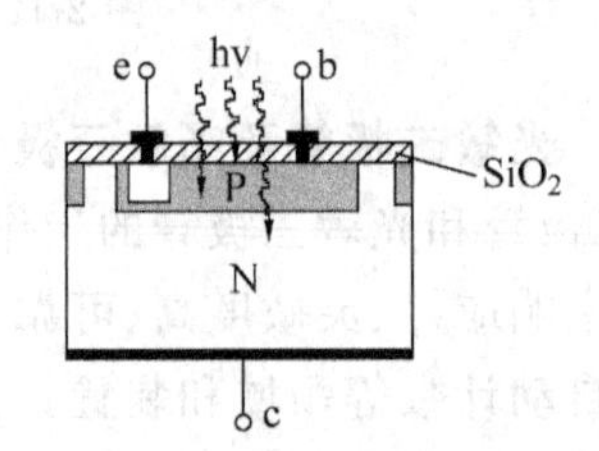

图 2-16　光敏三极管结构

(2) 光敏三极管的工作原理

硅光敏三极管一般都是 NPN 结构，光照射在集电结的基区，产生光生电子-空穴对，光生电子被拉向集电极，基区留下正电荷(空穴)，使基极与发射极之间的电压升高，这样，发射极便有大量电子经基极流向集电极，形成三极管输出电流，使三极管具有电流增益，集电极电流是基极光电流的 β 倍。这一过程与普通三极管放大基极电流的作用很相似。所以光敏三极管对光信号具有放大作用，光敏三极管结构同普通三极管一样，有 PNP 型和 NPN 型。在电路中，同普通三极管的放大状态一样，集电结反偏，发射结正偏。反偏的集电结受光照控制，因而在集电极上产生 β 倍的光电流，所以光敏三极管比光敏二极管有着更高的灵敏度。

3. 光敏二极管及光敏三极管的基本特性

(1) 光照特性

光敏二极管和光敏三极管的光照特性如图 2-17 所示，由图中看出，光敏二极管的光电流与光照度呈线性关系。而光敏三极管光照特性的线性没有二极管的好，而且在照度小时，光电流随照度的增加而增加得较小，即其起始要慢。光敏三极管的曲线斜率大，灵敏度高。

（2）光谱特性

光敏二极管的光谱特性如图 2-18 所示。光敏二极管在入射光照度一定时，输出的光电流（或相对灵敏度）随光波波长的变化而变化。一种光敏二极管只对一定波长的入射光敏感，这就是它的光谱特性。由曲线可以看出，不管是硅管或锗管，当入射光波长增加时，相对灵敏度都下降。从曲线还可以看出，不同材料的光敏二极管，其光谱响应峰值波长也不同，由此可以确定光源与光电器件的最佳匹配。硅材料的光敏管峰值波长在 0.9μm 附近灵敏度最大，所以探测可见光或赤热状物体时，由于波长短于 0.9μm，一般都用硅管；锗管的峰值波长约为 1.5μm，所以对红外进行探测时采用锗管比较合适。由于锗管的暗电流比硅管大，因此锗管性能较差。

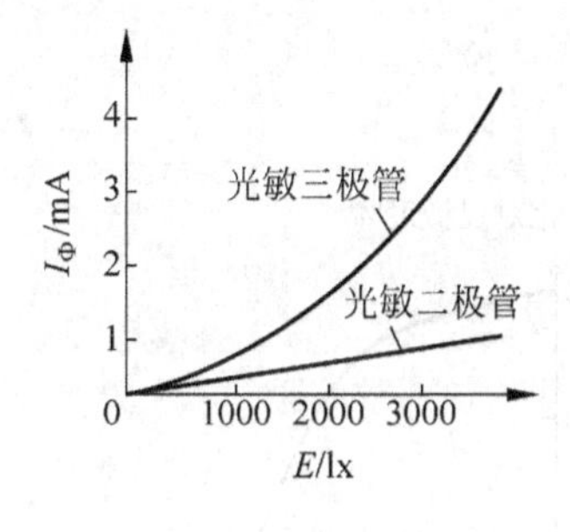

图 2-17　光照特性

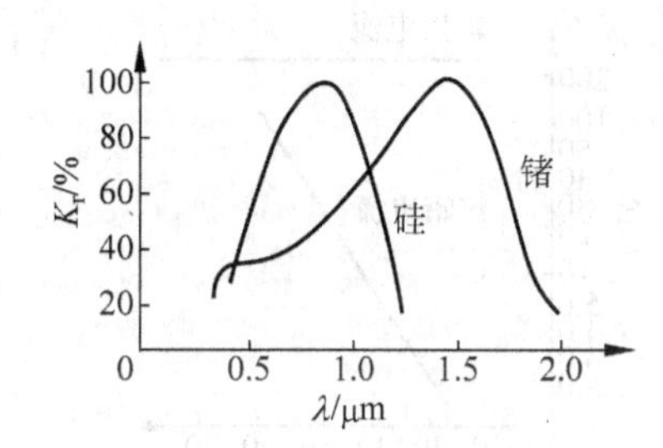

图 2-18　硅光敏二极管光谱特性

（3）伏安特性

图 2-19 为光敏二极管的伏安特性曲线。由于光敏二极管工作在反向偏置状态，所以它的伏安特性在第三象限。当反向偏压较低时，光电流随电压变化比较敏感，随反向偏压的加大，反向电流趋于饱和，流过它的电流与光照度成正比（间隔相等），基本上与反向偏置电压无关。光敏二极管正常使用时应施加 1.5V 以上的反向工作电压。

图 2-20 所示为光敏三极管的伏安特性，与一般三极管在不同基极电流下的输出特性相似，只是将不同的基极电流换为不同的光照度。光敏三极管的工作电压一般应大于 3V。若在伏安特性曲线上作负载线，可求得某光强下的输出电压。

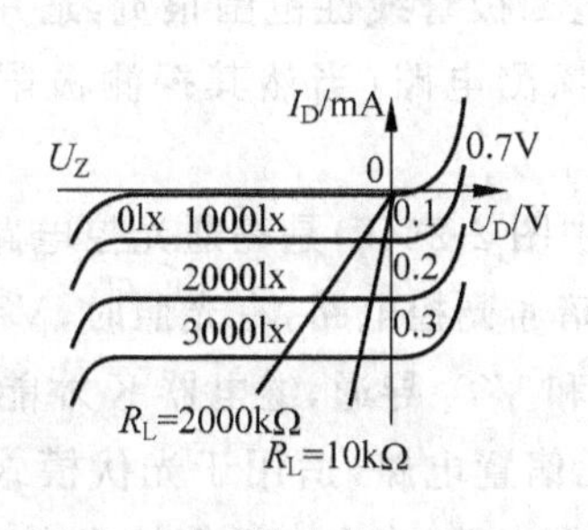

图 2-19　光敏二极管伏安特性

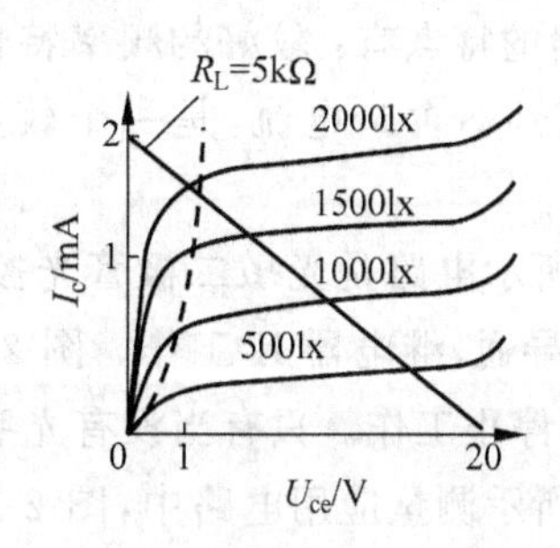

图 2-20　光敏三极管伏安特性

(4) 温度特性

由于反向饱和电流与温度密切有关,因此温度变化对光敏二极管的暗电流影响非常大,并且是非线性的,在微光测量中有较大误差。硅管的暗电流比锗管小几个数量级,所以在微光测量中应采用硅管。温度变化对亮电流影响不大。另外由于硅光敏三极管的温漂大,所以尽管光敏三极管灵敏度较高,但是在高精度测量中应选择硅光敏二极管。可采用低温漂、高精度的运算放大器来提高精度。光敏三极管温度特性如图 2-21 所示。

(5) 频率响应

光敏管的频率响应是指光敏管输出的光电流随频率的变化关系。光敏管的频响与本身的物理结构、工作状态、负载以及入射光波长等因素有关。图 2-22 所示为光敏二极管频率响应曲线,调制频率高于 1000Hz 时,灵敏度将急剧下降。光敏三极管的响应速度则比光敏二极管大约小一个数量级,而锗管的响应时间要比硅管小一个数量级。因此在要求快速响应或入射光调制频率(明暗交替频率)较高时,应选用硅光敏二极管。

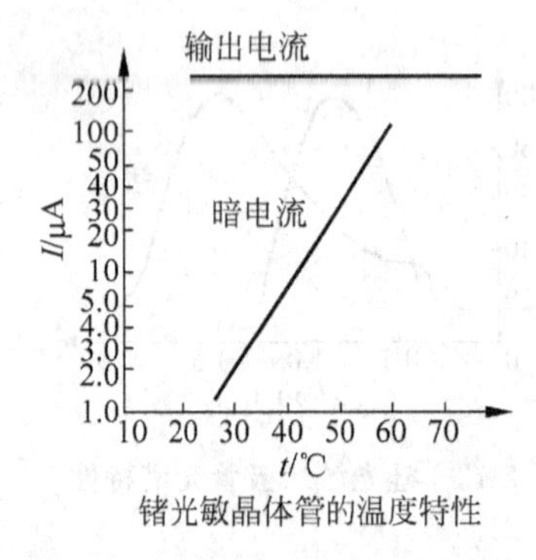

图 2-21 光敏三极管温度特性

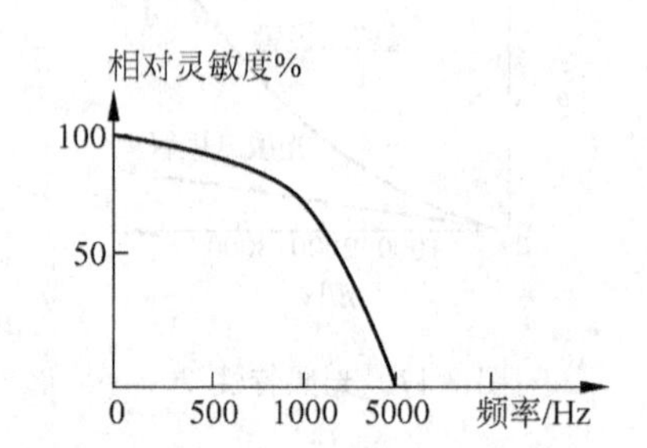

图 2-22 光敏二极管频率响应曲线

4. 光敏二极管及光敏三极管的测量应用电路

(1) 光敏二极管测量应用电路

光敏二极管通常有两种工作模式:光电导模式和光伏模式。

光敏二极管以光电导模式应用时,在两极之间要外加一定反偏压。光电导模式下工作的光电二极管,对检测微弱恒定光不利,因为光电流很小,与暗电流接近。微弱光信号检测一般采用调制技术。光伏模式下应用的光敏二极管不用外加任何偏置电压,其工作在短路条件下。电路的特点有:较好的频率特性;因光电二极管线性范围很宽,适用于辐射强度探测;输出信号不含暗电流,是一个较好的弱光探测电路(当然其探测极限受本身噪声限制)。

图 2-23 所示电路是光敏二极管光控电路,其中图 2-23(a)是亮通光控电路,有光照时,VT_1 和 VT_2 导通,继电器 K 工作。图 2-23(b)是暗通光控电路,有光照时,VT_1 和 VT_2 截止,继电器 K 停止工作。只有当没有光照时,VT_1 和 VT_2 导通,继电器 K 才能工作。

图 2-24 所示测量应用电路中,图 2-24(a)为无偏置电路,适用于光伏模式的光电二极管,输出电压 $U_o=I_R R_L$;图 2-24(b)为反向偏置应用电路,光电二极管的响应速度比无偏置电路高几倍。图 2-24(c)中当光照射光敏二极管时,使晶体管基极处于低电位,晶体管 VT

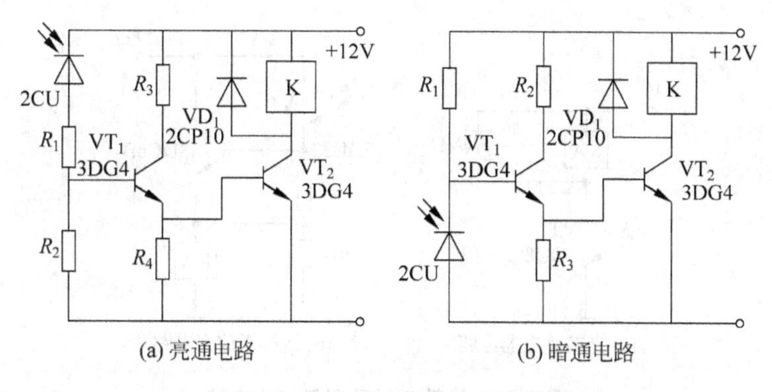

(a) 亮通电路　　(b) 暗通电路

图 2-23　光敏二极管光控电路

截止，输出高电平；当无光照时，VT 导通，输出低电平。图 2-24(d)为光控继电器电路。在无光照时，晶体管 VT 截止，继电器 KA 绕组无电流通过，触点处于常开状态。当有光照且达到一定光强时，VT 导通，KA 吸合，实现光电开光控制。

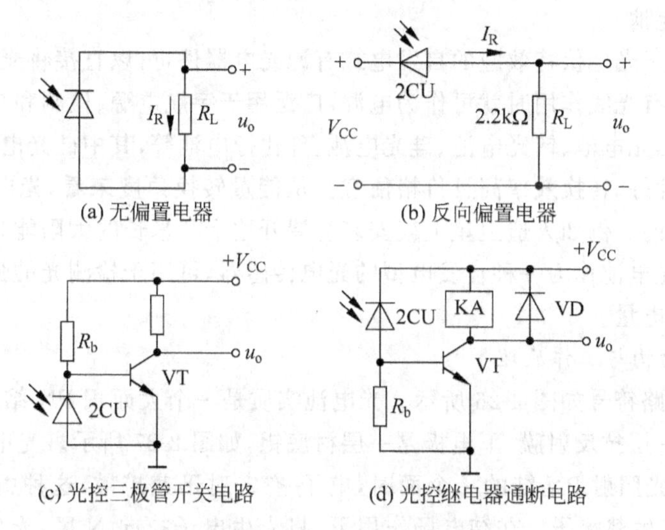

(a) 无偏置电器　　(b) 反向偏置电器

(c) 光控三极管开关电路　　(d) 光控继电器通断电路

图 2-24　光敏二极管测量应用电路

(2) 光敏三极管的测量应用电路

因光敏三极管具有放大功能，在相同光照条件下，可获得比光敏二极管大得多的光电流。光敏三极管使用时必须外加偏置电路，以保证集电结反偏、发射结正偏。

图 2-25 为光敏三极管组成的应用电路。其中图 2-25(a)使用了高灵敏硅光敏三极管 3DU80B，该管在钨灯(2856K)照度为 1000lx 时能提供 2mA 的光电流，以直接带动灵敏继电器。二极管在光敏管关断瞬间对它进行保护。图 2-25(b)为简单的达林顿放大电路，3DU32 受光照产生的光电流经过一级三极管放大后便可驱动继电器。图 2-25(b)中的光敏三极管与放大管可用一只达林顿结构的光敏管来代替，如 3DU912 系列。

5. 光敏三极管的检测

首先将万用表置 $R\times1k$ 挡，其次用黑布遮住光敏三极管的窗口，测量两引脚间的正、反

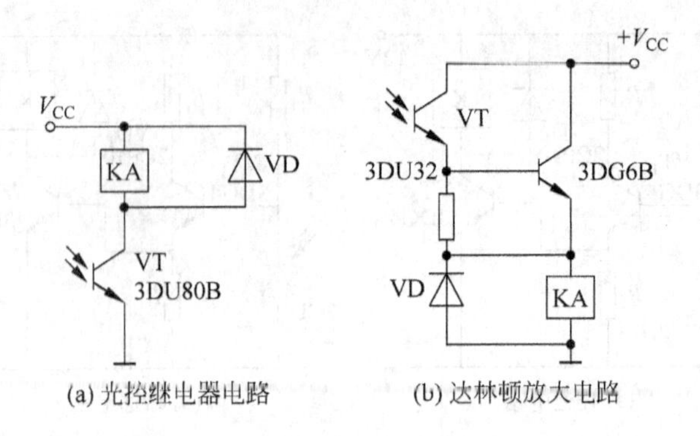

(a) 光控继电器电路　　(b) 达林顿放大电路

图 2-25　光敏三极管测量应用电路

向电阻，均为无限大时，则为光敏三极管。置光敏三极管于光源近处，测量两引脚间的正、反向电阻为几千欧到几十千欧，则说明是好的光敏三极管。万用表指针向右偏转越大说明其灵敏度越高。

2.2.4　光电池

光电池是基于光生伏特效应的自发电式有源光电器件，可以直接将光能转换成电能，也称太阳能电池。有光线作用时就可作为电源，广泛用于宇航电源、检测和自动控制等。光电池种类很多，有硒光电池、锗光电池、硅光电池、砷化镓电池等，其中硅光电池性能稳定、光谱范围宽、频率特性好、转换效率高且价格便宜。从能量转换角度来看，光电池是作为输出电能的器件而工作的。例如人造卫星上就安装有展开达十几米长的太阳能光电池板。从信号检测角度来看，光电池作为一种自发电型的光电传感器，可用于检测光的强弱以及能引起光强变化的其他非电量。

1. 光电池结构与工作原理

光电池的电路符号如图 2-26 所示。光电池实质是一个大面积 PN 结，上电极为栅状受光电极，下面有一层抗反射膜，下电极是一层衬底铝，如图 2-27 所示。光电池的工作原理如图 2-28 所示，当光照射 PN 结的一个面时，电子-空穴对迅速扩散，这种由光激发生成的电子-空穴对称为光生载流子。在结电场作用下，将光生电子拉向 N 区，光生空穴推向 P 区，使得 N 区积累了多余电子而形成光电池的负极，P 区因积累了空穴而成为光电池的正极，因而两电极之间便有了电位差，这就是光生伏特效应。若将 PN 结与负载相连接，则在电路上有电流通过。一般可产生 0.2～0.6V 电压。

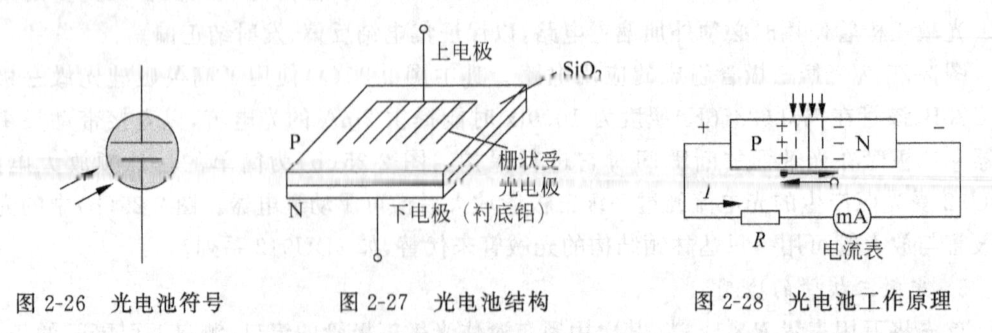

图 2-26　光电池符号　　图 2-27　光电池结构　　图 2-28　光电池工作原理

2. 光电池的基本特性

(1) 光照特性

图 2-29 所示是硅光电池的光照特性曲线，即开路电压及短路电流与光照度的关系曲线。其中开路电压与光照度之间关系称为开路电压曲线。由图可见，开路电压与光照度之间呈非线性关系，在照度 2000lx 附近光生电压趋于饱和，适用于低光照度检测并使负载电阻尽量大。短路电流与照度之间的关系称为短路电流曲线。短路电流是指外接负载相对内阻很小时的光电流。由图可知，短路电流与光照度之间呈线性关系，但随着负载电阻的增加，这种线性关系将变差。可用于高光照度检测并使负载电阻尽量接近短路。当测量与光照度成正比的其他非电量时，应把光电池作为电流源来使用；当被测量是开关量时，可把光电池作为电压源来使用。

(2) 光谱特性

光电池的光谱特性是指相对灵敏度和入射光波长之间的关系。光电池对不同波长的光灵敏度不同，如图 2-30 所示为硒光电池和硅光电池的光谱特性曲线。从曲线上可以看出，不同材料的光电池的光谱峰值位置是不同的，硅光电池的光谱响应峰值在 0.8μm 附近，适于接收红外光；硒光电池光谱响应峰值在 0.54μm 附近，适于接收可见光。硅光电池波长是 0.45～1.1μm，而硒光电池只能在 0.34～0.75μm 范围内应用，所以硅光电池相比硒光电池可在很宽的波长范围内应用。砷化镓电池光谱响应特性与太阳光最吻合，适用于宇航电源。目前已生产出峰值波长为 0.64μm(可见光)的硅光电池，在紫光 (0.4μm) 附近仍有 65%～70%的相对灵敏度，这大大扩展了硅光电池的应用领域。硒光电池和锗光电池由于稳定性较差，目前应用较少。

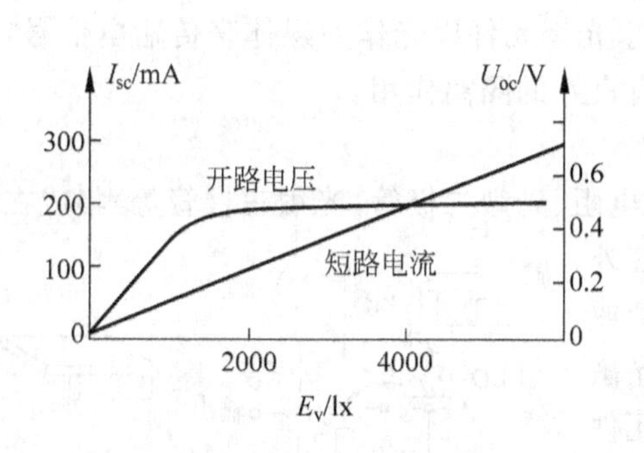

图 2-29　光电池光照特性曲线

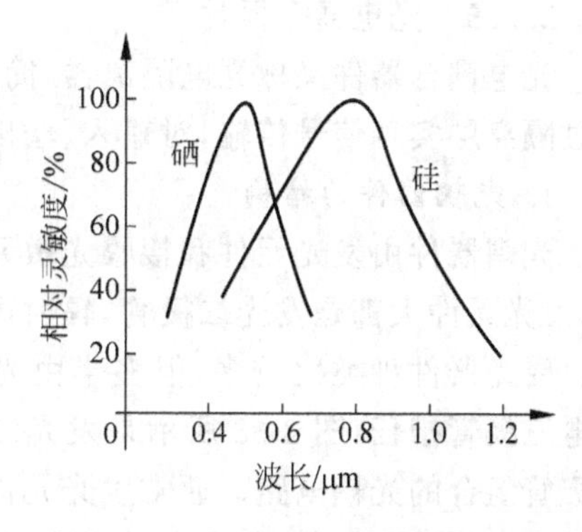

图 2-30　光电池光谱特性

(3) 频率特性

光电池的频率特性是入射光的调制频率与光电池输出电流间的关系。由于光电池受照射产生电子-空穴对需要一定的时间，因此当入射光的调制频率太高时，光电池输出的光电流将下降。硅光电池的面积越小，PN 结的极间电容也越小，频率响应就越好，硅光电池的频率响应可达数万赫兹至数兆赫兹，硒光电池的频率特性较差，目前已较少使用。

(4) 温度特性

光电池的温度特性是指光电池的开路电压和短路电流随温度变化的关系，如图 2-31 所示。由于关系到应用光电池的仪器或设备的温度漂移，影响到测量精度或控制精度等重要指标，因此温度特性是光电池的重要特性之一。从图 2-31 中可以看出，开路电压随温度增加而下降的速度较大，而短路电流随温度上升而增加的速度却很小。由于温度对光电池的工作有很大影响，因此，用光电池作为敏感元件时，在自动检测系统设计时就应考虑到温度的漂移，最好能保证温度恒定或采取温度补偿措施。

3. 光电池的测量应用电路

光电池作为电源使用时可有不同连接，需要高电压时应将光电池串联使用，需要大电流时应将光电池并联使用。图 2-32 所示为硅光电池的测量应用电路，由于光电池即使在强光下最大输出电压也仅为 0.6V，不足以使 VT_1 有较大电流输出，故将硅光电池接于 VT_1 基极，再用二极管 2AP 产生正向 0.3V，二者电压叠加后使 VT_1 管的 e、b 极间电压大于 0.7V，从而使 VT_1 能导通。

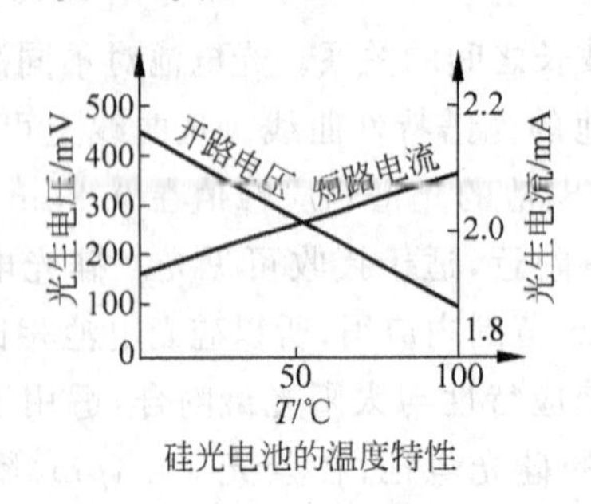

图 2-31 光电池温度特性

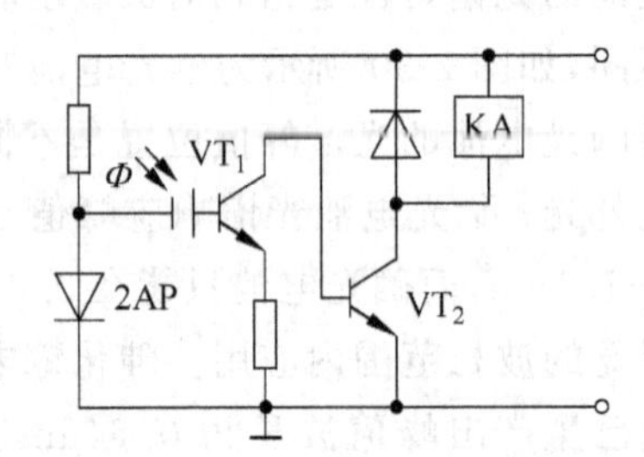

图 2-32 光电池的测量应用电路

2.2.5 光电耦合器件

光电耦合器件又称光电隔离器，简称“光耦”。光耦元件以光作为媒体来传输电信号，可通过隔离层实现信号传输，对输入、输出电信号有良好的隔离作用。

1. 光耦器件的结构

光耦器件由发光元件和接收光敏元件（光敏电阻、光敏二极管、光敏三极管等）集成在一起，发光元件大都是发光二极管，辐射可见光或红外光。受光器件种类比较多，但多半由光电二极管或光电三极管担任，图 2-33 所示是发光二极管和光敏三极管组合的光耦电路。通常发光元件和受光元件会整合到同一个封装，但它们之间除了光束之外不会有任何电气或实体连接。

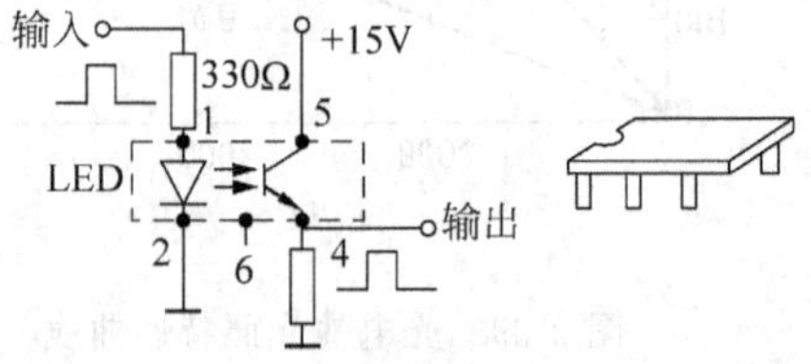

图 2-33 光耦器件

2. 光耦器件的信号传输

输入的电信号驱动发光二极管（LED），使之发出一定波长的光，受光器件接收光照而产生光电流，再经过进一步放大后输出，完成了电-光-电的转换，从而起到输入、输出、隔离的作用。由于光耦合器输入、输出间互相隔离，电信号传输具有单向性等特点，因而具有良好的电绝缘能力和抗干扰能力。又由于光耦合器的输入端属于电流型工作的低阻元件，因而具有很强的共模抑制能力。所以，它在长线传输信息中作为终端隔离元件可以大大提高信噪比，在计算机数位通信及即时控制中作为信号隔离的接口器件，可以大大增加其工作的可靠性。

3. 光耦器件的特点

① 光电耦合器的输入阻抗很小，只有几百欧，而干扰源的阻抗较大，通常为105～106Ω。据分压原理可知，即使干扰电压的幅度较大，但馈送到光电耦合器输入端的杂讯电压会很小，只能形成很微弱的电流，由于没有足够的能量而不能使二极体发光，从而被抑制掉了。

② 光电耦合器的输入回路与输出回路之间没有电气联系，也没有共地；之间的分布电容极小，而绝缘电阻又很大，因此回路一边的各种干扰杂讯都很难通过光电耦合器馈送到另一边去，避免了共阻抗耦合的干扰信号的产生。

③ 光电耦合器可起到很好的安全保障作用，即使当外部设备出现故障，甚至输入信号线短接时，也不会损坏仪表。因为光耦合器件的输入回路和输出回路之间可以承受几千伏的高压。

④ 光电耦合器的回应速度极快，其回应延迟时间只有10μs左右，适于对回应速度要求很高的场合。

4. 光耦器件的应用

光耦器件输入、输出完全隔离，有独立的输入、输出阻抗，绝缘电阻在10 000MΩ以上，所以有很强的抗干扰能力和隔离性能，可避免振动、噪声干扰，特别适用于工业现场的数字电路开关信号传输、逻辑电路隔离器、计算机测量、控制系统中的无触点开关等。图2-34所示是无触点开关电路，无触点开关电路有串联和并联两种接法。对于并联电路，三极管导通时，输出V_o为高电平，三极管截止时，V_o为低电平；串联电路正好与之相反。光电耦合器实际上是一个光电隔离转换器，具有抗干扰性能和单向信号传输功能，广泛用于电气绝缘、电平转换、级间耦合、驱动电路、开关电路、斩波器、多谐振荡器、信号隔离、级间隔离、脉冲放大电路、数位仪表、远距离信号传输、脉冲放大、固态继电器(SSR)、仪器仪表、通信设备及微型计算机接口中。图2-35所示为天然气高压点火器确认电路。

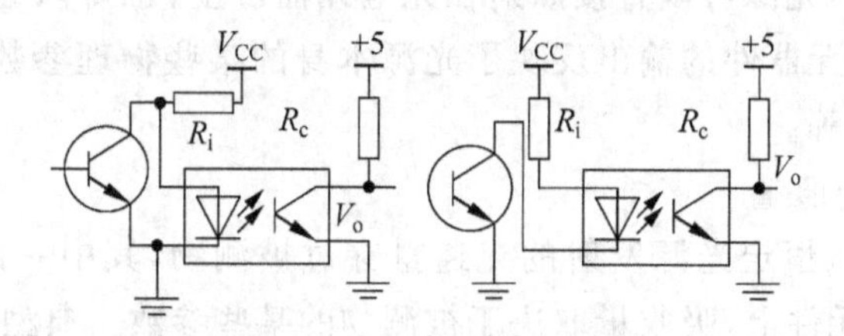

图2-34 无触点开关电路

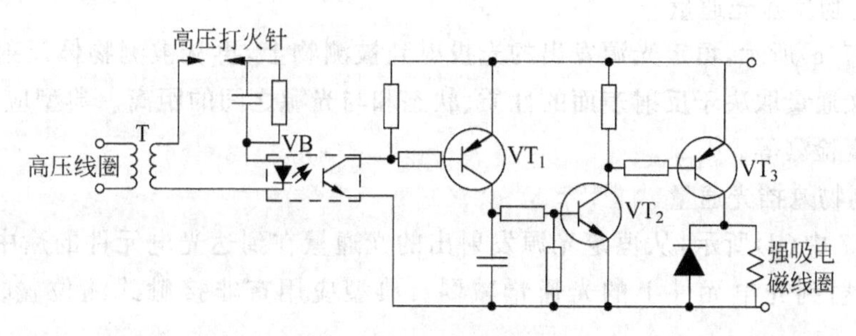

图2-35 点火器确认电路

2.3 光电传感器的类型及应用

2.3.1 光电传感器的组成及类型

光电传感器在检测与控制和安全防范中应用广泛。它能探测到任何目标的存在，在工业自动化中起着“眼睛”的作用；它还能根据目标的冷热，测量其温度，进行非接触式测量。光电传感器在遥感遥测领域的应用也十分广泛，利用光电探测和扫描成像原理制成的行扫描仪在卫星和航空遥感技术中得到了广泛应用。

1. 光电传感器的组成

光电传感器由光源、光学元器件和光电元器件组成光路系统，结合相应的测量转换电路而构成，如图 2-36 所示。图中 X_1 和 X_2 为被测信号。常用的光源有各种白炽灯、发光二极管和激光等，常用光学元件有各种反射镜、透镜和半反半透镜等。

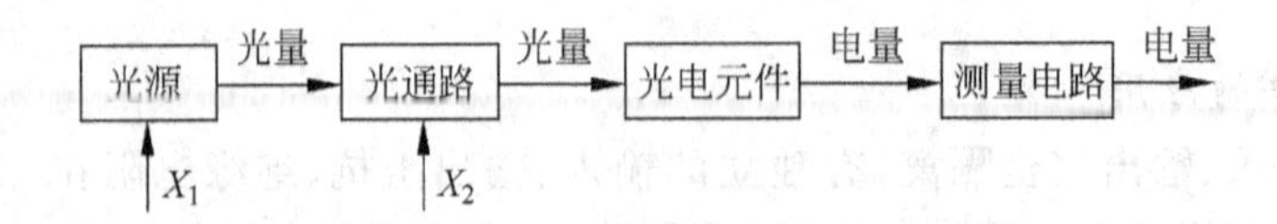

图 2-36 光电传感器组成框图

2. 光电传感器的类型

按输出信号的形式，光电传感器可分为模拟式光电传感器和脉冲式光电传感器。根据被测物、光源、光电器件三者之间的关系，模拟式光电传感器通常有被测物是光源、被测物吸收光通量、被测物反射光通量、被测物遮挡光通量四种类型，如图 2-37 所示。

(1) 被测物是光源

如图 2-37(a)所示，光源可以直接照射在光电元器件上，也可以经过一定的光路后作用到光电元器件上，光电元器件的输出反映了光源本身的某些物理参数。典型应用有非接触式高温测量、光照度计等。

(2) 被测物吸收光通量

如图 2-37(b)所示，恒定光源发射的光通量穿过被测物，其中一部分由被测物吸收，剩余的部分投射到光电元件上，吸收量取决于被测物的某些参数。典型应用有透明度计、浊度计等。

(3) 被测物反射光通量

如图 2-37(c)所示，恒定光源发出的光投射到被测物上，再从被测物体反射到光电元器件上。反射光通量取决于反射表面的性质、状态和与光源之间的距离。典型应用有位移、工件表面粗糙度检测等。

(4) 被测物遮挡光通量

如图 2-37 中(d)所示，从恒定光源发射出的光通量在到达光电元件的途中受到被测物的遮挡，使投射到光电元件上的光通量减弱。典型应用有非接触式测位置、工件尺寸测量等。

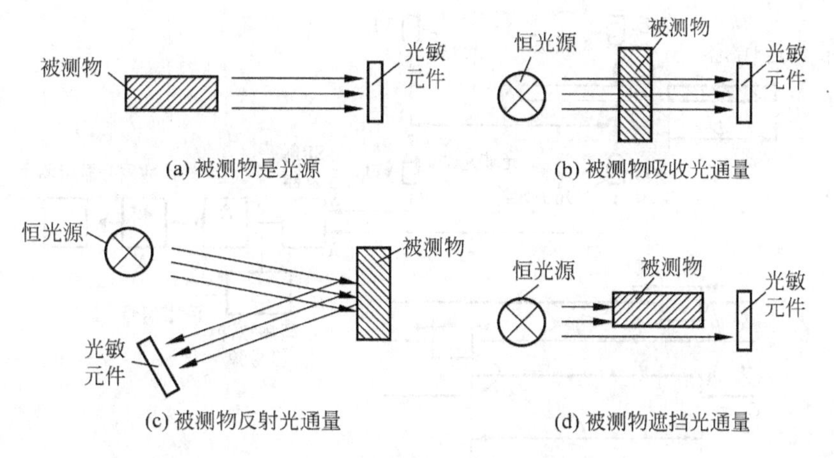

图 2-37　光电传感器的四种类型

2.3.2　光电传感器的应用

1. 模拟式光电传感器

模拟式光电传感器的工作原理是光电器件的光电流随光通量变化，是光通量的函数。即对于光通量的任意一个选定值，对应的光电流就有一个确定的值，而光通量又随被测非电量的变化而变化，这样光电流就成为了被测非电量的函数。这类传感器大都用于测量位移、表面粗糙度、振动等参数。下面介绍模拟式光电传感器典型应用实例。

(1) 烟雾报警器

无烟雾时，光敏元件接收到 LED 发射的恒定红外光。而在火灾发生时，烟雾进入检测室，遮挡了部分红外光，使光敏三极管的输出信号减弱，经阈值判断电路后发出报警信号。

常用的无线火灾烟雾传感器可以固定在墙体或者天花板上。它内部使用一节 9V 层叠电池供电，工作在警戒状态时，工作电流仅为 15μA，报警发射时工作电流为 20mA。当探测到初期明火或者烟雾达到一定浓度时，传感器的报警蜂鸣器立即发出 90dB 的连续报警，工作指示灯快速连续闪烁，无线发射器发出无线报警信号，通知远方的接收主机，将报警信息传递出去。无线发射器的报警距离在空旷地可以达到 200m，在有阻挡的普通家庭环境中可以达到 20m。

(2) 光电测速计

光电测速计原理如图 2-38 所示。当物体自左向右运动遮断光源 A 时，光敏元件 VD_A 输出由高电平变为低电平，将 Q 置“1”，闸门打开开始计数；当物体遮断光源 B 时，光敏元件 VD_B 输出由高电平变为低电平，将 Q 置“0”，闸门关闭，停止计数；若高频脉冲信号源提供频率 f 为 1MHz、周期 T 为 1μs 的计数脉冲，由计数脉冲个数 n，将得到物体由 A 到 B 经历的时间 $t=nT$，则速度 $v=S/t$ 就得到了测量。

2. 脉冲式光电传感器

脉冲式光电传感器的原理是光电器件的输出仅有两个稳定状态，即“通”与“断”的开关状态，即光电器件受光照时，有电信号输出，光电器件不受光照时，无电信号输出。属于这一类的大多是作为继电器和脉冲发生器应用的光电传感器，如测量线位移、线速度、角位移、角

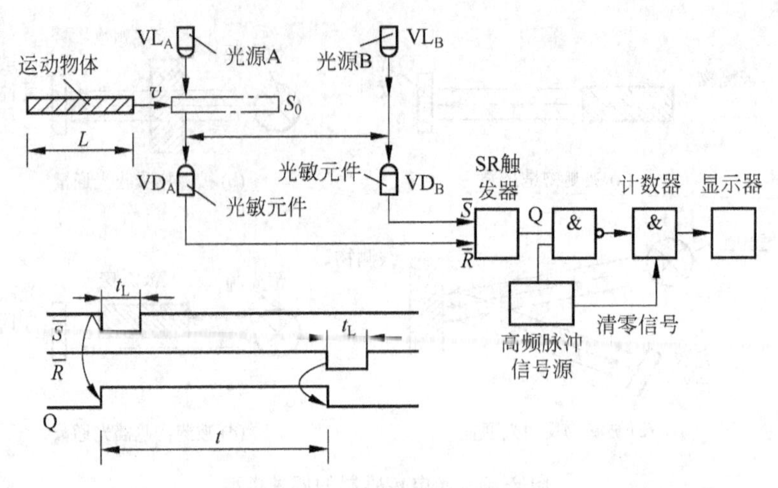

图 2-38　光电测速计原理

速度的光电脉冲传感器等。

图 2-39 所示为光电式转速仪原理图。光电转速传感器分为反射式和直射式两种，反射式转速传感器的工作原理如图 2-39(a)所示。用金属箔或荧光纸在被测转轴上贴出一圈黑白相间的反射条纹，光源发射的光线经透镜、半透膜和聚焦透镜投射在转轴反射面上，反射光经聚焦透镜会聚后，照射在光电元件上产生光电流。该轴旋转时，黑白相间的反射面造成反射光强弱变化，形成频率 f 与转速 n 及黑白间隔数 z 有关的光脉冲，使光电元件产生相应电脉冲。当黑白间隔数一定时，电脉冲的频率便与转速 n 成正比，即

$$n = \frac{60f}{z}(\mathrm{r/min})$$

由此就可测得轴的转速。

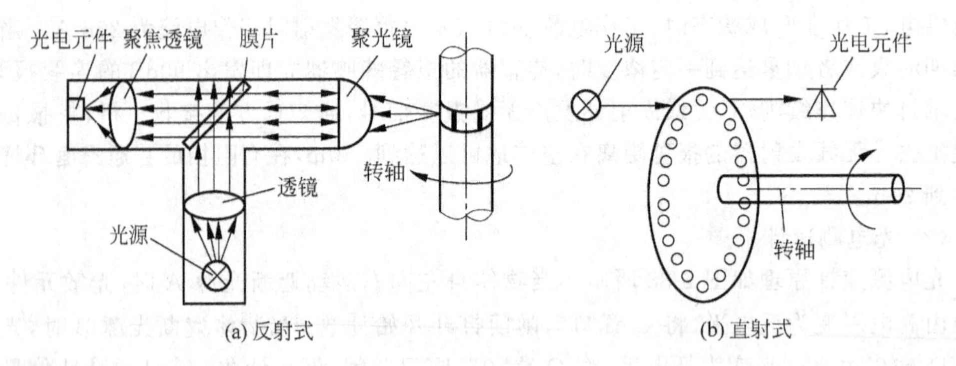

图 2-39　光电式转速仪

2.4　光电开关及光电断续器

光电开关及光电断续器都是用来检测物体的靠近、通过状态的光电传感器。从原理上讲，光电开关及光电断续器没有太大的差别，都由红外线发射元件与光敏接收元件组成，只

是光电断续器是整体结构，其检测距离只有几毫米至几十毫米，而光电开关的检测距离可达几米至几十米。

2.4.1　光电开关

光电开关由红外线发射元件与光敏接收元件组成。光电开关可分为遮断型和反射型两大类。反射型光电开关又分为反射镜反射型及被测物漫反射型(简称散射型)两类。图 2-40 所示为几类光电开关的原理图。

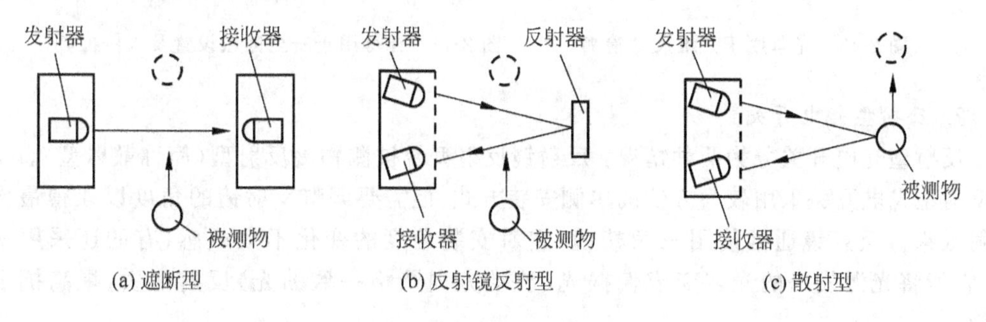

图 2-40　光电开关的原理图

1. 遮断型光电开关

遮断型光电开关由相互分离且相对安装的光发射器和光接收器组成。如图 2-40(a)所示，当被检测物体位于发射器和接收器之间时，红外光束被遮断，接收器接收不到红外线而产生一个负脉冲开关信号。遮断型光电开关的检测距离一般可达十几米，对所有能遮断光线的物体均可检测。遮断型光电开关发射器和接收器相对安放，轴线严格对准，如图 2-41 所示。

光幕是多个遮断光电开关的典型应用。将两个柱形结构相对而立，每隔数十毫米安装一对发光二极管和光敏接收管，就形成了光幕，如图 2-42 所示。当有物体遮挡住光线时，传感器发出报警信号，起保护、预警等作用。光幕广泛应用于流水线产品的外形尺寸、截面积等检测。图 2-43 所示为光幕用于产品的长度、高度、宽度等三维尺寸检测，图 2-44 所示为光幕应用于锻压机床的安全区域设置及入侵报警。

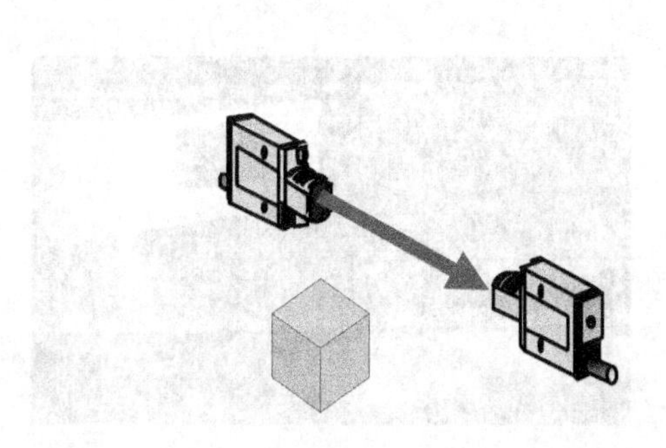

图 2-41　遮断型光电开关

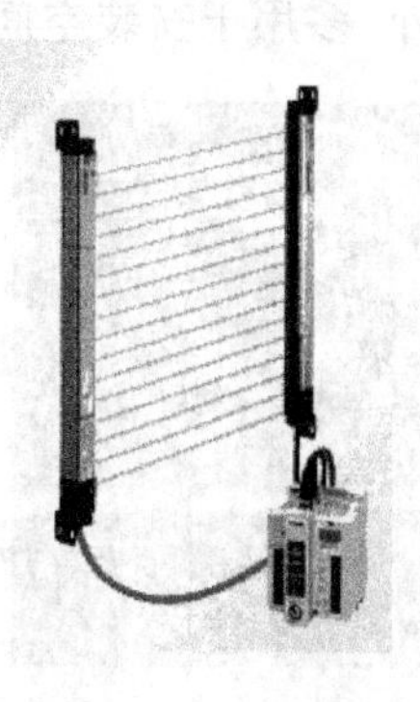

图 2-42　光幕

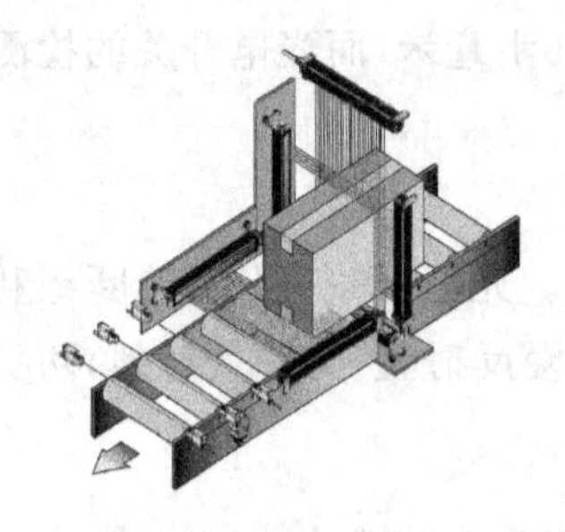

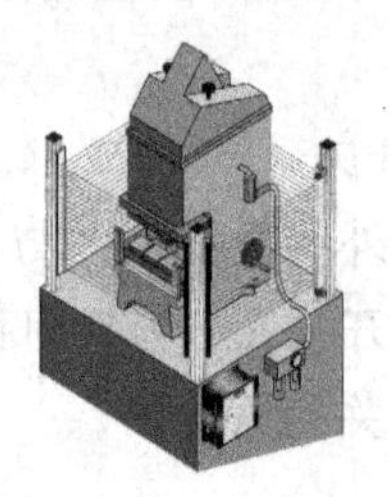

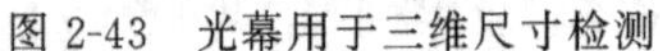

图 2-43　光幕用于三维尺寸检测　　　　图 2-44　光幕用于安全区域设置及入侵报警

2. 反射型光电开关

反射型光电开关分为两种情况：反射镜反射型及被测物漫反射型(简称散射型)。反射镜反射型光电开关采用较为方便的单侧安装方式，但需要调整反射镜的角度以取得最佳的反射效果。反射镜通常使用三角棱镜，它对安装角度的变化不太敏感，有的还采用偏光镜，它能将光源发出的光转变成偏振光(波动方向严格一致的光)反射回去，提高抗干扰能力。

如图 2-40(b)所示，反射镜反射型光电开关集光发射器和光接收器于一体，与反射镜相对安装配合使用。反射镜使用偏光三角棱镜，能将发射器发出的光转变成偏振光反射回去，光接收器表面覆盖一层偏光透镜，只能接收反射镜反射回来的偏振光。

漫反射型光电开关集光发射器和光接收器于一体，如图 2-40(c)所示。当被测物体经过该光电开关时，发射器发出的光线经被测物体表面反射，由接收器接收，从而产生开关信号。漫反射型光电开关应用于自动感应水龙头、机械手定位、断裂检测、距离检测等。

2.4.2　光电断续器

光电断续器的工作原理与光电开关相同，结构上将光电发射器、光电接收器做在体积很小的同一塑料壳体中。光电断续器也分为遮断型和反射型两种。遮断型光电断续器又称槽式光电开关，通常是标准的 U 字形结构，如图 2-45 所示。其发射器和接收器做在体积很小的同一塑料壳体中，分别位于 U 形槽的两边，并形成一光轴，两者能可靠地对准，为安装和使用提供了方便。当被检测物体经过 U 形槽且阻断光轴时，光电开关就产生表示检测到的开关量信号。槽式光电开关比较可靠，较适于高速检测。反射型光电断续器如图 2-46 所示，检测距离较小，多用于安装空间较小的场合。

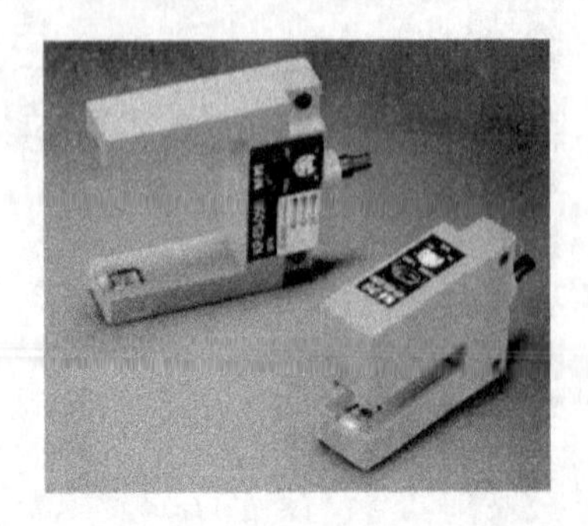

图 2-45　遮断型光电断续器

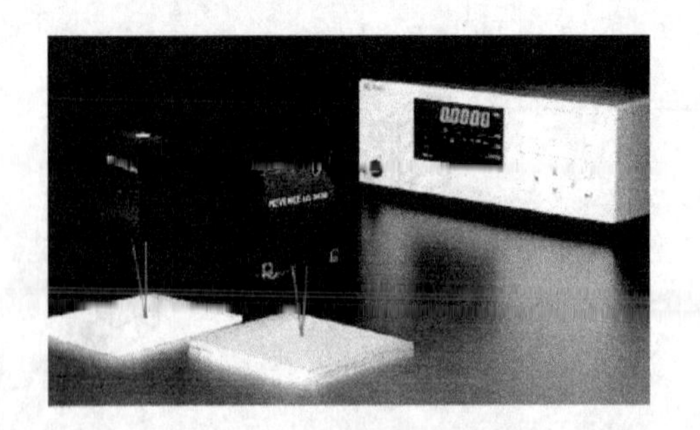

图 2-46　反射型光电断续器

光电断续器是较便宜、简单、可靠的光电器件。它广泛应用于自动控制系统、生产流水线和家用电器中。流水线工件计数是光电断续器的典型应用，当工件经过光电断续器时，接收器即产生一个计数脉冲。再比如齿轮转速及角位移测量仪，齿盘每转过一个齿，光电断续器就输出一个脉冲。通过脉冲频率的测量或脉冲计数，即可获得齿盘转速和角位移。

2.5　红外传感器

红外技术是最近几十年发展起来的一门新兴技术。它已在科技、国防和工农业生产等领域获得了广泛的应用。

2.5.1　红外检测的物理基础

红外传感器是利用物体产生红外辐射的特性来实现自动检测的器件。

1. 电磁波谱中的红外线

红外辐射俗称红外线，它是一种不可见光，由于是位于可见光中红色光以外的光线，故称红外线。它的波长范围为 0.76～1000μm，红外线在电磁波谱中的位置如图 2-47 所示。工程上又把红外线所占据的波段分为四部分，即近红外、中红外、远红外和极远红外。

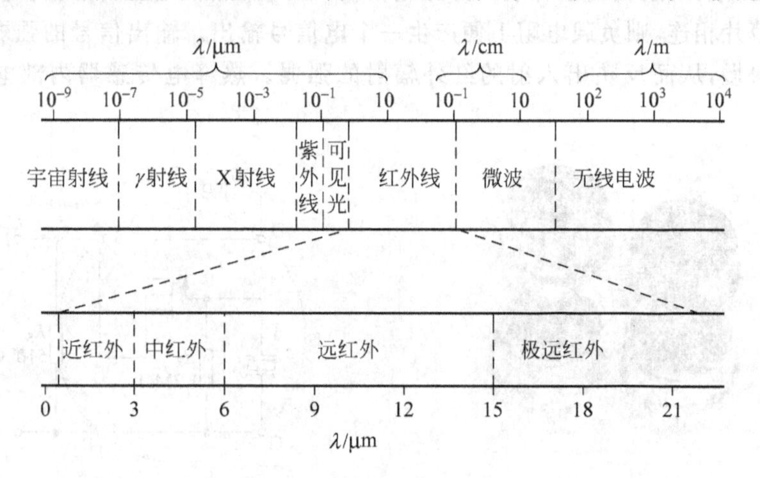

图 2-47　电磁波谱的波段

2. 红外检测的机理

凡是存在于自然界的物体，例如人体、火焰甚至冰都会放射红外线，只是其发射的红外线的波长不同而已。物体不同的颜色和亮度代表不同的温度。红外光和所有电磁波一样，具有反射、折射、散射、干涉、吸收等特性。

红外辐射的物理本质是热辐射。一个炽热物体向外辐射的能量大部分是通过红外线辐射出来的。物体的温度越高，辐射出来的红外线越多，辐射的能量就越强。红外线被物体吸收时，可以显著地转变为热能。红外辐射的传播是以波的形式在空间直线传播。红外线在大气中传播存在不同波段的吸收带，2～2.6μm，3～5μm，8～14μm 的透过率高，称为“大气窗口”，红外传感器一般都工作在这三个波段。

2.5.2 红外传感器的类型及原理

1. 红外传感器的组成及分类

红外传感器一般由光学系统、探测器、信号调理电路及显示系统等组成。红外探测器是红外传感器的核心。红外探测器种类很多,常见的有红外光电探测器和红外热敏探测器两大类。热敏探测器利用红外辐射的热效应,探测器的敏感元件吸收辐射能后引起温度升高,进而使有关物理参数发生相应变化,通过测量物理参数的变化,便可确定探测器所吸收的红外辐射。其特点是响应波段宽,响应范围可扩展到整个红外区域,可以在室温下工作,使用方便。

热敏探测器主要类型有热释电型、热敏电阻型、热电偶型和气体型。其中热释电探测器频率响应最宽,应用最广泛。

2. 热释电红外传感器

热释电红外传感器是一种能检测人或动物发射的红外线而输出电信号的传感器,其外形如图 2-48 所示。它由具有极化现象的热晶体或被称为"铁电体"的材料制成,"铁电体"的极化强度(单位面积上的电荷)与温度有关。

当红外辐射照射到已经极化的铁电体薄片表面上时,引起薄片温度升高,使其极化强度降低,表面电荷减少,这相当于释放一部分电荷,所以叫做热释电型传感器。如果将负载电阻与铁电体薄片相连,则负载电阻上便产生一个电信号输出。输出信号的强弱取决于薄片温度变化的快慢,从而反映出入射的红外辐射的强弱。热释电传感器内部电路如图 2-49 所示。

图 2-48 热释电传感器外形

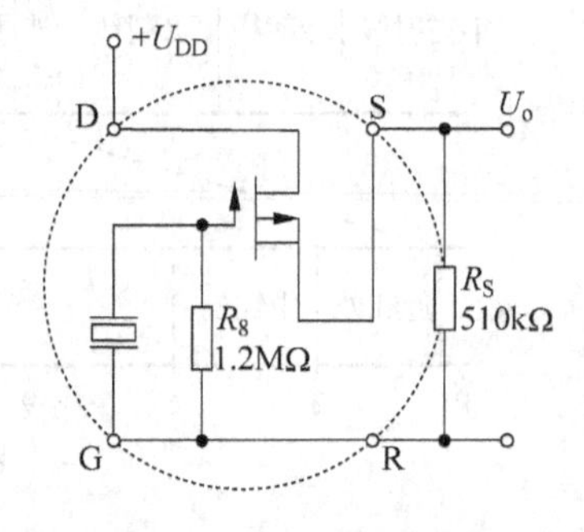

图 2-49 热释电传感器内部电路

热释电晶片表面必须罩上一块由一组平行的棱柱型透镜所组成的菲涅尔透镜,每一透镜单元都只有一个不大的视场角。传感器不加菲涅尔透镜时,其检测距离小于 2m,而加上该透镜后,其检测距离可增加 3 倍以上。热释电传感器广泛用于自动感应亮灯、安全防盗,用于智能空调能检测出屋内是否有人,微处理器据此自动调节空调的出风量,以达到节能的目的。

3. 红外光电探测器

红外光电探测器利用入射红外辐射的光子流与探测器材料中电子的相互作用,改变电子的能量状态,引起各种电学现象,称为光子效应。通过测量材料电子性质的变化,可以知道红外辐射的强弱。红外光电探测器有内光电和外光电探测器两种,后者又分为光电导、光生伏特和光磁电探测器三种。红外光电探测器的特点是灵敏度高、响应速度快、具有较高的响应频率,但探测波段较窄,一般须在低温下工作。红外光电探测器广泛用于安全防范领域的人体入侵检测。图 2-50 所示的红外光电探测器广泛用于自动生产线上。传送带两侧一端发光,另一端接收红外线。当传送带上的产品通过红外光电传感器时,挡住光源发出的红外光,此时探测器输出一个脉冲信号,此脉冲输入计数器,可实现自动计数。图 2-51 所示是红外门窗光栅栏,安装于门窗两侧,一侧为红外光源,发射红外线,另一侧为红外接收装置,接收发射装置发出的红外线,当人在设防状态下穿越门窗进入室内的时候,人体挡住了红外线,接收侧接收不到红外线,通过相应电路产生报警信号,即可实现入侵检测。

图 2-50 产品自动计数

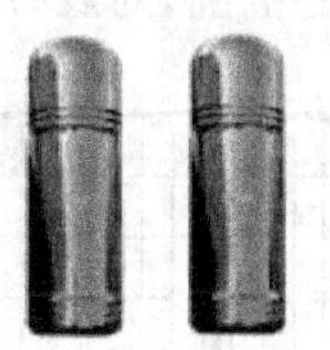

图 2-51 防入侵红外传感器

2.5.3 红外传感器的应用

1. 红外测温仪

只要物体本身具有一定温度,都能辐射红外光。例如,电动机、电器、炉火甚至冰块都能产生红外辐射。红外测温仪是利用热辐射体在红外波段的辐射通量来测量温度的,被测物本身就是光源。当物体的温度低于 1000℃时,它向外辐射的不再是可见光,而是红外光,可用红外探测器检测温度。

红外测温仪是一个光、机、电一体化的红外测温系统,如图 2-52 所示。光学系统是一个固定焦距的透射系统,滤光片一般采用只允许 8～14μm 的红外辐射通过的材料。红外探测器一般为热释电探测器,透镜的焦点落在其光敏面上。被测目标的红外辐射通过透镜聚焦在红外探测器上,红外探测器将红外辐射变换为电信号输出。目前常用红外测温仪利用单片机的功能实现智能化,大大简化了硬件电路,提高了稳定性、可靠性和准确性。

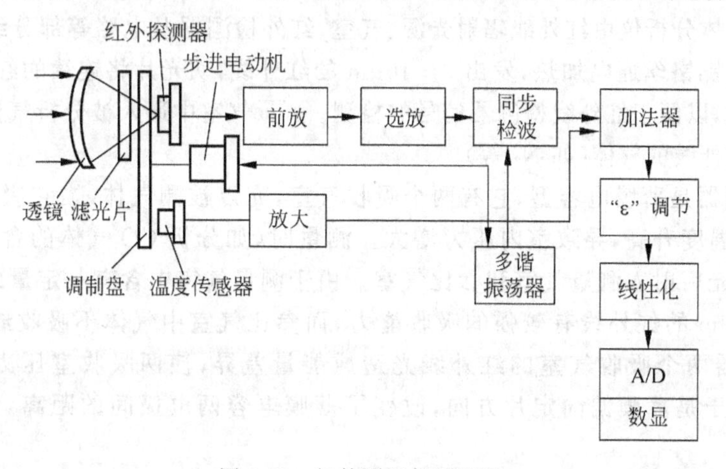

图 2-52 红外测温仪原理图

红外测温仪最大的特点是非接触式测量温度，广泛应用于非接触式体温、耳温测量，集成电路 IC 温度测量，非接触式食品温度测量等。

红外测温仪在工业生产中也有广泛应用，例如利用红外测温仪瞄准被测物（电控柜或天花板内的布线层）搜寻温度异常的故障点等，简单易行。

2. 红外线气体分析仪

红外线气体分析仪是根据气体对红外线具有选择性吸收的特性来对气体成分进行分析的。图 2-53 给出了几种气体对红外线的透射光谱。由图中可以看出，CO 气体对波长为 4.65μm 附近的红外线具有很强的吸收能力，CO_2 气体则在 2.78μm 和 4.26μm 附近以及波长大于 13μm 的范围，对红外线有较强的吸收能力。

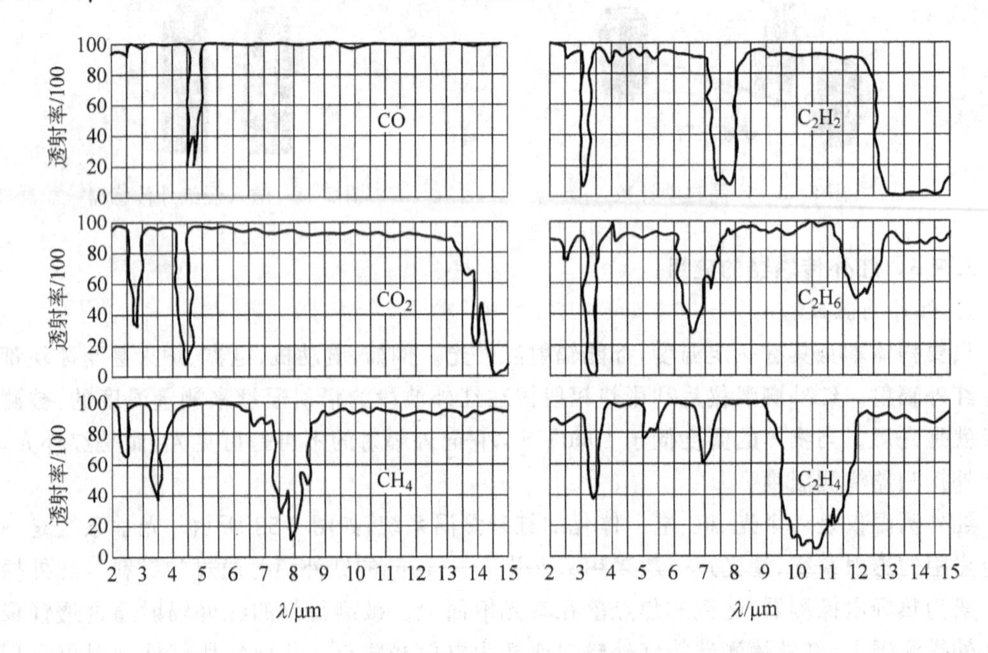

图 2-53　几种气体对红外线的透射光谱

红外线气体分析仪由红外线辐射光源、气室、红外检测器及电路等部分组成，如图 2-54 所示。光源由镍铬丝通电加热，发出 3～10μm 的红外线，切光片将连续的红外线调制成脉冲状的红外线，以便于红外线检测器信号的检测。测量气室中通入被分析气体，参比气室中封入不吸收红外线的气体（如 N_2 等）。

红外检测器是薄膜电容型，它有两个吸收气室，充以被测气体，当它吸收了红外辐射能量后，气体温度升高，导致室内压力增大。测量时（如分析 CO 气体的含量），两束红外线经反射、切光后射入测量气室和参比气室。由于测量气室中含有一定量的 CO 气体，该气体对 4.65μm 的红外线有较强的吸收能力，而参比气室中气体不吸收红外线，这样射入红外探测器两个吸收气室的红外线光造成能量差异，使两吸收室压力不同，测量边的压力减小，于是薄膜偏向定片方向，改变了薄膜电容两电极间的距离，也就改变了电容 C。

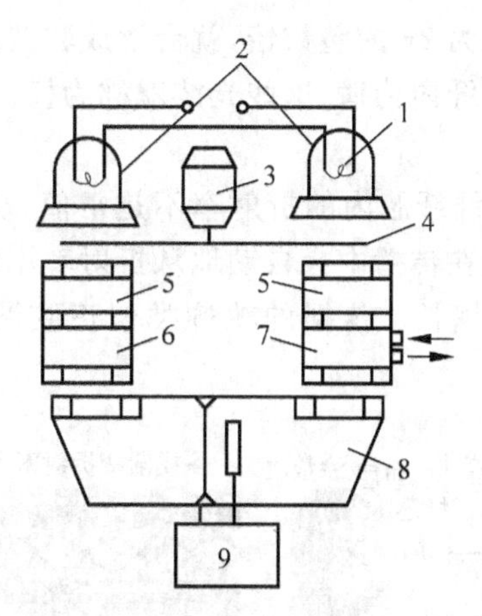

图 2-54　红外线气体分析仪结构

1—光源；2—抛物体反射镜；3—同步电动机；4—切光片；5—滤波气室；
6—参比室；7—测量室；8—红外控测器；9—放大器

2.6　光纤传感器

光纤传感器是 20 世纪 70 年代中期发展起来的一门新技术。光纤是光导纤维的简称，最早用于通信，随着光纤技术的发展，光纤传感器得到进一步发展。与其他传感器相比较，光纤传感器的优点是不受电磁干扰，防爆性能好，不会漏电打火；可根据需要做成各种形状，可以弯曲；可以用于高温、高压，绝缘性能好，耐腐蚀。上海东方明珠的动态图案就是由发光二极管产生多种颜色的光线，通过光导纤维传导到球体表面，在计算机控制下产生的。

2.6.1　光纤的基本概念

1. 光纤的结构

光纤的结构如图 2-55 所示，由纤芯和包层组成，纤芯位于光纤的中心部位，是由玻璃或塑料制成的圆柱体，直径为 5～100μm。光主要在纤芯中传输。光纤的结构中围绕着纤芯的那一部分称为包层，材料也是玻璃或塑料。由于纤芯和包层构成一个同心圆双层结构，所以光纤具有使光功率封闭在里面传输的功能。光纤的导光能力取决于纤芯和包层的性质；纤芯折射率 N_1 略大于包层折射率 N_2（$N_1>N_2$）。

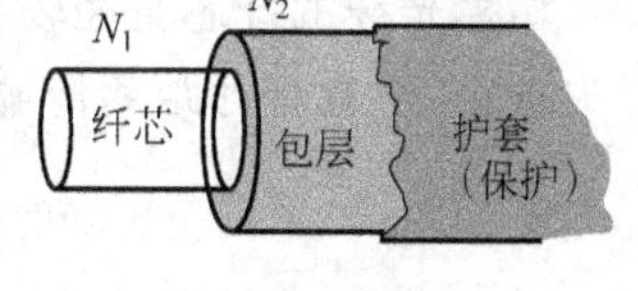

图 2-55　光纤的结构

2. 光纤的种类及其特点

按纤芯和包层材料性质分类，有玻璃光纤及塑料光纤两大类。

按折射率分布分类，有阶跃折射率型和梯度折射率型两种。

按光纤的传输模式分类，可以分为多模光纤和单模光纤两类。

(1) 模的概念

在纤芯内传播的光波，可以分解为沿轴向传播的平面波和沿垂直方向（剖面方向）传播的平面波。沿剖面方向传播的平面波在纤芯与包层的界面上将产生反射。如果此波在一个往复(入射和反射)中相位变化为 2π 的整数倍,就会形成驻波。只有能形成驻波的那些以特定角度射入光纤的光才能在光纤内传播,这些光波就称为模。

(2) 梯度折射率型光纤

如图 2-56 所示,梯度型光纤纤芯内的折射率不是常值,从中心轴线开始沿径向大致按抛物线规律逐渐减小。因此光在传播中会自动地从折射率小的界面处向中心会聚。光线偏离中心轴线越远,则传播路程越长。传播的轨迹类似正弦波曲线。这种光纤又称自聚焦光纤。

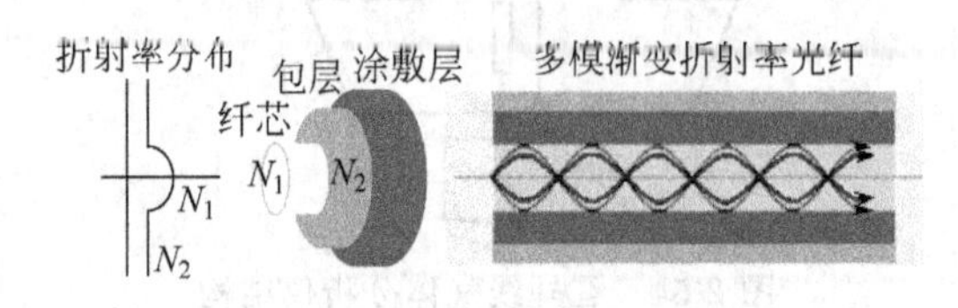

图 2-56　梯度型光纤示意图

(3) 多模阶跃型光纤

如图 2-57 所示,多模阶跃型光纤纤芯的折射率 N_1 分布均匀,不随半径变化。包层内的折射率 N_2 分布也大体均匀。纤芯与包层之间折射率的变化呈阶梯状。在纤芯内,中心光线沿光纤轴线传播。通过轴线平面的不同方向入射的光线呈锯齿形轨迹传播。

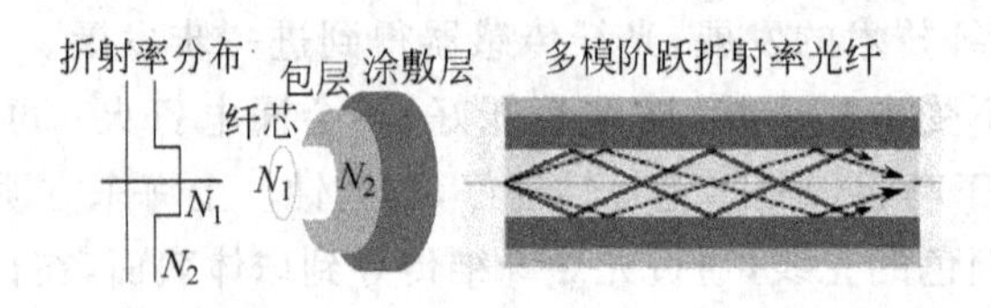

图 2-57　多模阶跃型光纤示意图

(4) 单模光纤

单模光纤的纤芯直径较小(数微米),接近于被传输光波的波长,光在纤芯中传导,能量损失很小,适宜于远距离传输。单模阶跃型光纤如图 2-58 所示。

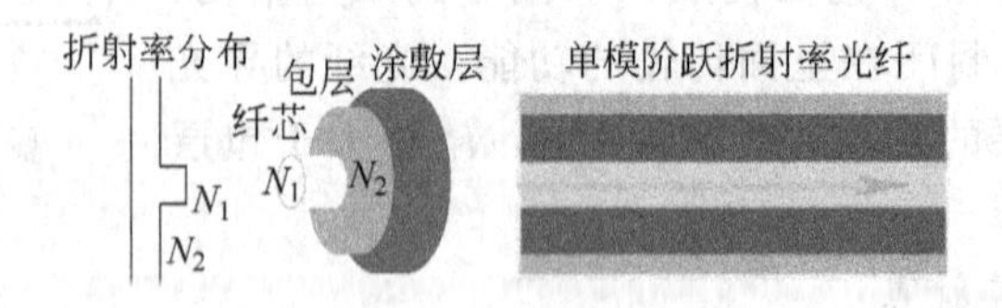

图 2-58　单模光纤示意图

3. 光纤的传光原理

光在空间是沿直线传播的,在光纤中,光的传输限制在光纤中,并随光纤能传送到很远的距离,光纤的传输基于光的全反射。

(1) 光的反射与折射

如图 2-59 所示，当光线以较小的入射角 θ_1，由光密媒质（折射率为 N_1）射入光疏媒质（折射率为 N_2）时，一部分光线被反射，另一部分光线折射入光疏媒质。由斯乃尔（Snell）折射定律可知：当 $N_1 > N_2$ 时，折射角将大于入射角。

(2) 光的全反射

如图 2-60 所示，当减小入射角时，进入介质 2 的折射光与分界面的夹角将相应减小，将导致折射波只能在介质分界面上传播。对这个极限值时的入射角，定义为临界角 θ_c。当入射角小于 θ_c时，入射光线将发生全反射。

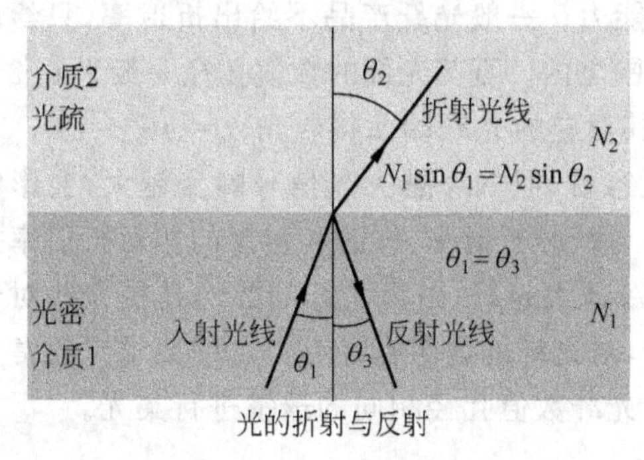

图 2-59　光的反射与折射

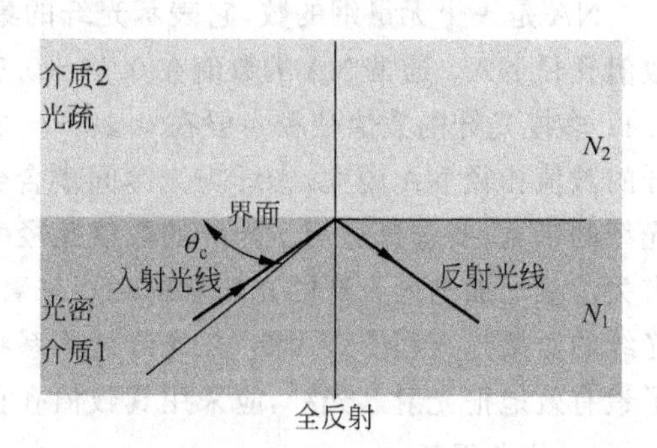

图 2-60　光的全反射

(3) 光纤的传光原理

光纤是由纤芯、包层所组成的圆柱形的介质光波导。设纤芯的折射率是 N_1，包层的折射率为 N_2，由于纤芯的折射率比包层的折射率大，即 $N_1 > N_2$，所以折射角大于入射角。当空气中一束光线自光纤端面中心点以 θ_i 角射入纤芯时，光线先产生折射。当光线在纤芯中行进至纤芯与包层界面时，可能折射进入包层，也可能反射继续在纤芯中行进。为保证全反射，必须满足全反射条件，即入射角小于临界角（$\theta < \theta_c$），由斯乃尔（Snell）折射定律可导出，外介质折射率为 N_0时，射入纤芯时实现全反射的临界入射角 θ_c 为

$$\theta_c = \arcsin\left(\frac{1}{N_0}\sqrt{N_1^2 - N_2^2}\right)$$

当外介质为空气时，$N_0 = 1$，

$$\theta_c = \arcsin(\sqrt{N_1^2 - N_2^2})$$

只要入射角小于 θ_c，光就在纤芯和包层界面上经若干次全反射向前传播，最后从另一端面射出，如图 2-61 所示。

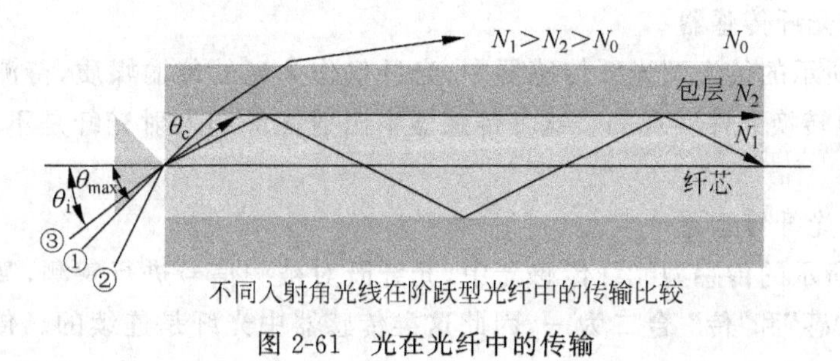

图 2-61　光在光纤中的传输

可见，光纤临界入射角的大小是由光纤本身的性质(N_1，N_2)决定的，与光纤的几何尺寸无关。

4. 数值孔径

临界入射角 θ_c 的正弦函数又称光纤的数值孔径(NA)，即

$$\mathrm{NA}=\sin(\theta_c)=\frac{1}{N_0}\sqrt{N_1^2-N_2^2}$$

空气中光纤的数值孔径为

$$\mathrm{NA}=\sqrt{N_1^2-N_2^2}\quad (N_1>N_2)$$

NA 是一个无量纲的数，它表示光纤的集光能力。一般光纤产品不给出折射率，只给出数值孔径 NA。通常 NA 的数值在 0.14～0.5 范围之内。石英光纤的数值孔径一般为 0.2～0.4；多模光纤的数值孔径一般在 0.18～0.23，其对应的光纤端面接收角 $\theta_c=10°\sim13°$。光纤的数值孔径 NA 越大，光纤与光源间耦合会更容易，但 NA 越大光信号畸变越大，会影响光纤的带宽，要选择适当。光纤的数值孔径大小与纤芯折射率、纤芯和包层的相对折射率差有关。从增加进入光纤的光功率的观点来看，NA 越大越好，因为光纤的数值孔径大些对于光纤的对接是有利的。因此，在光纤通信系统中，对光纤的数值孔径有一定的要求。通常为了最有效地把光射入光纤，应采用其数值孔径与光纤数值孔径相同的透镜进行集光。

5. 传光损耗

光纤在传播时，由于材料的吸收、散射和弯曲的辐射损耗影响，不可避免地要有损耗，即光纤不可能百分之百地将入射光的能量传播出去，能够传输的只是总能量中的一部分。损耗主要有：菲涅尔反射损耗、光吸收损耗、全反射损耗及弯曲损耗等。

2.6.2 光纤传感器类型及原理

光纤传感器应用广泛，迄今为止，能够测定的物理量已达 70 多种。

1. 光纤传感器的组成及类型

光纤传感器由光源、入射光纤、出射光纤、光调制器、光探测器以及解调器组成。其基本原理是将光源的光经入射光纤送入调制区，光在调制区内与外界被测参数相互作用，使光的光学性质(如强度、波长、频率、相位、偏正态等)发生变化而成为被调制的信号光，再经出射光纤送入光探测器、解调器而获得被测参数。

根据光在光纤中被调制的原理不同，光纤传感器可分为强度调制型、相位调制型、偏振态调制型、频率调制型、波长调制型等。根据光纤所起作用的不同，光纤传感器又可分为传光型和传感型两类。

2. 光纤传感器工作原理

(1) 传光型光纤传感器

在图 2-62 所示的传光型光纤传感器中，光纤仅作为光的传输媒质，待测对象的调制功能是由其他光电转换元件实现的。这种传感器中出射光纤和入射光纤是不连续的，光纤只起传光作用。

(2) 传感型光纤传感器

在图 2-63 所示的传感型光纤传感器中，光纤既对被测信号进行感测，又对光信号进行传输，将信号的“感”和“传” 合二为一，因此这类传感器中光纤是连续的。传感型光纤传感

器利用光纤本身对外界被测对象具有敏感能力和检测功能，光纤不仅起到传光作用，而且在被测对象作用下，如光强、相位、偏振态等光学特性得到调制，调制后的信号携带了被测信息。

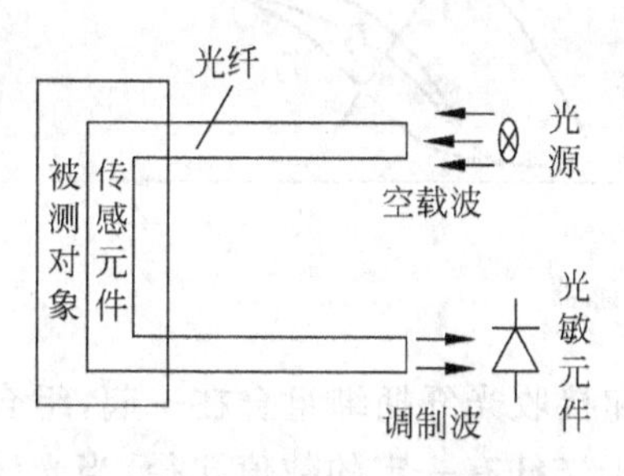

图 2-62　传光型光纤传感器

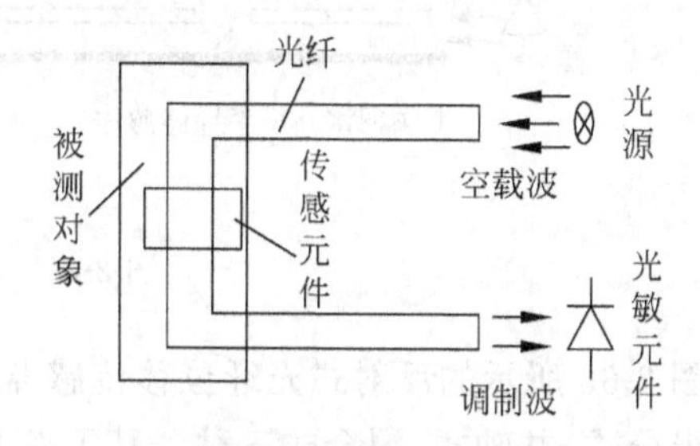

图 2-63　传感型光纤传感器

在传光型和传感型这两种光纤传感器中光纤所起的作用不同，对光纤的要求也不同。在传光型传感器中光纤只起传光的作用，采用通信光纤甚至普通的多模光纤就能满足要求，而敏感元件可以很灵活地选用优质的材料来实现，因此这类传感器的灵敏度可以做得很高，但需要较多的光耦合器件，结构较复杂；传感型光纤传感器的结构相对来说比较简单，可少用一些耦合器件，但对光纤的要求较高，往往需采用对被测信号敏感、传输特性又好的特殊光纤。到目前为止，实际中大多数采用前者，但随着光纤制造工艺的改进，传感型光纤传感器也必将得到广泛的应用。

2.6.3　光纤传感器的应用

与传统的传感器相比，光纤传感器具有灵敏度高、测量速度快、抗电磁干扰等优点。并且由于光纤传感器利用光波传输信息，而光波的频率极高，所容纳的频带很宽，信息容量大，同一根光纤可以传输多路信号。同时，光纤又是电绝缘、耐腐蚀的电介质，并且安全可靠，可用于其他传感器所不适应的恶劣环境中。此外，光纤传感器还具有质量轻、体积小、可绕曲、测量对象广泛、复用性好、成本低等特点。

光纤传感器广泛应用于各种大型机电、石油化工、矿井等强电磁干扰和易燃易爆等恶劣环境中，涉及石油化工、电力、医学、土木工程等诸多领域。下面介绍几个光纤传感器的典型应用实例。

1. 光纤温度传感器

图 2-64 所示的光纤温度传感器利用半导体材料的能量隙随温度几乎呈线性变化。敏感元件是一个半导体光吸收器，光纤用来传输信号。当光源的光强度经光纤到达半导体薄片时，透过薄片的光强受温度的调制，温度 T 升高，半导体禁带宽度 E_g 变化，材料吸收光波向长波移动，半导体薄片透过的光强度发生变化。

2. 光纤位移传感器

图 2-65 所示的光纤传感器利用光纤实现无接触位移测量。光源经一束多股光纤将光信号传送至端部，并照射到被测物体上。另一束光纤接收反射的光信号，并通过光纤传送到光敏元件上。被测物体与光纤间距离变化，反射到接收光纤上，光通量发生变化。再通过光电传感器检测出距离的变化。

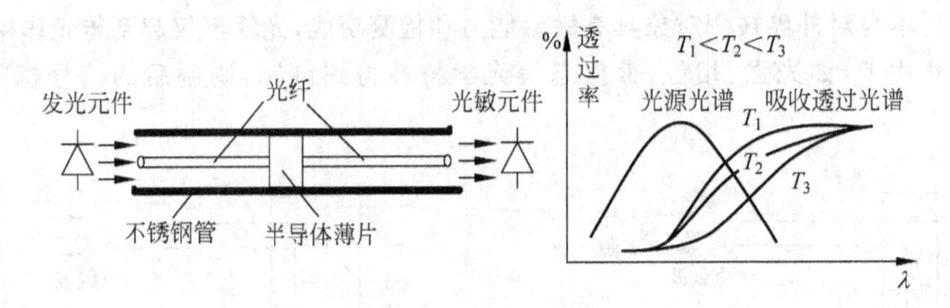

图 2-64 光纤温度传感器

图 2-66 所示的反射式光纤位移传感器，将发射和接收光纤捆绑组合在一起，组合的形式有半分式、共轴式、混合式三种。其工作原理是由于光纤有一定的数值孔径，当光纤探头端紧贴被测物体时，接收光敏元件无光电信号；被测物体逐渐远离光纤时，接收光纤照亮的区域 B_2 越来越大；当整个接收光纤被照亮时，输出曲线达到光峰值；被测体继续远离时部分光线被反射，光信号减弱，曲线下降。

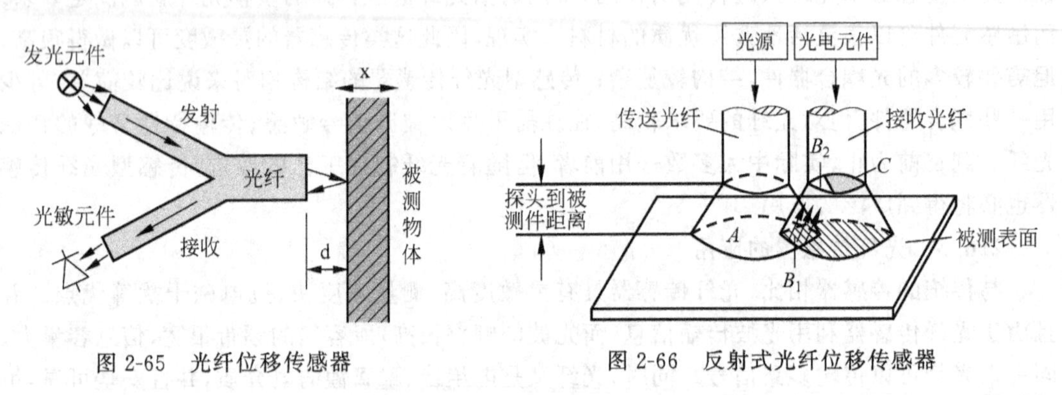

图 2-65 光纤位移传感器

图 2-66 反射式光纤位移传感器

本章小结

光电管、光电倍增管是基于外光电效应制成的光电元器件。光敏电阻是基于光电导效应的光电器件。光电池、光敏二极管、光敏三极管是基于光生伏特效应的光电器件。光敏电阻光照越强，阻值越小，电流越大；无光照时，呈现高阻状态，电路中只有微弱的电流。光敏二极管工作时外加反向电压，在没有光照时，处于截止状态；光照越强，光电流越大，光电流方向与反向电流一致。光敏三极管集电结反偏，发射结正偏时，对光信号具有放大作用；反偏的集电结受光照控制，在集电极上则产生 β 倍的光电流。光电池是基于光生伏特效应的自发电式有源光电器件，有光照时就可作为电源，直接将光能转换成电能，也称太阳能电池。光耦元件以光为媒体来传输电信号，可通过隔离层实现信号传输。

光电式传感器可分为模拟式光电传感器和脉冲式光电传感器。

光电开关及光电断续器都是用来检测物体的靠近、通过状态的光电传感器。光电开关由红外线发射元件与光敏接收元件组成。光电开关可分为遮断型和反射型两大类。光幕是多个遮断光电开关的典型应用。光电断续器的工作原理与光电开关相同，结构上将光电发射器、光电接收器做在体积很小的同一塑料壳体中。

红外传感器是利用物体产生红外辐射的特性来实现自动检测的器件。红外传感器常见的有红外光电探测器和红外热敏探测器两大类。

光纤的传输基于光的全反射。光纤传感器可分为传光型和传感型两类。

思考题与习题 2

2-1　什么是光电效应？光电效应有哪几种？分别对应什么光电元件？

2-2　试比较光敏电阻、光电池、光敏二极管和光敏三极管的性能差异，并简述在不同场合下选用哪种元件最为合适。

2-3　什么是光电元件的光谱特性？

2-4　光电传感器由哪些部分组成？被测量可以影响光电传感器的哪些部分？

2-5　简述光幕的工作原理。

2-6　光纤传感器有哪两种类型？光纤传感器调制方法有哪些？

2-7　根据硅光电池的光电特性，在 4000lx 的光照下要得到 2V 的输出电压，需要几片光电池？如何连接？

2-8　光敏电阻的主要参数有哪些？简述光敏电阻的基本特性。

第3章　霍尔传感器

本章主要内容

1. 霍尔传感器的结构及工作原理；
2. 霍尔传感器的测量及补偿电路；
3. 霍尔传感器的应用。

教学目标及重点、难点

教学目标

1. 了解霍尔元件的工作原理及结构、霍尔元件的基本参数与温度误差的补偿；
2. 熟悉集成霍尔元件和霍尔传感器的应用。

重点：集成霍尔元件和霍尔传感器的应用。

难点：霍尔传感器工作原理及应用。

霍尔传感器是一种磁传感器，用于检测磁场及其变化，可用在各种与磁场有关的场合。霍尔传感器的基本工作原理是霍尔元件的霍尔效应，是由霍尔元件及其附属电路组成的集成传感器。霍尔传感器利用磁场作为媒介可以检测很多物理量，如位移、振动、力、转速、加速度、流量、电流、电功率等。它不仅可以实现非接触测量，而且不从磁场中获取能量。在很多情况下，可采用永久磁铁来产生磁场，不需要附加能量，这种方式可以保证使用寿命长、可靠性高。因此，霍尔传感器在工业生产、交通运输和日常生活中有着非常广泛的应用。

3.1　霍尔传感器的基本知识

3.1.1　霍尔传感器的工作原理及结构形式

1. 霍尔效应

1879年德国物理学家霍尔在研究载流导体在磁场中受力的性质时发现，在通有电流的金属板上加一匀强磁场，当电流方向与磁场方向垂直时，在与电流和磁场都垂直的金属板的两表面间出现电势差，这个现象称为霍尔效应，这个电势差称为霍尔电动势，其成因可用带电粒子在磁场中所受到的洛伦兹力来解释。如图3-1所示，将金属或半导体薄片置于磁感应强度为 B 的磁场中，当有电流流过薄片时，电子受到洛伦兹力 F 的作用向一侧偏移，电子向一侧堆积形成电场，该电场对电子又产生电场力。电

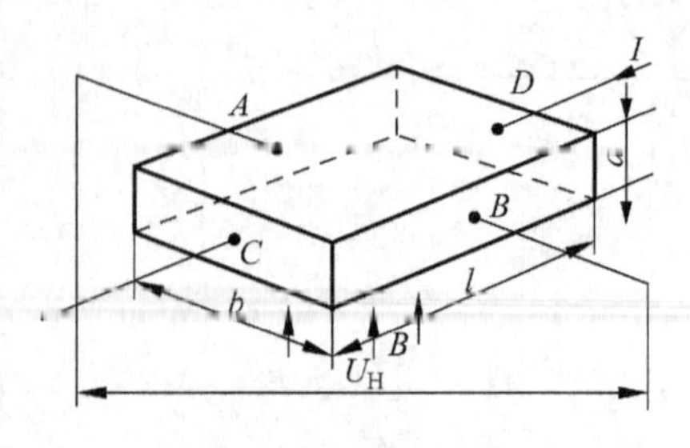

图3-1　霍尔效应

子积累得越多,电场力越大。洛伦兹力的方向可用左手定则判断,它与电场力的方向恰好相反。当两个力达到动态平衡时,在薄片的AB方向建立起稳定电场,即霍尔电动势。激励电流越大,磁场越强,电子受到的洛仑兹力也越大,霍尔电动势也就越高。另外,薄片的厚度、半导体材料中的电子浓度等因素对霍尔电动势也有影响。霍尔电动势(mV)的数学表达式为

$$E_{\mathrm{H}} = K_{\mathrm{H}} IB \tag{3-1}$$

式中,K_{H}——霍尔元件的灵敏度,单位为mV/(mA·T)。

霍尔电动势与输入电流I、磁感应强度B成正比,且当I或B的方向改变时,霍尔电动势的方向也随之改变。如果磁场方向与半导体薄片不垂直,而是与其法线方向的夹角为θ,则霍尔电动势为

$$E_{\mathrm{H}} = K_{\mathrm{H}} IB\cos\theta \tag{3-2}$$

2. 霍尔元件

由于导体的霍尔效应很弱,霍尔元件都用半导体材料制作。霍尔元件是一种半导体四端薄片,它一般做成正方形,在薄片的相对两侧对称地焊上两对电极引出线。一对称极为激励电流端a和b,通常用红色导线,其焊接处称为控制电极;另外一对称极为霍尔电动势输出端c和d,通常用绿色导线,其焊接处称为霍尔电极。

目前常用的霍尔元件材料是N型硅,它的灵敏度、温度特性、线性度均较好。锑化铟(InSb)、砷化铟(InAs)、N型锗(Ge)等也是常用的霍尔元件材料。锑化铟元件的输出较大,受温度影响也较大;砷化铟和锗输出不及锑化铟大,但温度系数小,线性度好。砷化镓(GaAs)是新型的霍尔元件材料,温度特性和输出线性都好,但价格贵。

霍尔元件的电路符号如图3-2(a)所示。霍尔元件的壳体用非导磁性金属、陶瓷、塑料或环氧树脂封装,其外形如图3-2(b)所示。

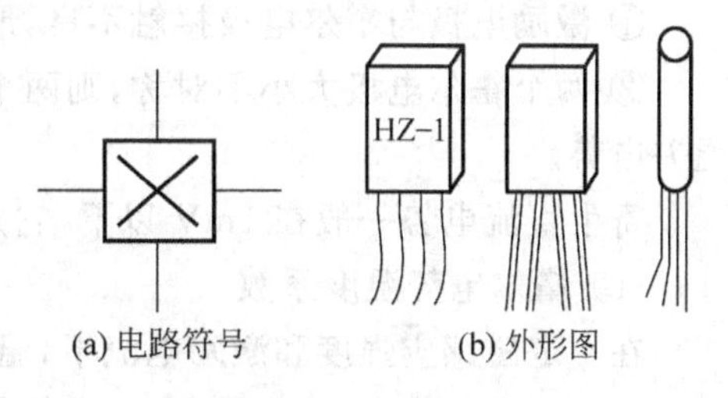

图3-2 霍尔元件

3. 霍尔元件的主要技术参数

(1) 额定激励电流

使霍尔元件温升10℃时所施加的激励电流称为额定激励电流。霍尔元件最大允许温升所对应的激励电流称为最大允许激励电流。

因霍尔电势随激励电流增加而线性增加,所以使用中人们希望选用尽可能大的激励电流以获得较高的霍尔电势输出,但是这受到最大允许温升的限制,可以通过改善霍尔元件的散热条件,使激励电流增加。

(2) 灵敏度K_{H}

霍尔元件在单位磁感应强度和单位激励电流作用下的空载霍尔电势值,称为霍尔元件的灵敏度。

(3) 输入电阻和输出电阻

霍尔元件激励电极间的电阻值称为输入电阻。霍尔电极输出电势对电路外部来说相当于一个电压源,其电源内阻即为输出电阻。以上电阻值是在磁感应强度为零,且环境温度为

20℃±5℃时所确定的。

(4) 不等位电势和不等位电阻

当磁感应强度为零,霍尔元件的激励电流为额定值时,其输出的霍尔电势应该为零,但实际值并不为零,用直流电位差计可以测得空载霍尔电势,称为不等位电势 U_0(一般 $U_0 \leqslant 10\text{mV}$)。

产生不等位电势的主要原因有:

① 霍尔电极安装位置不对称或不在同一等电位面上;

② 半导体材料不均匀造成电阻率不均匀或几何尺寸不均匀;

③ 激励电极接触不良造成激励电流不均匀分布等。

不等位电势也可用不等位电阻(零位电阻)R_0 表示,即

$$R_0 = \frac{U_0}{I} \tag{3-3}$$

式中,U_0——不等位电势;

R_0——不等位电阻;

I——额定激励电流。

(5) 寄生直流电势

当外加磁场为零、霍尔元件用交流激励时,霍尔电极输出除了交流不等位电势外,还有一直流电势,称为寄生直流电势。产生寄生直流电势的原因有:

① 激励电极与霍尔电极接触不良,形成非欧姆接触,产生整流效果;

② 两个霍尔电极大小不对称,则两个电极点的热容不同,散热状态不同,从而形成极间温差电势。

寄生直流电势一般在 1mV 以下,它是影响霍尔片温漂的原因之一。

(6) 霍尔电势温度系数

在一定磁感应强度和激励电流下,温度每变化 1℃时,霍尔电势变化的百分率称为霍尔电势温度系数。它同时也是霍尔系数的温度系数。它与霍尔元件的材料有关,一般在 0.1%/℃左右。

3.1.2 霍尔集成电路

由于霍尔元件产生的电势差很小,因此通常将霍尔元件与放大器电路、温度补偿电路及稳压电源电路等集成在一个芯片上,称为霍尔传感器。霍尔传感器也称霍尔集成电路。

霍尔集成电路(又称霍尔 IC)有许多优点,如体积小、灵敏度高、输出幅度大、温漂小、对电源稳定性要求低等。

霍尔传感器分为线性型霍尔传感器和开关型霍尔传感器两种。

1. *线性型霍尔传感器*

线性型霍尔传感器由霍尔元件、线性放大器和射极跟随器组成,它输出模拟量。

线性型霍尔传感器是将霍尔元件和恒流源、线性差动放大器等做在一个芯片上,输出电压为伏级,比直接使用霍尔元件方便得多。较典型的线性霍尔器件如 UGN3501 等。其输出电压与外加磁场强度呈线性关系,在磁感应强度范围内有较好的线性度,磁感应强度超出

此范围时则呈现饱和状态。

2. 开关型霍尔传感器

开关型霍尔传感器由稳压器、霍尔元件、差分放大器、施密特触发器和输出级组成，它输出数字量。

开关型霍尔集成电路是将霍尔元件、稳压电路、放大器、施密特触发器、OC 门(集电极开路输出门)等做在同一个芯片上。当外加磁场强度超过规定的工作点时，OC 门由高阻态变为导通状态，输出变为低电平；当外加磁场强度低于释放点时，OC 门重新变为高阻态，输出高电平。这类器件中较典型的有 UGN3020，3022 等。当外加的磁感应强度超过动作点时，传感器输出低电平；当磁感应强度降到动作点以下时，传感器输出电平不变；直至磁感应强度降到释放点时，传感器输出才由低电平跃变为高电平。动作点和释放点之间的滞后使开关动作更为可靠。

有一些开关型霍尔集成电路内部还包括双稳态电路，这种器件的特点是必须施加相反极性的磁场，电路的输出才能翻转回到高电平，也就是说，具有“锁键”功能。这类器件又称为锁键型霍尔集成电路，如 UGN3075 等。当磁感应强度超过动作点时，传感器输出由高电平跃变为低电平；而在外磁场撤销后，其输出状态保持不变(即锁存状态)，必须施加反向磁感应强度达到释放点时，才能使电平产生变化。

图 3-3、图 3-5 分别是 UGN3501T 和 UGN3020 的外形及内部电路框图，图 3-4、图 3-6 分别是它们的输出电压与磁场的关系曲线。

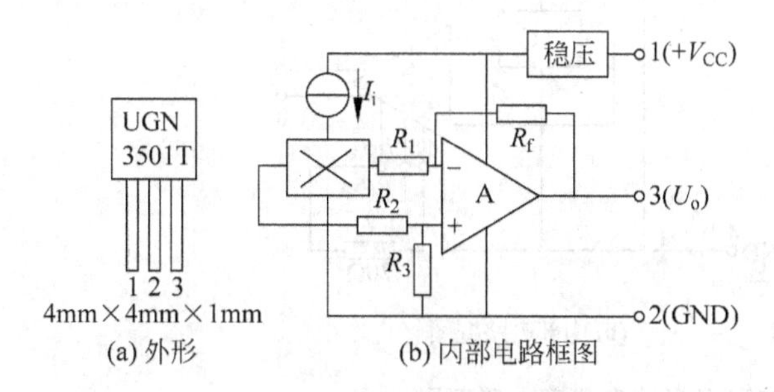

图 3-3　UGN3501T 的外形及内部电路框图

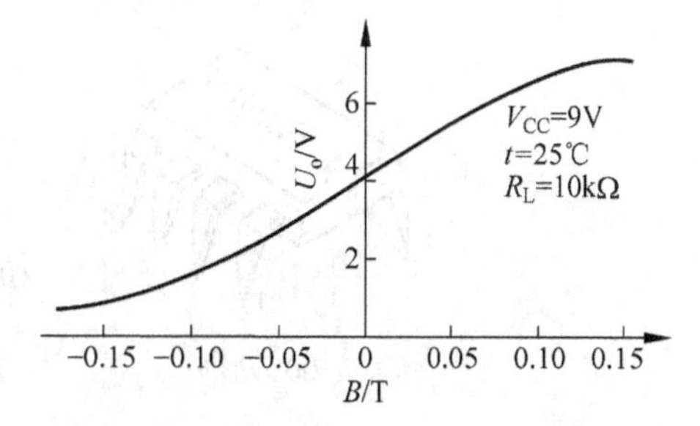

图 3-4　UGN3501T 的输出电压与磁场的关系曲线

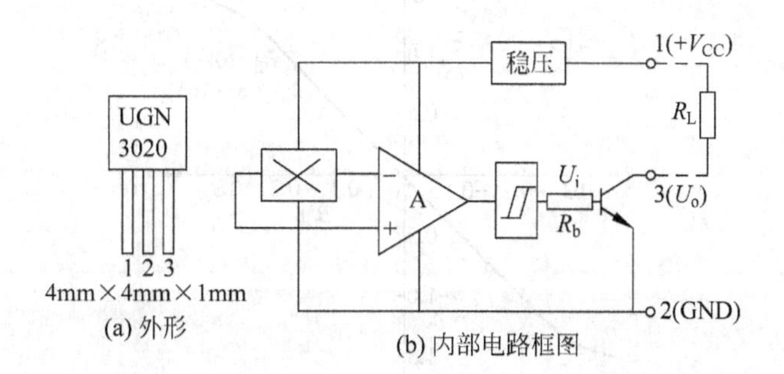

图 3-5　UGN3020 的外形及内部电路框图

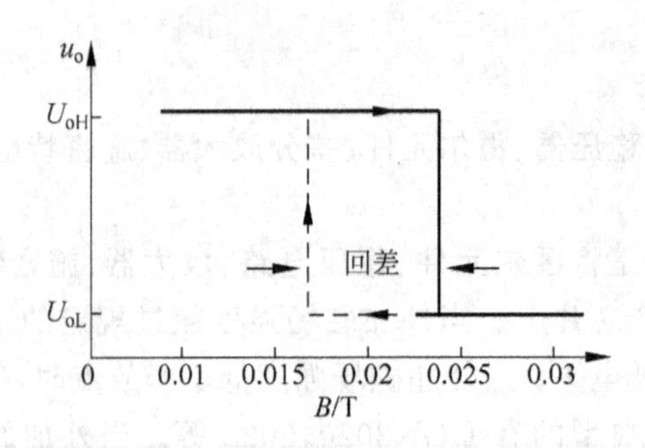

图 3-6 UGN3020 的输出电压与磁场的关系曲线

图 3-7、图 3-8 分别是具有双端差动输出特性的线性霍尔元件 UGN3501M 的外形和内部电路框图及其输出特性曲线。当其感受的磁场为零时，1 脚相对于 8 脚的输出电压等于零；当感受的磁场为正向(磁钢的 S 极对准 UGN 3501M 的正面)时，输出为正；当磁场为反向时，输出为负，因此使用起来更加方便。它的 5，6，7 脚外接一个微调电位器后，就可以微调并消除不等位电势引起的差动输出零点漂移。如果要将 1，8 脚输出电压转换成单端输出，就必须将 1，8 脚接到差动减法放大器的正负输入端上，才能消除 1，8 脚对地的共模干扰电压影响。

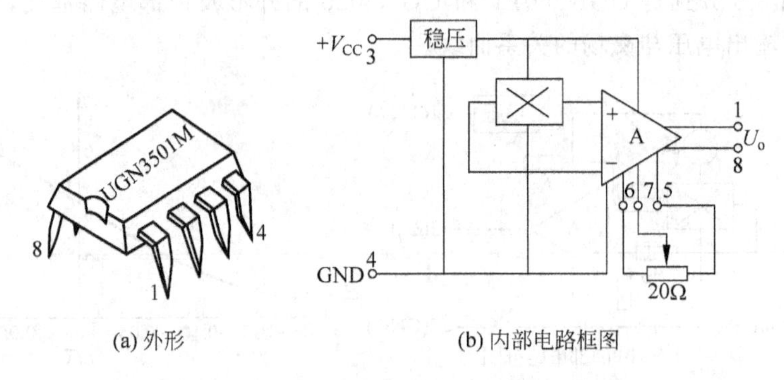

图 3-7 UGN3501M 的外形和内部电路框图

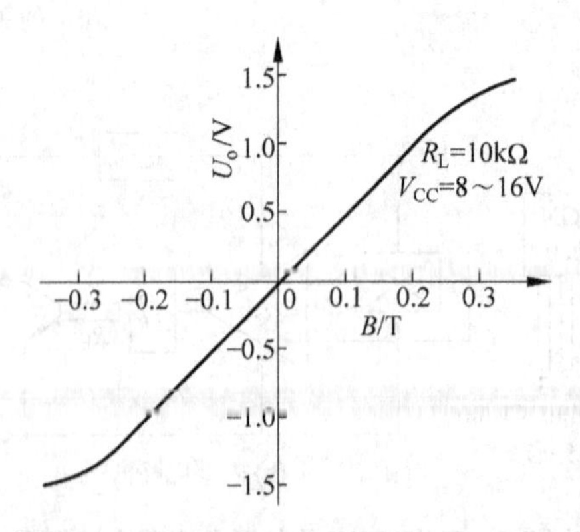

图 3-8 UGN3501M 的输出特性曲线

3.1.3　霍尔传感器的测量及误差补偿电路

1. 霍尔元件测量电路

如图 3-9 所示是霍尔元件的基本测量电路。电阻 R 用来调节激励电流的大小，电源 E 用以提供激励电流 I，霍尔元件输出端接负载电阻 R_L（也可以是测量仪表的内阻或放大器的输入电阻等）。霍尔效应建立的时间很短，所以也可以用频率很高的交流激励电源来产生激励电流。由于霍尔电势正比于激励电流 I 或磁感应强度 B，或者二者的乘积，因此在实际应用中，可以把激励电流 I 或磁感应强度 B，或者二者的乘积作为输入信号进行检测。

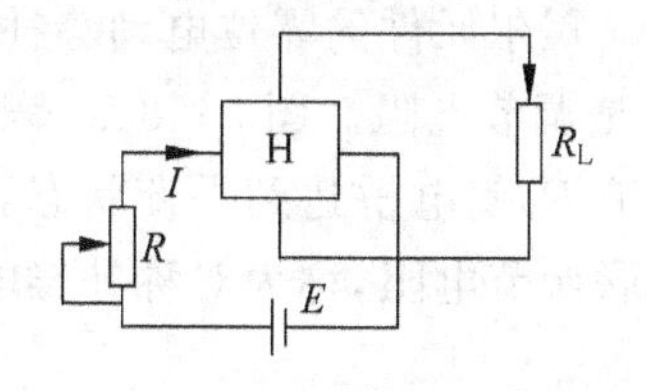

图 3-9　霍尔元件的基本测量电路

通常，霍尔电势的转换效率比较低，为了获得更大的霍尔电势输出，可以将若干个霍尔元件串联起来使用。如图 3-10 所示是两个霍尔元件串联的接线图。而在霍尔元件输出信号不够大的情况下，可以采用运算放大器对霍尔电势进行放大，如图 3-11 所示。当然，最好还是采用集成霍尔传感器。

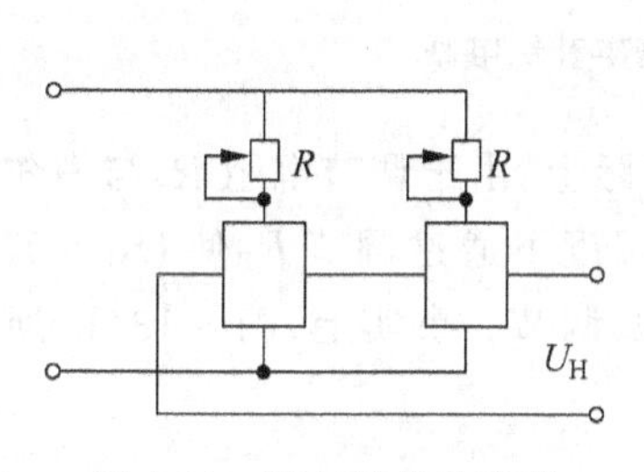

图 3-10　霍尔元件的串联

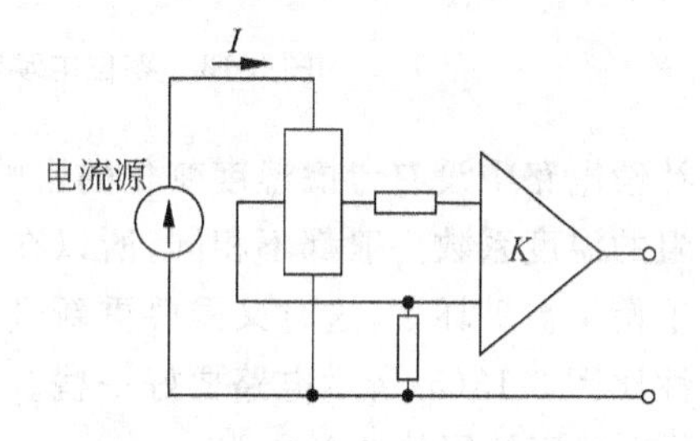

图 3-11　霍尔元件的放大电路

2. 误差及补偿电路

传感器在系统中担负着采集信息的重要任务，传感器正确度和可靠性的高低，将决定系统的成败，而误差是决定正确度和可靠性的首要原因。霍尔传感器产生误差的原因较多，目前虽然采取了各种补偿措施，但仅用一种补偿电路很难有效地对各种误差进行补偿。

1）零位误差与补偿

零位误差是由不等位电势造成的。产生不等位电势的主要原因有：两个霍尔电极没有安装在同一等位面上；材料不均匀，造成电阻分布不均匀；控制电极接触不良，造成电流分布不均匀等。

在分析零位电动势时，可将霍尔元件等效为一个电桥，如图 3-12 所示。控制电极 A，B 和霍尔电极 C，D 可看做电桥的电阻连接点，它们之间的分布电阻 R_1，R_2，R_3，R_4 构成 4 个桥臂，控制电压可视为电桥的工作电压。理想情况下零位电动势 $U_M=0$，对应于电桥的平衡状态，此时 $R_1=R_2=R_3=R_4$。如果由于霍尔元件的某种结构原因造成 $U_M\neq0$，则电桥就处于不平衡状态，此时 R_1，R_2，R_3，R_4 的阻值有差异，U_M 就是电桥的不平衡输出电压。

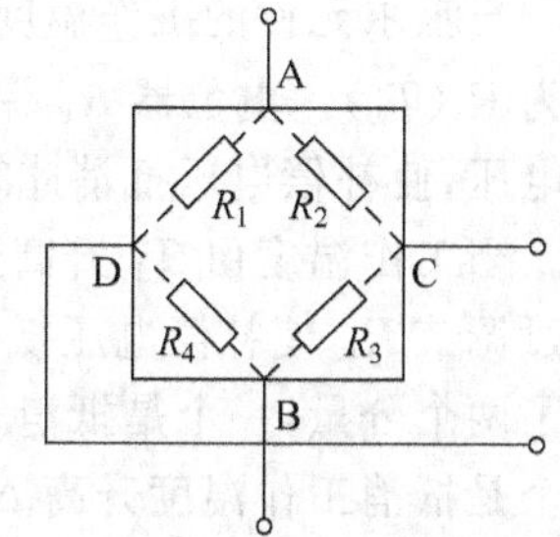

图 3-12　将霍尔元件等效为一个电桥

既然产生U_M的原因可归结为等效电桥的4个桥臂电阻不相等，那么任何能够使电桥达到平衡的方法都可作为零位电动势的补偿方法。

(1) 基本补偿电路

霍尔元件的零位电动势补偿电路有多种形式，图 3-13 给出了两种基本补偿电路，其中R_P是调节电阻。图 3-13(a)是在造成电桥不平衡的电阻值较大的一个桥臂上并联R_P，通过调节R_P使电桥达到平衡状态，称为不对称补偿电路；图 3-13(b)则相当于在两个电桥臂上并联调节电阻，称为对称补偿电路。

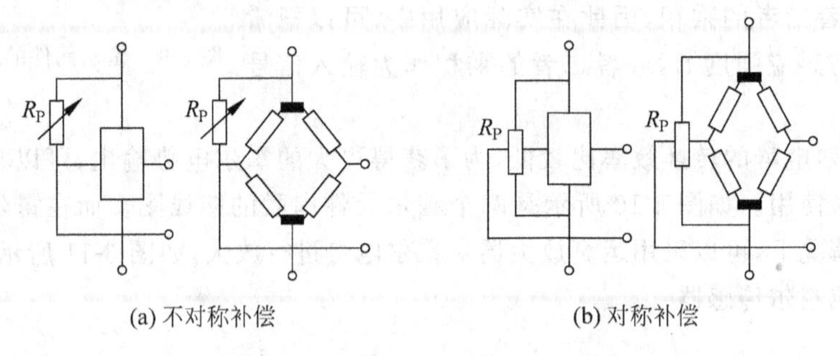

图 3-13 零位电动势的基本补偿电路

基本补偿电路中没有考虑温度变化的影响。实际上，由于调节电阻R_P与霍尔元件的等效桥臂电阻的温度系数一般都不相同，所以在某一温度下通过调节R_P使$U_M=0$，当温度发生变化时平衡又被破坏了，这时又需要重新进行平衡调节。事实上，图 3-13(b)所示电路的温度稳定性比图 3-13(a)所示电路要好一些。

(2) 具有温度补偿的补偿电路

图 3-14 是一种常见的具有温度补偿的零位电动势补偿电路。该补偿电路本身也接成桥式电路，其工作电压由霍尔元件的控制电压提供，其中一个桥臂为热敏电阻R_t，并且R_t与霍尔元件的等效电阻的温度特性相同。在该电桥的负载电阻R_{P2}上取出电桥的部分输出电压(称为补偿电压)，与霍尔元件的输出电压反向串联。在磁感应强度B为零时，调节R_{P1}和R_{P2}，使补偿电压抵消霍尔元件此时输出的非零位电动势，从而使$B=0$时的总输出电压为零。

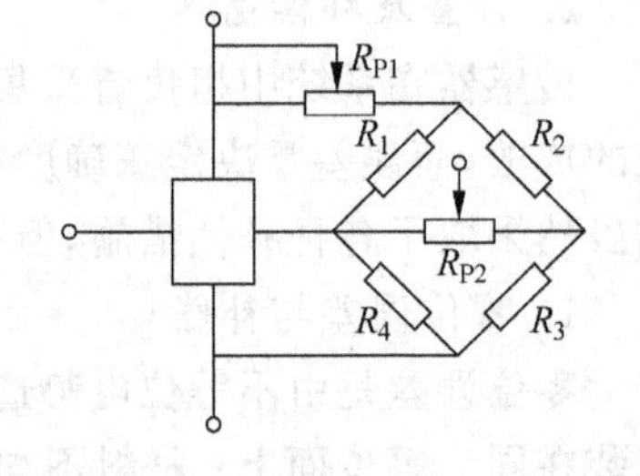

图 3-14 零位电动势桥式补偿电路

当霍尔元件的工作温度为下限T_1时，热敏电阻的阻值为$R_t(T_1)$。电位器R_{P2}保持在某一确定位置，通过调节电位器R_{P1}来调节补偿电桥的工作电压，使补偿电压抵消此时的非零位电动势U_{ML}，此时的补偿电压称为恒定补偿电压。

当工作温度由T_1升高到$T_1+\Delta T$时，热敏电阻的阻值为$R_t(T_1+\Delta T)$。R_{P1}保持不变，通过调节R_{P2}使补偿电压抵消此时的非零位电动势$U_{ML}+\Delta U_M$，此时的补偿电压实际上包含了两个分量，一个是抵消工作温度为T_1时的非零位电动势U_{ML}的恒定补偿电压分量，另一个是抵消工作温度升高ΔT时非零位电动势的变化量ΔU_M的变化补偿电压分量。

根据上述讨论可知，采用桥式补偿电路，可以在霍尔元件的整个工作温度范围内对非零位电动势进行良好的补偿，并且对非零位电动势的恒定部分和变化部分的补偿可相互独立地进行调节，所以可达到相当高的补偿精度。

2）温度特性及补偿

（1）温度特性

霍尔元件的温度特性是指元件的内阻及输出与温度之间的关系。霍尔元件通常是由半导体材料制成的，与一般半导体材料一样，它的许多参数都具有较大的温度系数。当温度变化时，霍尔元件的载流子浓度、迁移率、电阻率及霍尔系数都将发生变化，从而使霍尔元件的内阻、输出电压等参数也随温度而变化。不同材料的内阻及霍尔电压与温度的关系曲线如图 3-15 和图 3-16 所示。

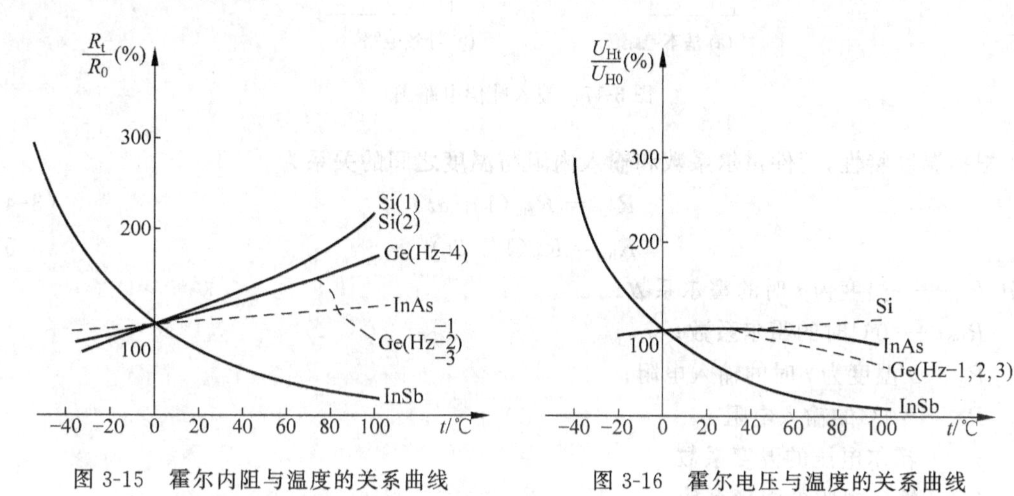

图 3-15　霍尔内阻与温度的关系曲线　　　　图 3-16　霍尔电压与温度的关系曲线

在图 3-15 和图 3-16 中，内阻和霍尔电压都用相对比率表示。我们把温度每变化 1℃时，霍尔元件输入电阻 R_i 或输出电阻 R_o 的相对变化率称为内阻温度系数，用 β 表示。把温度每变化 1℃时，霍尔电压的相对变化率称为霍尔电压温度系数，用 α 表示。

砷化铟的内阻温度系数最小，其次是锗和硅，锑化铟的内阻温度系数最大。除了锑化铟的内阻温度系数为负之外，其余均为正温度系数。硅的霍尔电压温度系数最小，且在 100℃温度范围内是正值；其次是砷化铟，它的 α 值在 70℃左右温度下由正变负；再次是锗；而锑化铟的 α 值最大且为负数，在－40℃低温下其霍尔电压将是 0℃时的霍尔电压的 3 倍，到了 100℃高温，霍尔电压降为 0℃时的 15%。

（2）温度补偿

为了减小霍尔元件随温度变化而产生的误差，除选用温度系数小的元件或采用恒温措施外，采用恒流源供电是个有效措施，可以使霍尔电势稳定，但这也只能减小由于输入电阻随温度变化所引起的激励电流的变化的影响。霍尔元件的灵敏度也是温度的函数，它随温度变化将引起霍尔电势的变化。

大多数霍尔元件的温度系数是正值，它们的霍尔电势随温度升高而增加。但如果同时让激励电流相应减小，并能保持灵敏度和激磁电流的乘积不变，就可以抵消灵敏度增加的影响。

下面介绍两种常用的霍尔元件温度补偿的方法。

① 利用输入回路的串联电阻进行补偿。

图 3-17(a)是输入补偿的基本电路,图 3-17(b)是等效电路。图中的四端元件是霍尔元件的符号。两个输入端串联补偿电阻 R 并接恒压源,输出端开路。

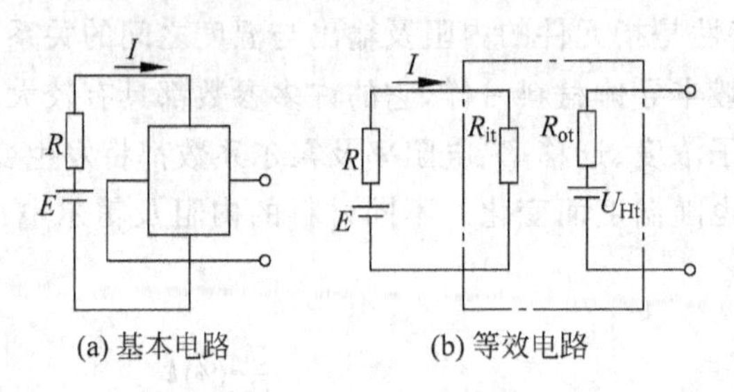

(a) 基本电路　　(b) 等效电路

图 3-17　输入补偿电路图

根据温度特性,元件霍尔系数和输入内阻与温度之间的关系为

$$R_{Ht} = R_{H0}(1+\alpha t) \tag{3-4}$$

$$R_{it} = R_{i0}(1+\beta t) \tag{3-5}$$

式中,R_{Ht}——温度为 t 时的霍尔系数;

R_{H0}——0℃时的霍尔系数;

R_{it}——温度为 t 时的输入电阻;

R_{i0}——0℃的输入电阻;

α——霍尔电压的温度系数;

β——输入电阻的温度系数。

② 利用输出回路的负载进行补偿。

图 3-18(a)是输出补偿的基本电路,图 3-18(b)是等效电路。霍尔元件的输入采用恒流源,使控制电流 I 稳定不变。这样,可以不考虑输入回路的温度影响。输出回路的输出电阻及霍尔电压与温度之间的关系为

$$U_{Ht} = U_{H0}(1+\alpha t) \tag{3-6}$$

$$R_{ot} = R_{o0}(1+\beta t) \tag{3-7}$$

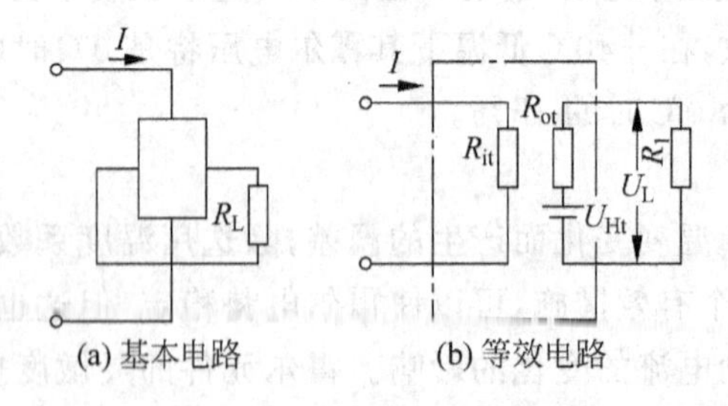

(a) 基本电路　　(b) 等效电路

图 3-18　输出补偿电路图

3. 其他误差

(1) 寄生直流电势误差

产生寄生直流电势的主要原因有:控制极与霍尔极元件接触不良,形成非欧姆接触;

两个霍尔电极大小不对称，使两个电极的热容量不同，散热状态不同，两极间出现温差电势，使霍尔元件产生温漂。

（2）感应零位电势误差

霍尔元件在交流或脉动磁场中工作时，即使不加控制电流，由于霍尔极分布不对称，霍尔端也有一定输出，其大小正比于磁场的脉动频率、磁感应强度的幅值和两霍尔电极引线构成的感应面积。

（3）自励磁场零位电势误差

当霍尔元件通以控制电流时，此电流也会产生磁场，称为自励磁场。当电极引线不对称时，元件两边的磁感应强度不相等，将有自励场的零位电势输出。

3.2　霍尔传感器的应用

按被检测对象的性质可将霍尔传感器的应用分为直接应用和间接应用。前者是直接检测受检对象本身的磁场或磁特性；后者是检测受检对象上人为设置的磁场，这个磁场是被检测的信息的载体，通过它，将许多非电、非磁的物理量，如速度、加速度、角度、角速度、转数、转速及工作状态发生变化的时间等，转变成电学量来进行检测和控制。

1. 霍尔压力计

如图 3-19 所示为霍尔压力计，它由两部分组成：一部分是弹性元件，用它来感受压力，并把压力转换成位移量；另一部分是霍尔元件与磁路系统。通常把霍尔元件固定在弹性元件上，这样当弹性元件产生位移时，将带动霍尔元件在具有均匀梯度的磁场中运动，从而产生霍尔电势，完成将压力或压差变换为电量的任务。一般来说，任何非电量只要能转换成位移量的变化，均可利用霍尔式位移传感器的原理变换成霍尔电势。

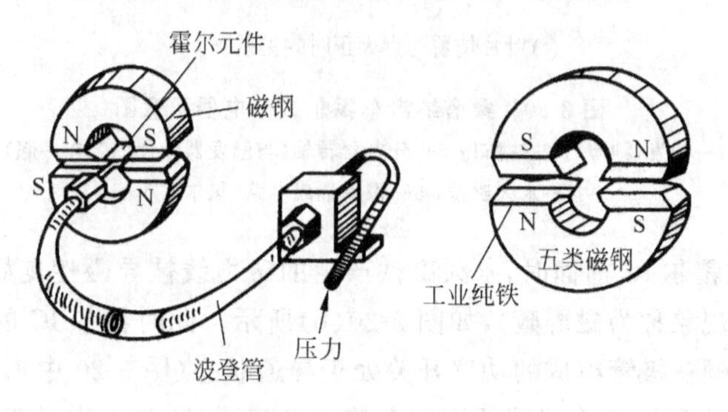

图 3-19　霍尔压力计

2. 霍尔式无触点汽车电子点火装置

传统的汽车发动机点火装置采用机械式分电器，它由分电器转轴凸轮来控制合金触点的闭、合，存在着易磨损、点火时间不准确、触点易烧坏、高速时动力不足等缺点。采用霍尔式无触点电子点火装置能较好地克服上述缺点，图 3-20 是桑塔纳汽车霍尔式分电器示意图。

霍尔式无触点电子点火装置安装在分电器壳体中。它由分电器转子（又称触发器叶片，如图 3-20(a)所示)、铝镍钴合金永久磁铁、霍尔 IC 及达林顿三极管功率开关等组成。由导磁性良好的软铁磁材料制作的触发器叶片固定在分电器转轴上，并随之转动。在叶片圆周上按汽缸数目开出相应的槽口。叶片在永久磁铁和霍尔 IC 之间的缝隙中旋转，起屏蔽磁场和导通磁场的作用。

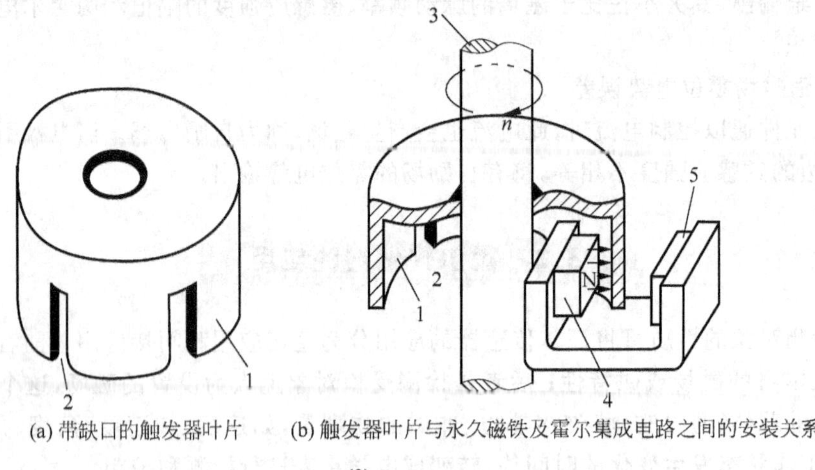

(a) 带缺口的触发器叶片　(b) 触发器叶片与永久磁铁及霍尔集成电路之间的安装关系

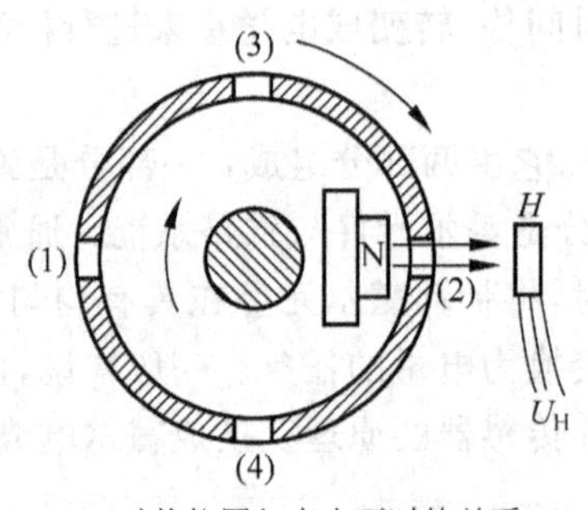

(c) 叶片位置与点火正时的关系

图 3-20　桑塔纳汽车霍尔式分电器示意图

1—触发器叶片；2—槽口；3—分电器转轴(与触发器叶片固定在一起)；
4—永久磁铁；5—霍尔集成电路(霍尔 IC)

当叶片遮挡在霍尔 IC 前面时，永久磁铁产生的磁力线被导磁性良好的叶片分流，无法到达霍尔 IC(这种现象称为磁屏蔽)，如图 3-20(b)所示。此时霍尔 IC 的输出 U_o 为低电平(PNP 型)，由达林顿三极管组成的功率开关处于导通状态(图 3-20 中未画出延时触发电路及功率开关的驱动电路)，点火线圈低压侧有较大电流通过，并以磁场能量的形式储存在点火线圈的铁芯中。

当叶片槽口转到霍尔 IC 前面时，磁力线无阻挡地穿过槽口气隙到达霍尔 IC，如图 3-20(c)所示。霍尔 IC 输出 U_o 跳变为高电平，使达林顿三极管截止，切断点火线圈的低压侧电流。由于没有续流元件，所以储存在点火线圈铁芯中的磁场能量在高压侧感应出 30～50kV 的高电压。

高电压通过分电器中的分火头(与分电器同轴)按汽缸的顺序，使对应的火花塞放电，点燃汽缸中的汽油-空气混合气体。叶片旋转一周，对 4 汽缸而言，产生 4 个霍尔输出脉冲，依次点火 4 次，如图 3-21 所示。由于点火时刻可以由槽口的位置来准确控制，所以可根据车速准确地产生点火信号(适当地提前一个旋转角度)，达到点火正时的目的。

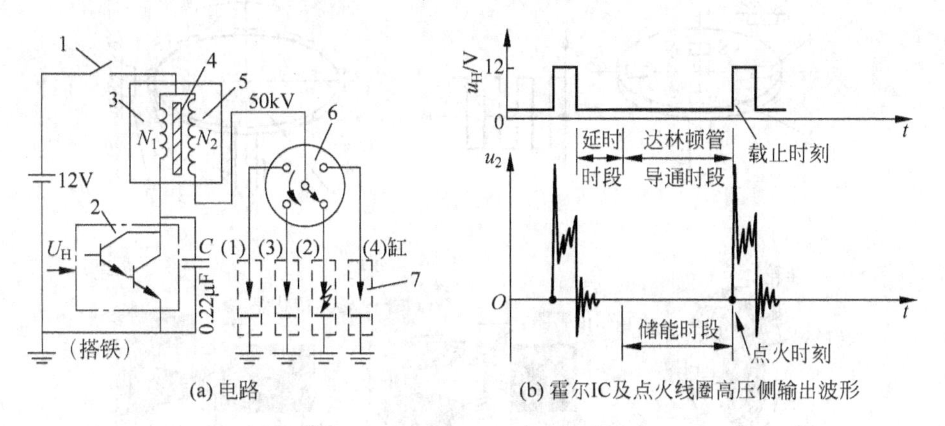

图 3-21　汽车电子点火电路及波形

1—点火开关；2—达林顿三极管功率开关；3—点火线圈低压侧；4—点火线圈铁芯；5—点火线圈高压侧；6—分火头；7—火花塞

3. 霍尔式位移传感器

如图 3-22 所示，将霍尔元件置于磁场中，左半部磁场方向向上，右半部磁场方向向下，从 a 端通入电流 I，根据霍尔效应，左半部产生霍尔电势 V_{H1}，右半部产生霍尔电势 V_{H2}，其方向相反。因此 c，d 两端电势为 V_{H1} 和 V_{H2}。如果霍尔元件在初始位置时 $V_{H1}=V_{H2}$，则输出为零；当改变磁极系统与霍尔元件的相对位置时，即可得到输出电压，其大小正比于位移量。

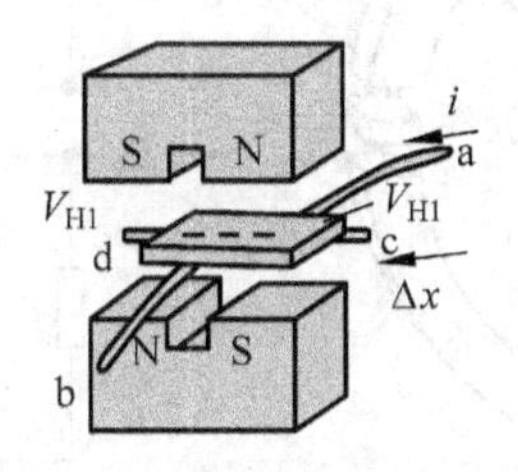

图 3-22　霍尔式位移传感器

4. 霍尔式转速传感器

如图 3-23 所示是几种不同结构的霍尔式转速传感器。转盘的输入轴与被测转轴相连，当被测转轴转动时，转盘随之转动，固定在转盘附近的霍尔传感器便可在每一个小磁铁通过时产生一个相应的脉冲，检测出单位时间的脉冲数，便可知被测转速。根据磁性转盘上小磁铁的数目就可确定传感器测量转速的分辨率。

5. 霍尔电流传感器

由于通电螺线管内部存在磁场，其大小与导线中的电流成正比，因此可以利用霍尔传感器测量出磁场，从而确定导线中电流的大小。利用这一原理可以设计制成霍尔电流传感器。其优点是不与被测电路发生电接触，不影响被测电路，不消耗被测电源的功率，特别适合于

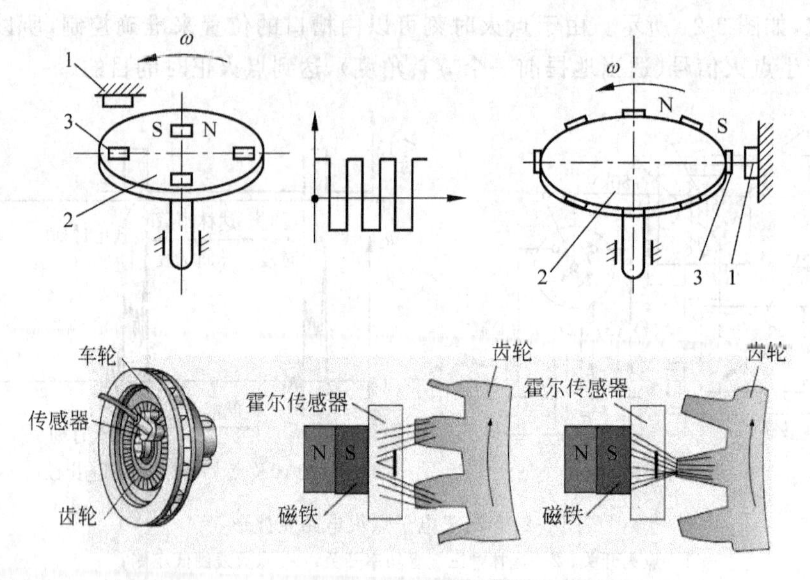

图 3-23　几种不同结构的霍尔式转速传感器

大电流传感。

霍尔电流传感器的工作原理如图 3-24 所示，标准圆环铁芯有一个缺口，将霍尔传感器插入缺口中，圆环上绕有线圈，当电流通过线圈时产生磁场，则霍尔传感器有信号输出。

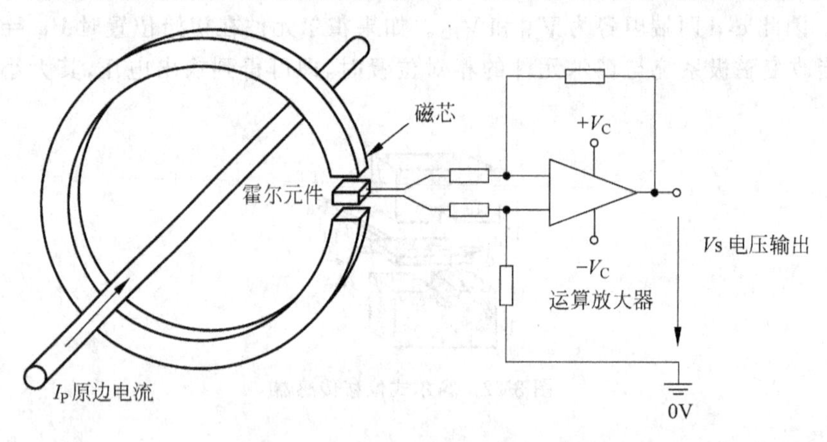

图 3-24　霍尔电流传感器工作原理图

本章小结

霍尔传感器是一种基于霍尔效应的传感器，目前已得到广泛的应用。它结构简单，体积小，重量轻，频带宽，动态特性好，使用寿命长，最大的特点是非接触测量。由于霍尔元件的基片采用半导体材料，因而对温度的变化很敏感。在使用时，要注意温度补偿的问题。霍尔电势与磁感应强度成正比，若磁感应强度是位置的函数，那么霍尔电势的大小就可以用来反映霍尔元件的位置。由此可以直接测量磁场及位移量，也可以间接测量液位、压力等工业生产过程参数。

思考题与习题3

3-1　霍尔传感器的特点有哪些？

3-2　霍尔传感器可测量哪些量？

3-3　什么是霍尔效应？霍尔电压与哪些因素有关？

3-4　什么是霍尔元件的温度特性？如何进行补偿？

3-5　霍尔元件的主要特性参数有哪些？

3-6　画出霍尔元件的基本测量电路，并说明该电路的工作原理。

3-7　霍尔传感器一般集成有哪四部分？

3-8　什么是不等位电势？霍尔元件不等位电势形成的原因有哪些？

3-9　霍尔传感器一般分为哪两类？

3-10　请设计一个霍尔液位控制器，对液位进行检测与控制，要求：

(1) 画出工作原理图；

(2) 说明工作过程。

第4章 电感式传感器

本章主要内容

1. 自感式传感器（变磁阻式传感器）；
2. 互感式传感器(差动变压器式传感器)；
3. 电涡流式传感器；
4. 电感式传感器的应用。

教学目标及重点、难点

教学目标

1. 了解自感式传感器的工作原理；
2. 了解差动式变间隙自感式传感器的优点；
3. 了解差动变压器的工作原理及其结构；
4. 了解零点残余电压的产生和解决方法；
5. 了解电涡流式传感器的工作原理；
6. 了解各种电感式传感器的应用。

重点：变间隙式电感传感器的工作原理，差动式变间隙电感传感器的优点，差动变压器的原理和应用，差动变压器零点残余电压的消除方法。

难点：电涡流式传感器的原理及其影响因素，电涡流式传感器的应用——高频反射式和低频透射式。

电感式传感器利用电磁感应原理，通过线圈自感或互感的改变来实现非电量的检测。电感式传感器的核心部分是可变自感或可变互感，它可以把输入物理量如位移、振动、压力、流量等参数，转换为线圈的自感系数 L 或互感系数 M 的变化，而 L 和 M 的变化在电路中又被转换为电流或电压的变化。因此，它能实现信息的远距离传输、记录、显示和控制。

电感式传感器有以下特点：

① 工作可靠，寿命长；

② 灵敏度和分辨率高；

③ 精度高，线性特性好；

④ 性能稳定，重复性好。

电感式传感器的缺点是存在交流零位信号，不适于高频动态信号测量。

电感式传感器的种类很多，按照变换方式的不同可分为自感型和互感型，按照结构形式又可分为气隙型和螺管型。通常所说的电感式传感器指自感式传感器，也称变磁阻式传感器；而互感式传感器由于利用了变压器原理，又往往做成差动形式，所以常称为差动变压器式传感器。本章主要介绍变磁阻式传感器、互感式传感器和电涡流式传感器。

4.1　变磁阻式传感器

变磁阻式传感器由线圈、铁芯和衔铁三部分组成。铁芯和衔铁由导磁材料制成。在铁芯和衔铁之间有气隙，当铁芯和衔铁之间状态发生变化时，引起磁路中的磁阻变化，从而导致电感线圈的电感值变化，因此只要能测出这种电感量的变化，就能确定铁芯和衔铁之间状态的变化。

4.1.1　变气隙厚度的自感式传感器

1. 基本结构

这种传感器由线圈、铁芯和衔铁三部分组成，如图4-1所示。

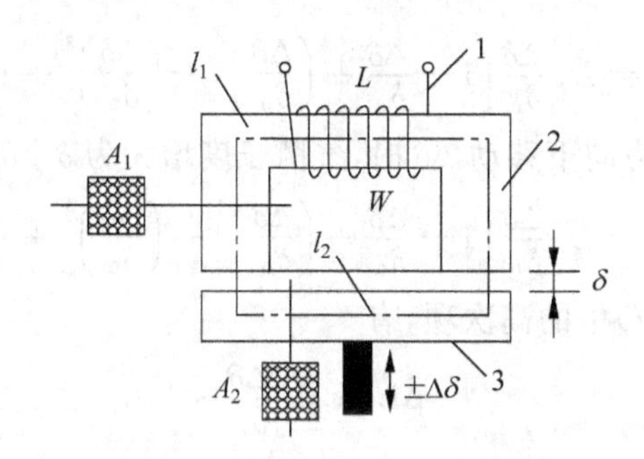

图4-1　变气隙厚度的自感式传感器

1—线圈；2—定铁芯；3—衔铁（动铁芯）

2. 工作原理

把被测量转换成线圈自感的变化，通过一定的电路转换成电压或电流输出。图4-1中A_1和A_2分别为定铁芯和衔铁（动铁芯）的截面积，δ为气隙厚度，I为通过线圈的电流（单位：A），W为线圈的匝数。在铁芯和衔铁之间有气隙，气隙厚度为δ，传感器的运动部分与衔铁相连。当衔铁移动时，气隙厚度δ发生改变，引起磁路中磁阻变化，从而导致电感线圈的电感值发生变化。因此，只要能测出电感线圈电感量的变化，就能确定衔铁位移量的大小和方向。

线圈自感系数为

$$L=\frac{\Psi}{I}=\frac{W\phi}{I}=\frac{W^2}{R_{\mathrm{m}}} \tag{4-1}$$

式中，Ψ，W——线圈总磁链和匝数；

I——流过线圈的电流；

R_{m}——磁路的总磁阻。

由于气隙δ较小，可认为气隙磁场是均匀的，如果忽略磁路损耗，那么总磁阻为

$$R_{\mathrm{m}}=\sum_{i=1}^{n}\frac{l_i}{\mu_i A_i}+\frac{2\delta}{\mu_0 A} \tag{4-2}$$

式中，l_i，μ_i，A_i——各段导磁体的长度及对应的磁导率和截面积。

δ，μ_0，A——空气隙的长度及对应的磁导率和截面积，$\mu_0=4\pi\times10^{-7}\,\mathrm{H/m}$。

由于铁芯的磁导率远大于空气隙的磁导率，所以空气磁阻 R_{m0} 远大于铁磁物质的磁阻，略去铁芯的磁阻后可得

$$L_0 \approx \frac{W^2\mu_0 A}{2\delta} \tag{4-3}$$

① 当衔铁随外力向上移动 $\Delta\delta$ 时，气隙长度减小为 $\delta=\delta_0-\Delta\delta$，则自感变为

$$L = \frac{W^2\mu_0 A}{2(\delta_0-\Delta\delta)} \tag{4-4}$$

自感变化量为

$$\Delta L = L - L_0 = L_0\frac{\Delta\delta}{\delta_0(1-\Delta\delta/\delta_0)} \tag{4-5}$$

当 $\Delta\delta \ll \delta_0$ 时，则有

$$\Delta L = L_0\frac{\Delta\delta}{\delta_0}\left[1+\frac{\Delta\delta}{\delta_0}+\left(\frac{\Delta\delta}{\delta_0}\right)^2+\left(\frac{\Delta\delta}{\delta_0}\right)^3+\cdots\right] \tag{4-6}$$

② 同理，当衔铁随外力向下移动 $\Delta\delta$ 时，气隙长度增大为 $\delta=\delta_0+\Delta\delta$，自感变化量为

$$\Delta L = L_0\frac{\Delta\delta}{\delta_0}\left[1-\frac{\Delta\delta}{\delta_0}+\left(\frac{\Delta\delta}{\delta_0}\right)^2-\left(\frac{\Delta\delta}{\delta_0}\right)^3+\cdots\right] \tag{4-7}$$

忽略式(4-6)和式(4-7)中的高次项，有

$$\Delta L \approx L_0\frac{\Delta\delta}{\delta_0}$$

3. 灵敏度

灵敏度 S 计算公式如下：

$$S = \frac{\Delta L}{\Delta\delta} \approx \frac{L_0}{\delta_0} \tag{4-8}$$

4. 输出特性

$$L = \frac{W^2}{R_m} = \frac{W^2\mu_0 S_0}{2\delta} \tag{4-9}$$

L 与 δ 之间是非线性关系，输出特性曲线如图 4-2 所示。

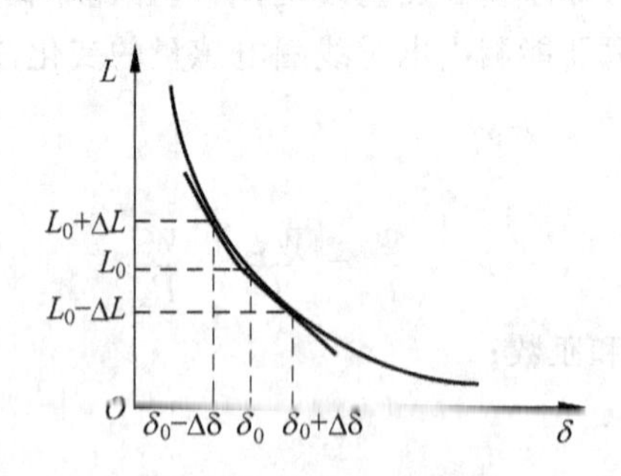

图 4-2 输出特性曲线

从提高灵敏度的角度看，初始空气隙 δ_0 应尽量小。其结果是被测量的范围也变小。同时，$\frac{\Delta\delta}{\delta_0}$将增大，使得灵敏度的非线性也将增加。

如采用增大空气隙等效截面积和增加线圈匝数的方法来提高灵敏度，则必将增大传感

器的几何尺寸和重量。这些矛盾在设计传感器时应适当考虑。与截面积自感式传感器相比，气隙型传感器的灵敏度较高，但其非线性严重，自由行程小，制造装配困难，因此近年来这种类型传感器的使用逐渐减少。

4.1.2　差动变隙式电感传感器

1. 基本结构及工作原理

为了减小非线性误差，实际测量中广泛采用差动变隙式电感传感器，如图 4-3 所示。

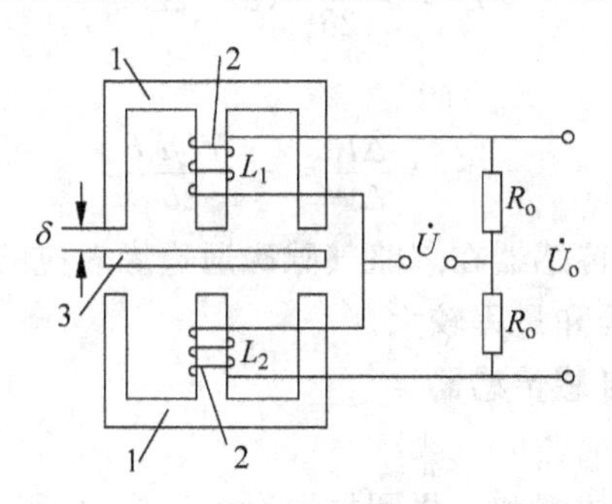

图 4-3　差动变隙式电感传感器

1—铁芯；2—线圈；3—衔铁

衔铁上下移动 $\Delta\delta$ 时，两个线圈的电感变化量 ΔL_1 和 ΔL_2 分别为

$$\Delta L_1 = L_0 \frac{\Delta\delta}{\delta_0}\left[1 + \frac{\Delta\delta}{\delta_0} + \left(\frac{\Delta\delta}{\delta_0}\right)^2 + \cdots\right] \tag{4-10}$$

$$\Delta L_2 = L_0 \frac{\Delta\delta}{\delta_0}\left[1 - \frac{\Delta\delta}{\delta_0} + \left(\frac{\Delta\delta}{\delta_0}\right)^2 - \left(\frac{\Delta\delta}{\delta_0}\right)^3 + \cdots\right] \tag{4-11}$$

差动传感器电感的总变化量 $\Delta L = \Delta L_1 + \Delta L_2$，具体表达式为

$$\Delta L = \Delta L_1 + \Delta L_2 = 2L_0 \frac{\Delta\delta}{\delta_0}\left[1 + \left(\frac{\Delta\delta}{\delta_0}\right)^2 + \left(\frac{\Delta\delta}{\delta_0}\right)^4 + \cdots\right] \approx 2L_0 \frac{\Delta\delta}{\delta_0} \tag{4-12}$$

2. 灵敏度

$$S = \frac{\Delta L}{\Delta\delta} = 2\frac{L_0}{\delta_0} \tag{4-13}$$

由此可知：

① 差动式传感器的灵敏度是单线圈传感器的两倍；

② 差动式传感器的非线性项(忽略高次项)为

$$\Delta L/L_0 = 2\left(\frac{\Delta\delta}{\delta_0}\right)^3$$

单线圈传感器的非线性项(忽略高次项)为

$$\Delta L/L_0 = \left(\frac{\Delta\delta}{\delta_0}\right)^2$$

由于 $\Delta\delta/\delta_0 \ll 1$，因此差动式传感器的线性度得到了明显改善。

4.1.3　变气隙截面积的自感式传感器

1. 基本结构

这种传感器由线圈、铁芯和衔铁三部分组成，如图 4-4 所示。

2. 工作原理

气隙的长度 δ 保持不变，铁芯与衔铁之间的相对覆盖面积（即磁通截面）随被测量改变而改变，从而引起线圈自感量的变化。

设初始磁通截面（即铁芯截面）的面积为 $A=ab$（a 和 b 分别为铁芯截面的长度和宽度），当衔铁随外力上下移动 Δx 时，自感 L 为

$$L=\frac{W^2\mu_0 b}{2\delta}(a-\Delta x) \tag{4-14}$$

3. 灵敏度

$$S=\frac{\Delta L}{\Delta x}=-\frac{W^2\mu_0 b}{2\delta} \tag{4-15}$$

变气隙截面积的自感式传感器在忽略气隙磁通边缘效应的条件下，灵敏度为一常数，输出呈线性关系，因此线性范围和量程较大。

4.1.4 单线圈螺管式自感传感器

1. 基本结构

这种传感器由单个螺管线圈和一根圆柱形衔铁组成，如图 4-5 所示。

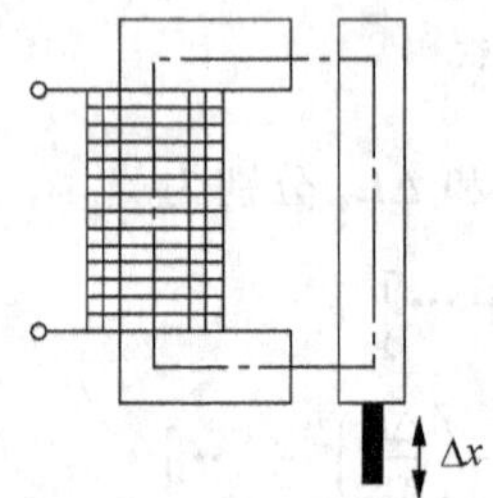
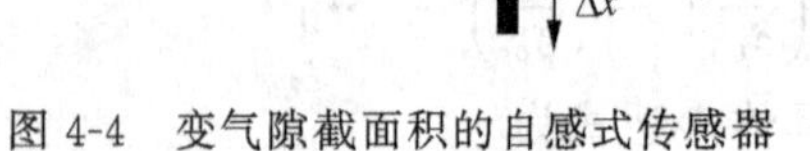

图 4-4 变气隙截面积的自感式传感器

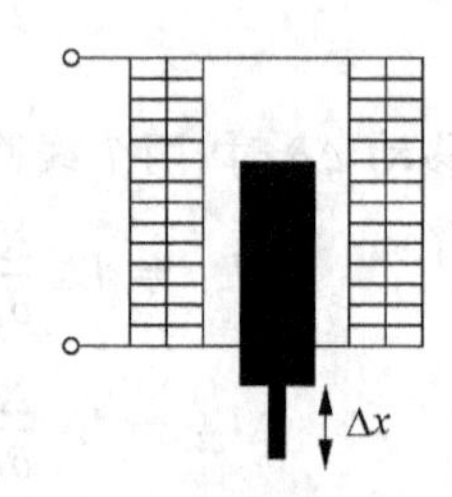

图 4-5 单线圈螺管式自感传感器

2. 工作原理

当线圈中的圆柱形衔铁上下移动时，螺管线圈的自感 L 将发生相应变化，这就构成了螺管式自感传感器。若使用恒流源作为激励，则线圈的输出电压与衔铁位移量有关。

单线圈螺管式自感传感器的自感变化量 ΔL 可近似表示为

$$\Delta L=L_0\frac{\Delta x}{l_c}\frac{1}{1+\left(\frac{l}{l_c}\right)\left(\frac{r}{r_c}\right)^2\left(\frac{1}{\mu_r-1}\right)} \tag{4-16}$$

式中，l_c，r_c，Δx——衔铁的长度、半径和位移量；

l，r——线圈的长度和半径（通常要求 $l\gg r$）；

μ_r——导磁体相对导磁率。

自感变化量 ΔL 与衔铁的位移量 Δx 成正比，但由于螺管线圈内的磁场分布不均匀，所以输出与输入之间并非为线性关系。中间的磁场强，两头的磁场弱。为提高灵敏度和线性度，多采用差动螺管式自感传感器。

4.1.5 差动螺管式自感传感器

1. 基本结构

差动螺管式自感传感器的结构如图 4-6 所示，它由两个完全相同的螺线管组成，活动铁

芯的初始位置处于线圈的对称位置，两侧螺线管线圈Ⅰ，Ⅱ（匝数分别为 W_1，W_2）的初始电感量相等。

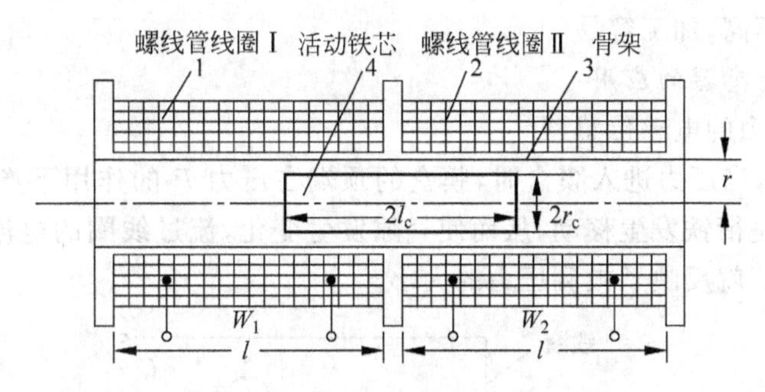

图 4-6　差动螺管式自感传感器的结构

2. 工作原理

两个螺线管的初始电感量为

$$L_0 = L_{10} = L_{20} = \frac{\pi\mu_0 W^2}{l^2}[r^2 l + \mu_r r_c^2 l_c] \tag{4-17}$$

式中，L_{10}，L_{20}——线圈Ⅰ，Ⅱ的初始电感值。

当铁芯移动 Δl（如左移）后，使左边电感值增加，右边电感值减小，即

$$L_1 = \frac{\pi\mu_0 W^2}{l^2}[r^2 l + \mu_r r_c^2 (l_c + \Delta l)] \tag{4-18}$$

$$L_2 = \frac{\pi\mu_0 W^2}{l^2}[r^2 l + \mu_r r_c^2 (l_c - \Delta l)] \tag{4-19}$$

两个线圈的自感变化量 ΔL_1，ΔL_2 大小相等，符号相反。总的自感变化量为

$$\Delta L = \Delta L_1 + \Delta L_2 = 2L_0 \frac{\Delta x}{l_c} \frac{1}{1+\left(\frac{l}{l_c}\right)\left(\frac{r}{r_c}\right)^2\left(\frac{1}{\mu_r - 1}\right)} \tag{4-20}$$

每个线圈的灵敏度为

$$\begin{aligned} S &= \frac{\Delta L}{\Delta l} = \frac{L - L_0}{\Delta l} = \frac{\pi\mu_0\mu_r W^2 r_c^2}{\Delta l} \\ &= \frac{L_0}{l_0} \cdot \frac{1}{1+\frac{l}{l_c}\left(\frac{r}{r_c}\right)^2 \frac{1}{\mu_r}} \end{aligned} \tag{4-21}$$

从式(4-17)可以看出，为了得到较大的 L_0，l_c 和 r_c 必须取得大些；但是为了得到较高的灵敏度，l_c 却不宜取得太大，通常取 $l_c \leqslant 1/2l$。铁芯材料的选取取决于激励电源的频率。一般情况下，当激励电源的频率在 500Hz 以下时，铁芯材料多用合金钢；当激励电源的频率在 500Hz 以上时，铁芯材料可用坡莫合金铁氧体。

4.1.6　变磁阻式传感器的特点及应用

1. 变磁阻式传感器的特点

① 灵敏度比较高，目前可测 0.1μm 的直线位移，输出信号比较大，信噪比较好；

② 测量范围比较小，适用于测量较小位移；

③ 存在非线性；

④ 消耗功率较大，尤其是单极式电感传感器，这是由于它有较大的电磁吸力的缘故；

⑤ 工艺要求不高，加工容易。

2. 变磁阻式传感器的应用

(1) 测气体压力的电感传感器

如图 4-7 所示，当压力进入膜盒时，膜盒的顶端在压力 P 的作用下产生与压力 P 大小成正比的位移，于是衔铁发生移动，从而使气隙发生变化，流过线圈的电流也发生相应的变化，电流表的指示值就反映了被测压力的大小。

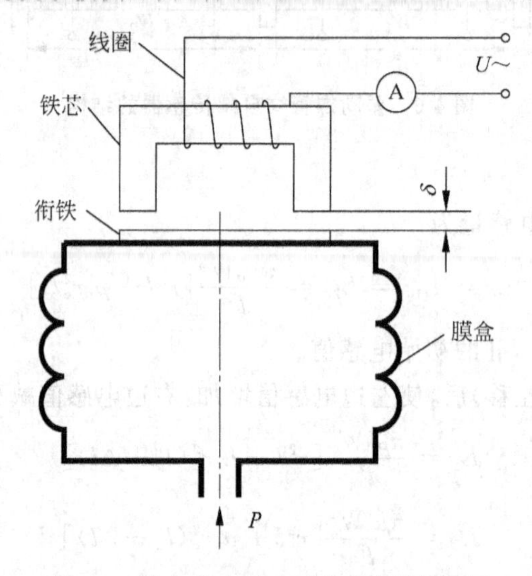

图 4-7　变气隙电感式压力传感器结构图

(2) 变隙式差动电感压力传感器

如图 4-8 所示为变隙式差动电感压力传感器。它主要由 C 形弹簧管、衔铁、铁芯和线圈等组成。

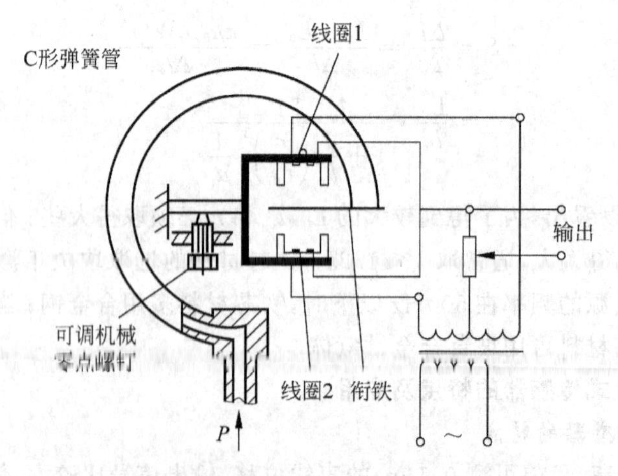

图 4-8　变隙式差动电感压力传感器

当被测压力进入 C 形弹簧管时，C 形弹簧管产生变形，其自由端发生位移，带动与自由端连成一体的衔铁运动，使线圈 1 和线圈 2 中的电感发生大小相等、符号相反的变化，即一个电感量增大，另一个电感量减小。电感的这种变化通过电桥电路转换成电压输出。由于输出电压与被测压力之间成比例关系，所以只要用检测仪表测量出输出电压，即可得知被测压力的大小。

4.2　差动变压器式传感器

差动变压器式传感器可以把被测的非电量变化转换成线圈互感量的变化。这种传感器是根据变压器的基本原理制成的，并且次级绕组用差动的形式连接，故称之为差动变压器式传感器。

差动变压器结构形式较多，有变隙式、变面积式和螺线管式等，如图 4-9 所示为这几种差动变压器的结构示意图。在非电量测量中，应用最多的是螺线管式差动变压器，它可以测量 1～100mm 机械位移，并具有测量精度高、灵敏度高、结构简单、性能可靠等优点。

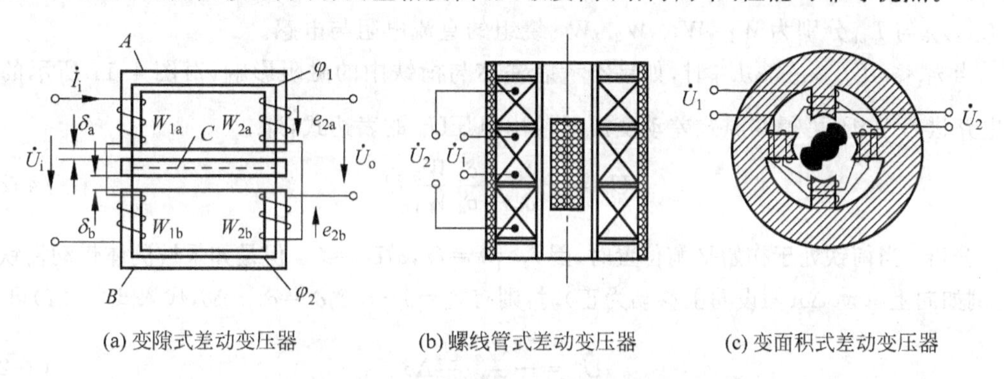

(a) 变隙式差动变压器　(b) 螺线管式差动变压器　(c) 变面积式差动变压器

图 4-9　几种差动变压器的结构示意图

4.2.1　变隙式差动变压器

1. 基本结构

假设闭磁路变隙式差动变压器的结构如图 4-10(a)所示，在 A 和 B 两个铁芯上绕有 $W_{1a}=W_{1b}=W_1$ 的两个初级绕组和 $W_{2a}=W_{2b}=W_2$ 的两个次级绕组。两个初级绕组的同名端顺向串联，而两个次级绕组的同名端则反向串联。

2. 工作原理

当没有位移时，衔铁 C 处于初始平衡位置，它与两个铁芯之间的间隙为 $\delta_{a0}=\delta_{b0}=\delta_0$，则绕组 W_{1a} 和 W_{2a} 间的互感 M_a 与绕组 W_{1b} 和 W_{2b} 间的互感 M_b 相等，致使两个次级绕组的互感电势相等，即 $e_{2a}=e_{2b}$。由于次级绕组反向串联，因此，差动变压器输出电压 $u_o=e_{2a}-e_{2b}=0$。

当被测体有位移时，与被测体相连的衔铁的位置将发生相应的变化，使 $\delta_a\neq\delta_b$，互感 $M_a\neq M_b$，两次级绕组的互感电势 $e_{2a}\neq e_{2b}$，输出电压 $u_o=e_{2a}-e_{2b}\neq0$，即差动变压器有电压输出，此电压的大小与极性反映了被测体位移的大小和方向。

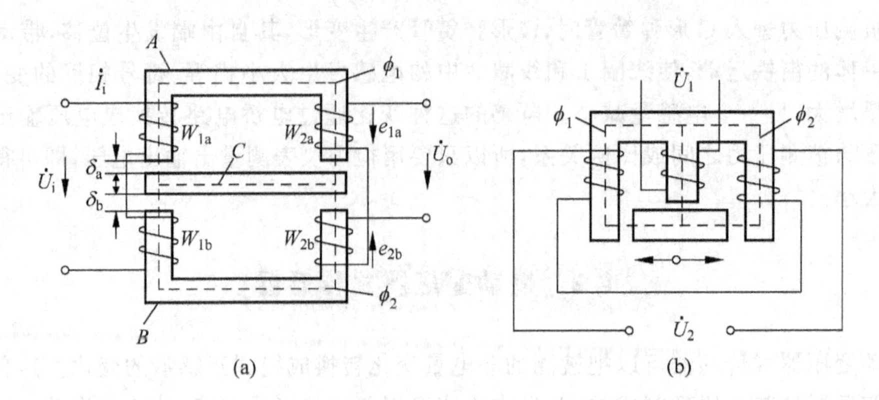

图 4-10　变隙式差动变压器式传感器的结构示意图

3. 输出特性

在忽略铁损(即涡流与磁滞损耗忽略不计)、漏感以及变压器次级开路(或负载阻抗足够大)的条件下,图 4-10(a)的等效电路可用图 4-11 表示。图 4-11 中 r_{1a} 与 L_{1a}、r_{1b} 与 L_{1b}、r_{2a} 与 L_{2a}、r_{2b} 与 L_{2b} 分别为 W_{1a},W_{1b},W_{2a},W_{2b} 绕组的直流电阻与电感。

当 $r_{1a} \ll \omega L_{1a}$,$r_{1b} \ll \omega L_{1b}$ 时,如果不考虑铁芯与衔铁中的磁阻影响,对图 4-11 所示的等效电路进行分析,可得变隙式差动变压器输出电压 $\dot{U}_o$ 的表达式,即

$$\dot{U}_o = -\frac{\delta_b - \delta_a}{\delta_b + \delta_a} \frac{W_2}{W_1} \dot{U}_i \tag{4-22}$$

分析:当衔铁处于初始平衡位置时,因 $\delta_a = \delta_b = \delta_0$,故 $\dot{U}_o = 0$。但是如果被测体带动衔铁移动,例如向上移动 $\Delta\delta$(假设向上移动为正)时,则有 $\delta_a = \delta_0 - \Delta\delta$,$\delta_b = \delta_0 + \Delta\delta$,代入式(4-22)可得

$$\dot{U}_o = -\frac{W_2}{W_1} \frac{\dot{U}_i}{\delta_0} \Delta\delta \tag{4-23}$$

式(4-23)表明:变压器输出电压 $\dot{U}_o$ 与衔铁位移量 $\Delta\delta/\delta_0$ 成正比。

式(4-23)中负号的意义:当衔铁向上移动时,$\Delta\delta/\delta_0$ 定义为正,变压器输出电压 $\dot{U}_o$ 与输入电压 $\dot{U}_i$ 反相(相位差为 180°);而当衔铁向下移动时,$\Delta\delta/\delta_0$ 则为 $-|\Delta\delta/\delta_0|$,表明 $\dot{U}_o$ 与 $\dot{U}_i$ 同相。如图 4-12 所示为变隙式差动变压器输出电压 $\dot{U}_o$ 与位移 $\Delta\delta$ 的关系曲线。

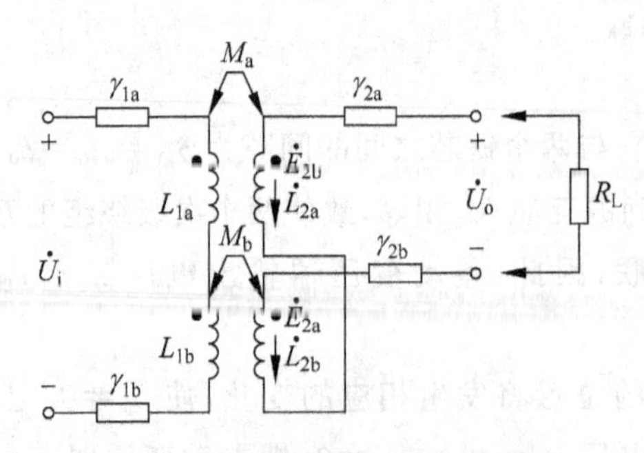

图 4-11　变隙式差动变压器等效电路

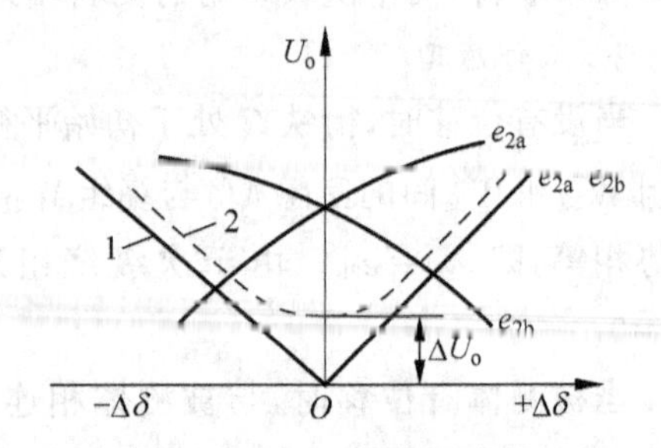

图 4-12　变隙式差动变压器输出特性

1—理想特性;2—实际特性

4. 变隙式差动变压器灵敏度

由式(4-23)可得变隙式差动变压器灵敏度 K 的表达式为

$$K=\frac{\dot{U}_{o}}{\Delta\delta}=\frac{W_{2}}{W_{1}}\frac{\dot{U}_{i}}{\delta_{0}} \tag{4-24}$$

分析结论：

① 首先，供电电源$\dot{U}_i$ 要稳定(获取稳定的输出特性)；其次，适当提高电源幅值可以提高灵敏度 K，但要以变压器铁芯不饱和以及允许温升为条件。

② 增大 W_2/W_1 的比值和减小 δ_0 都能提高灵敏度 K。W_2/W_1 影响变压器的体积及零点残余电压。一般选择传感器的 δ_0 为 0.5mm。

4.2.2　螺线管式差动变压器

1. 基本结构

螺线管式差动变压器主要由一个初级线圈、两个次级线圈和插入线圈中央的圆柱形铁芯等组成，其结构如图 4-13 所示。

2. 工作原理

螺线管式差动变压器中的两个次级线圈反向串联，并且在忽略铁损、导磁体磁阻和线圈分布电容的理想条件下，其等效电路如图 4-14 所示。当初级绕组加以激励电压$\dot{U}$时，根据变压器的工作原理，在两个次级绕组 W_{2a}和 W_{2b}中便会产生感应电势 E_{2a}和 E_{2b}。如果工艺上保证变压器结构完全对称，则当活动衔铁处于初始平衡位置时，必然会使两互感系数 $M_1=M_2$。根据电磁感应原理，将有 $E_{2a}=E_{2b}$。由于变压器两个次级绕组反向串联，因而输出电压 $U_o=E_{2a}-E_{2b}=0$，即差动变压器输出电压为零。

当活动衔铁向上移动时，由于磁阻的影响，W_{2a}中的磁通将大于 W_{2b}中的磁通，使 $M_1>M_2$，因而 E_{2a}增大，而 E_{2b}减小；反之，E_{2b}增大，E_{2a}减小。因为 $U_o=E_{2a}-E_{2b}$，所以当 E_{2a}，E_{2b}随着衔铁位移 x 变化时，U_o 也必将随 x 而变化。

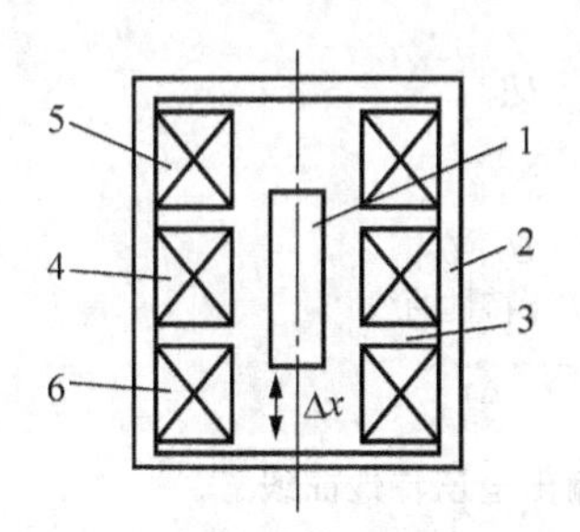

图 4-13　螺线管式差动变压器结构

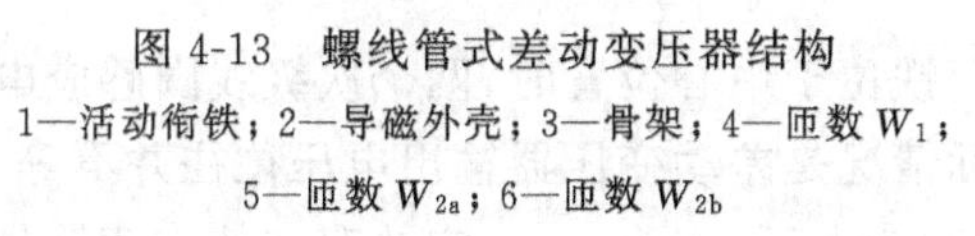
1—活动衔铁；2—导磁外壳；3—骨架；4—匝数 W_1；5—匝数 W_{2a}；6—匝数 W_{2b}

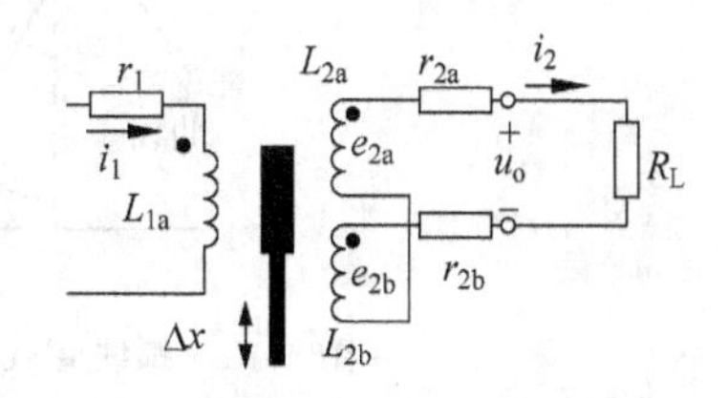

图 4-14　螺纹管式差动变压器的等效电路

在图 4-14 所示的差动变压器等效电路中，假设在初级线圈上加上角频率为 ω、大小为 U 的激励电压，在初级线圈中产生的电流为 I_1，并且初级线圈的直流电阻和漏电感分别为 r_1，L_1，则当次级开路时，有

$$I_1 = \frac{\dot{U}}{r_1 + j\omega L_1} \tag{4-25}$$

根据电磁感应定律，次级绕组中感应电势的表达式分别为

$$\dot{E}_{2a} = -j\omega M_1 I_1 \tag{4-26}$$

$$\dot{E}_{2b} = -j\omega M_2 I_1 \tag{4-27}$$

由于次级两绕组反向串联，且考虑到次级开路，则由以上关系可得

$$\dot{U}_o = \dot{E}_{2a} - \dot{E}_{2b} = -\frac{j\omega(M_1 - M_2)\dot{U}}{r_1 + j\omega L_1} \tag{4-28}$$

输出电压的有效值为

$$U_o = \frac{\omega(M_1 - M_2)U}{\sqrt{r_1^2 + (\omega L_1)^2}} \tag{4-29}$$

① 当活动衔铁处于中间位置时，$M_1 = M_2 = M$，$U_o = 0$。

② 活动衔铁向上移动时，$M_1 = M + \Delta M$，$M_2 = M - \Delta M$，$U_o = \frac{2\omega\Delta MU}{\sqrt{r_1^2 + (\omega L_1)^2}}$，与$\dot{E}_{2a}$同极性。

③ 活动衔铁向下移动时，$M_1 = M - \Delta M$，$M_2 = M + \Delta M$，$U_o = -\frac{2\omega\Delta MU}{\sqrt{r_1^2 + (\omega L_1)^2}}$，与$\dot{E}_{2b}$同极性。

可见，差动变压器输出电压的大小反映了铁芯位移的大小，输出电压的极性反映了铁芯运动的方向。

3. 输出特性分析

图 4-15 显示了螺线管式差动变压器输出电压 U_o 与活动衔铁位移 Δx 的关系曲线。图中实线为理论特性曲线，虚线为实际特性曲线。

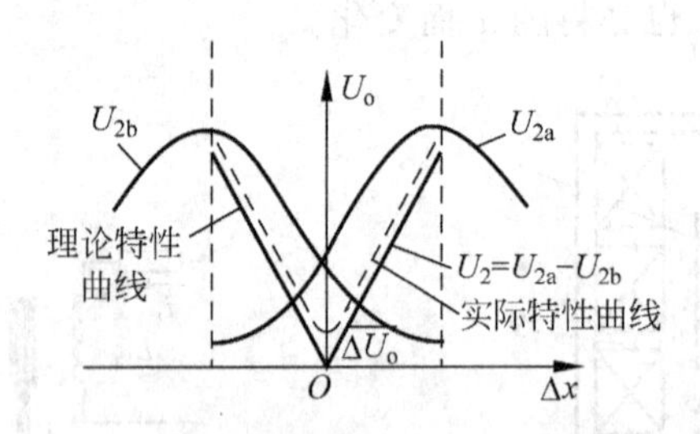

图 4-15 螺线管式差动变压器输出电压特性曲线

由图 4-15 可以看出，在理想情况下，当衔铁位于中心位置时，两个次级线圈感应电压大小相等、方向相反，差动输出电压为零，但实际情况是差动变压器输出电压往往并不等于零。差动变压器在零位移时的输出电压称为零点残余电压，记为 ΔU_o，它的存在使传感器的输出特性不经过零点，造成实际特性与理论特性不完全一致。

4. 测量电路

差动变压器随衔铁的位移输出一个调幅波，因而用电压表来测量存在下述问题：

① 总有零位电压输出，因而难以测量零位附近的小位移量；

② 交流电压表无法判别衔铁移动方向，为此常采用必要的测量电路来解决。

为了达到能辨别移动方向和消除零点残余电压的目的，实际测量时，常常采用差动整流电路和相敏检波电路。

(1) 差动整流电路

这种电路是把差动变压器的两个次级输出电压分别整流，然后将整流的电压或电流的差值作为输出，如图 4-16 所示。

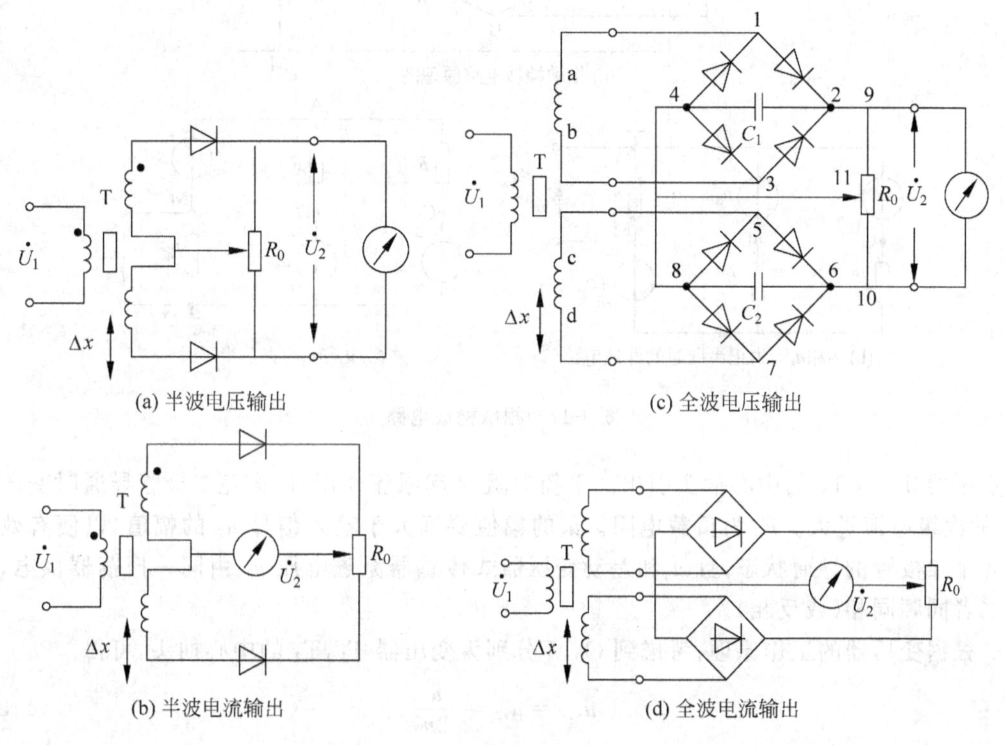

图 4-16　差动整流电路

从图 4-16(c)所示电路结构可知，不论两个次级线圈的输出瞬时电压极性如何，流经电容 C_1 的电流方向总是从 2 到 4，流经电容 C_2 的电流方向总是从 6 到 8，故整流电路的输出电压为

$$\dot{U}_2 = \dot{U}_{24} - \dot{U}_{68} \tag{4-30}$$

当衔铁在零位时，因为$\dot{U}_{24}=\dot{U}_{68}$，所以$\dot{U}_2=0$；当衔铁在零位以上时，因为$\dot{U}_{24}>\dot{U}_{68}$，所以$\dot{U}_2>0$；而当衔铁在零位以下时，有$\dot{U}_{24}<\dot{U}_{68}$，则$\dot{U}_2<0$。$\dot{U}_2$ 的正负表示衔铁位移的方向。

(2) 相敏检波电路

相敏检波电路如图 4-17 所示。

输入信号 u_2(差动变压器式传感器输出的调幅波电压)通过变压器 T_1 加到环形电桥的一条对角线上。参考信号 u_s 通过变压器 T_2 加到环形电桥的另一条对角线上。输出信号 u_o

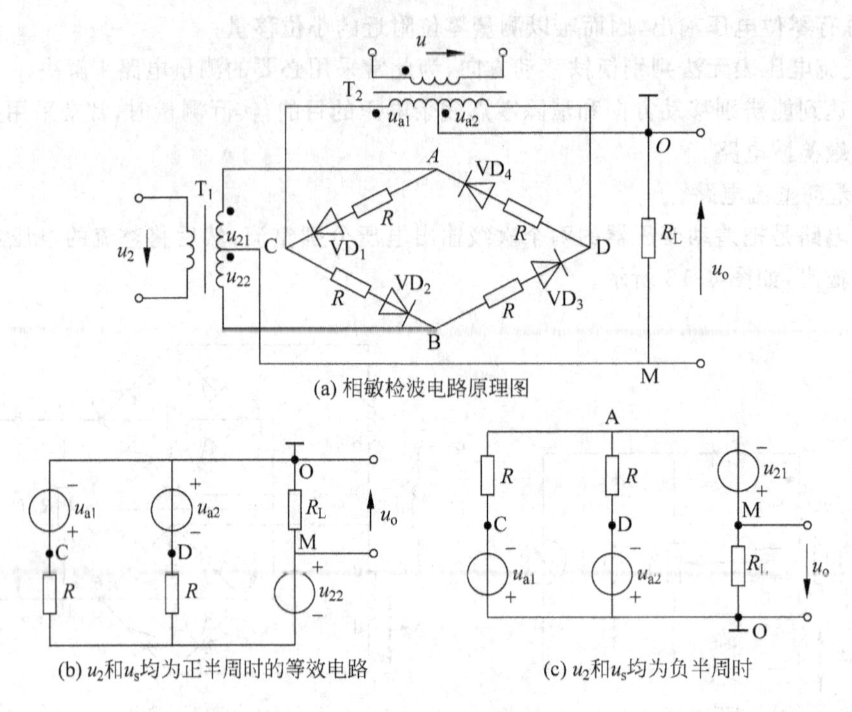

(a) 相敏检波电路原理图

(b) u_2和u_s均为正半周时的等效电路

(c) u_2和u_s均为负半周时

图 4-17　相敏检波电路

从变压器 T_1 与 T_2 的中心抽头引出。平衡电阻 R 起限流作用，以避免二极管导通时变压器 T_2 的次级电流过大。R_L为负载电阻。u_s的幅值要远大于输入信号 u_2 的幅值，以便有效控制 4 个二极管的导通状态，且 u_s和差动变压器式传感器激磁电压 u_1 由同一振荡器供电，保证二者同频同相(或反相)。

根据变压器的工作原理，考虑到 O，M 分别为变压器 T_1，T_2 的中心抽头，可得

$$u_{s1} = u_{s2} = \frac{u_s}{2n_2} \tag{4-31}$$

$$u_{21} = u_{22} = \frac{u_1}{2n_1} \tag{4-32}$$

采用电路分析的基本方法，可求得图 4-17(b)所示电路的输出电压 u_o的表达式为

$$u_o = -\frac{R_L u_{22}}{\dfrac{R}{2}R_L} = \frac{R_L u_1}{n_1(R + 2R_L)} \tag{4-33}$$

当 u_2 与 u_s均为负半周时，二极管 VD_2，VD_3 截止，VD_1，VD_4 导通。其等效电路如图 4-17(c)所示。这说明只要位移 $\Delta x>0$，不论 u_2 与 u_s是正半周还是负半周，负载电阻 R_L两端的电压 u_o始终为正。当 $\Delta x<0$ 时，u_2 与 u_s为同频反相。

不论 u_2 与 u_s是正半周还是负半周，负载电阻 R_L两端的输出电压 u_o表达式总为

$$u_o = -\frac{R_L u_2}{n_1(R + 2R_L)} \tag{4-34}$$

相关波形图如图 4-18 所示。其中图 4-18(a)是被测位移变化波形图，图 4-18(b)是差动变压器激磁电压波形图，图 4-18(c)是差动变压器输出电压波形图，图 4-18(d)是相敏检波解

调电压波形图,图 4-18(e)是相敏检波输出电压波形图。

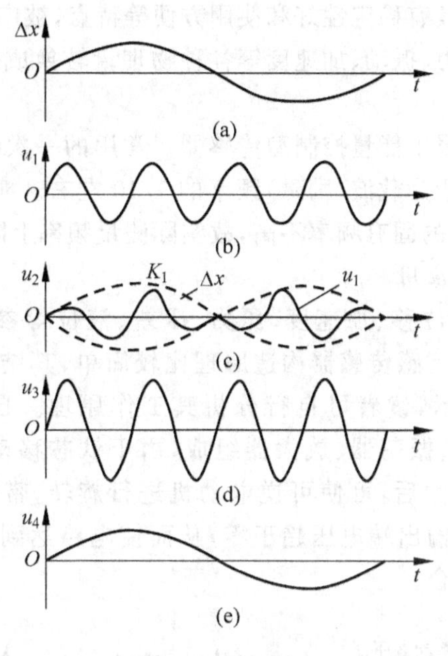

图 4-18　波形图

4.2.3　零点残余电压及消除方法

与电感传感器相似,差分变压器也存在零点残余电压问题。零点残余电压的存在使得传感器的特性曲线不通过原点,并使实际特性不同于理想特性。

零点残余电压也是反映差动变压器式传感器性能的重要指标之一。它主要是由传感器的两个次级绕组的电气参数和几何尺寸不对称,以及磁性材料的非线性等引起的。零点残余电压的波形十分复杂,主要由基波和高次谐波组成。基波产生的主要原因是传感器的两个次级绕组的电气参数、几何尺寸不对称,导致它们产生的感应电势幅值不等、相位不同,因此不论怎样调整衔铁位置,两线圈中的感应电势都不能完全抵消。

零点残余电压一般为零点几毫伏,有时甚至可达几十毫伏。零点残余电压的存在,导致传感器的灵敏度降低、分辨率变差和测量误差增大。克服方法主要是提高次级两绕组的对称性(包括结构和匝数等)。另外输出端用相敏检测和采用电路补偿方法,也可以减小零点残余电压的影响。

4.2.4　变压器式传感器的特点及应用

1. 差动变压器式传感器的主要特点

① 结构简单,工作可靠;

② 灵敏度高,每毫米可达几百毫伏;

③ 分辨率较高,可测量 0.01μm 的位移;

④ 测量准确度高,线性范围大(可扩大到±300mm,视结构尺寸而定),非线性指标可达 0.05%;

⑤ 频率响应较低,不适于测量高频动态参量;

⑥ 重复性和线性度较好。

差动变压器式传感器具有稳定性好和使用方便等特点，被广泛应用于直线位移的测量。借助于弹性元件可以将压力、振动、加速度等各种物理量转换成位移变化，故这类传感器也可用于其他参数的测量。

差动变压器式传感器属于能量控制型传感器。常用的一次线圈励磁频率为 1～5kHz。传感器的测量频率上限一般为载波（励磁）频率的 1/10 左右。实际上因为铁芯具有一定质量，机械部分弹簧质量系统的固有频率不高，故实际测量频率上限主要受制于机械结构。

2. 变压器式传感器的应用

互感传感器可以测量位移、加速度、压力、压差、液位等参数，也可组成自动平衡电路。测加速度及测液位的互感传感器构造原理比较简单，其结构示意图及电路方框图分别如图 4-19 及图 4-20 所示，读者可自行分析其工作原理。自动平衡电路如图 4-21 所示。自动平衡电路由电源、振荡器、放大器组成，由于铁芯移动，使差动变压器输出感应电压。此电压经放大器放大后，可使可逆电动机进行旋转，带动电位器移动。电位器触头位置的变化使得放大器输出端电压趋于零，从而使电路达到新的平衡。这种电路一般用在需要大型指示器的场合。

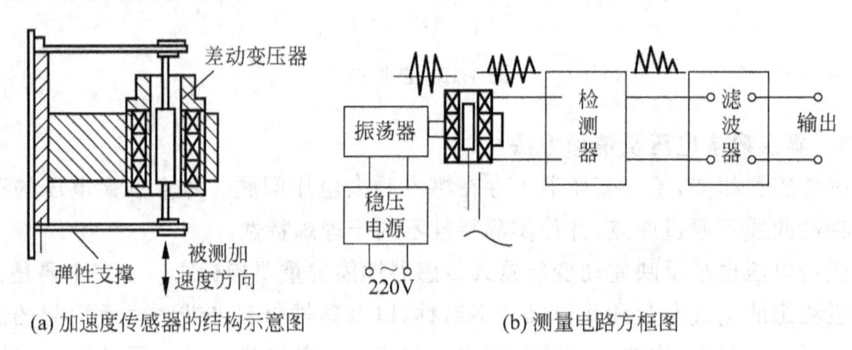

(a) 加速度传感器的结构示意图　　(b) 测量电路方框图

图 4-19　加速度传感器结构示意图及其测量电路方框图

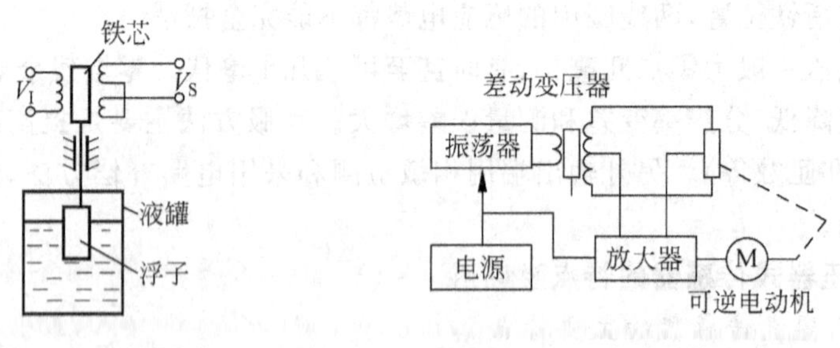

图 4-20　测量液位　　图 4-21　自动平衡电路

电感式接近传感器由高频振荡电路、检波电路、放大电路、整形电路及输出电路组成，如图 4-22 所示。检测用敏感元件为检测线圈，它是振荡电路的一个组成部分。在检测线圈的工作面上存在一个交变磁场，当金属物体接近检测线圈时，金属物体就会产生涡流而吸收振荡能量，使振荡减弱以至停振。振荡与停振这两种状态经检测电路转换成开关信号输出。

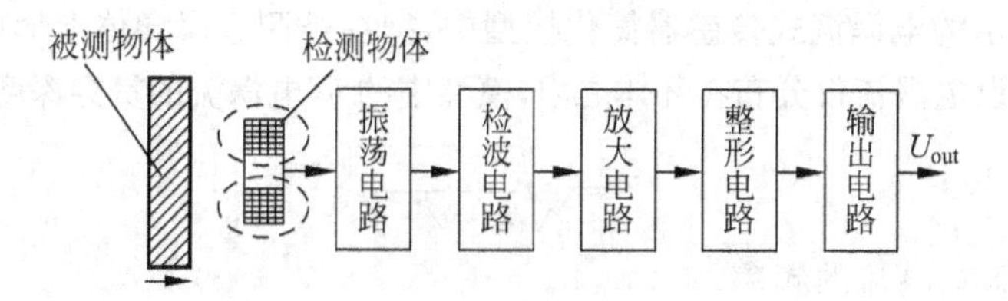

图 4-22　电感式接近传感器工作原理图

4.3　电涡流式传感器

4.3.1　电涡流式传感器的结构及工作原理

1. 基本结构

金属导体置于变化的磁场中，导体内就会产生感应电流，称之为电涡流或涡流，这种现象称为涡流效应。电涡流式传感器就是在这种涡流效应的基础上建立起来的，电涡流式传感器的原理和结构示意图如图 4-23 所示。

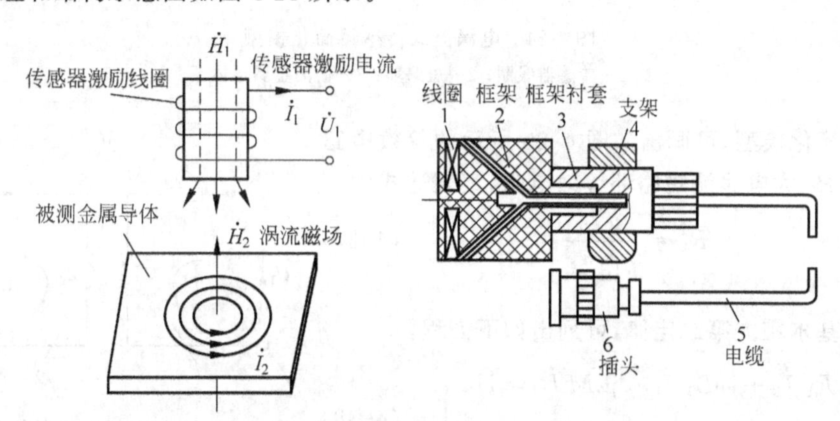

图 4-23　电涡流式传感器的原理和结构示意图

2. 工作原理

根据法拉第定律，当传感器线圈通以正弦交变电流 I_1 时，线圈周围空间必然产生正弦交变磁场 H_1，使置于此磁场中的金属导体中感应产生电涡流 I_2，I_2 又产生新的交变磁场 H_2。根据楞次定律，H_2 将反抗原磁场 H_1，由于磁场 H_2 的作用，涡流要消耗一部分能量，导致传感器线圈的等效阻抗发生变化。线圈阻抗的变化完全取决于被测金属导体的电涡流效应。

传感器线圈受电涡流影响时的等效阻抗 Z 的函数关系式为

$$Z = F(\rho, u, r, f, x) \tag{4-35}$$

式中，r——线圈与被测体的尺寸因子。

测量方法如下：如果保持式(4-35)中其他参数不变，而只改变其中一个参数，则传感器线圈阻抗 Z 就仅仅是这个参数的单值函数。通过与传感器配用的测量电路测出阻抗 Z 的变化量，即可实现对该参数的测量。

在图 4-24 所示的电涡流式传感器简化模型中，把在被测金属导体上形成的电涡流等效成一个短路环，即假设电涡流仅分布在环体之内，模型中的 h（电涡流的贯穿深度）可由下式求得：

$$h = \sqrt{\frac{\rho}{\pi \cdot \mu \cdot f}} \tag{4-36}$$

式中，f——线圈激磁电流的频率。

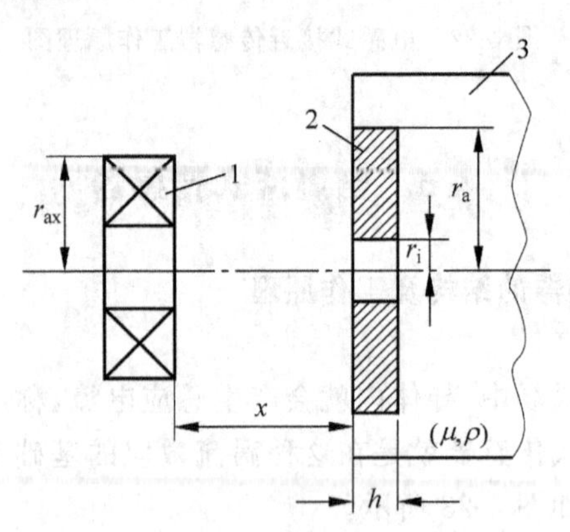

图 4-24 电涡流式传感器简化模型

1—传感器线圈；2—短路环；3—被测金属导体

根据简化模型，可画出如图 4-25 所示的等效电路图。图中 R_2 为电涡流短路环等效电阻，其表达式为

$$R_2 = \frac{2\pi\rho}{h\ln\frac{r_a}{r_i}} \tag{4-37}$$

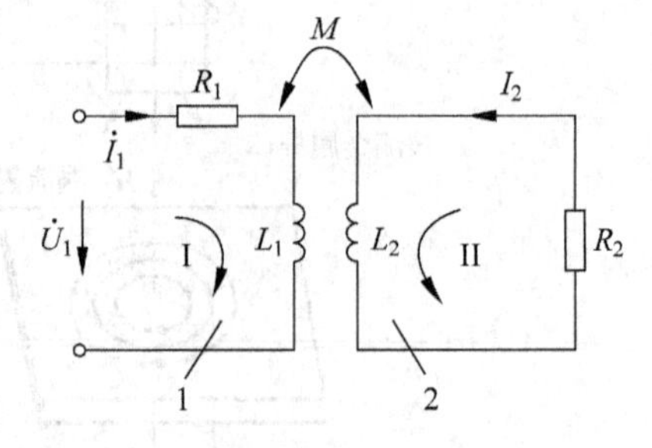

图 4-25 电涡流式传感器等效电路图

1—传感器线圈；2—电涡流短路环

根据基尔霍夫第二定律，可列出如下方程：

$$\left.\begin{aligned} R_1\dot{I}_1 + j\omega L_1\dot{I}_1 - j\omega M\dot{I}_2 &= \dot{U}_1 \\ -j\omega M\dot{I}_1 + R_2\dot{I}_2 + j\omega L_2\dot{I}_2 &= 0 \end{aligned}\right\} \tag{4-38}$$

由此解得等效阻抗 Z 的表达式为

$$\begin{aligned} Z = \frac{\dot{U}_1}{\dot{I}_1} &= R_1 + \frac{\omega^2 M^2}{R_2^2 + \omega^2 L_2^2}R_2 + j\omega\left[L_1 - \frac{\omega^2 M^2}{R_2^2 + \omega^2 L_2^2}L_2\right] \\ &= R_{eq} + j\omega L_{eq} \end{aligned} \tag{4-39}$$

式中，R_{eq}——线圈受电涡流影响后的等效电阻，表达式为

$$R_{eq} = R_1 + \frac{\omega^2 M^2}{R_2^2 + \omega^2 L_2^2}R_2 \tag{4-40}$$

L_{eq}——线圈受电涡流影响后的等效电感，表达式为

$$L_{eq} = L_1 - \frac{\omega^2 M^2}{R_2^2 + \omega^2 L_2^2}L_2 \tag{4-41}$$

线圈的等效品质因数 Q 为

$$Q = \frac{\omega L_{eq}}{R_{eq}} \tag{4-42}$$

式(4-41)和式(4-42)为电涡流式传感器基本特性表示式。

由以上讨论可见,因涡流效应,线圈的品质因数有所下降。

4.3.2　测量电路

由电涡流式传感器的工作原理可知,被测量的变化可以转换成传感器线圈的品质因数 Q、等效阻抗 Z 和等效电感 L 的变化。转换电路的任务是把这些参数转换为电压或电流输出。总的来说,利用 Q 的转换电路使用较少,这里不做讨论。利用 Z 的转换电路一般用桥路,它属于调幅电路。利用 L 的转换电路一般用谐振电路,根据输出是电压幅值还是电压频率,谐振电路又分为调频和调幅两种。

1. 调频式电路

将传感器线圈接入 LC 振荡回路,当传感器与被测导体的距离 x 改变时,在涡流影响下,传感器的电感发生变化,将导致振荡频率的变化,该变化的频率是距离 x 的函数,即 $f=L(x)$,该频率可由数字频率计直接测量,或者通过 f-U 变换,用数字电压表测量对应的电压。振荡器测量电路如图 4-26(a)所示。图 4-26(b)是振荡电路,它由克拉泼电容三点式振荡器(C_2,C_3,L,C 和 VT_1)及射极输出电路两部分组成。振荡频率为

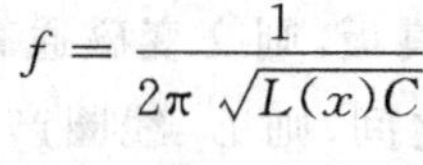

$$f=\frac{1}{2\pi\sqrt{L(x)C}}$$

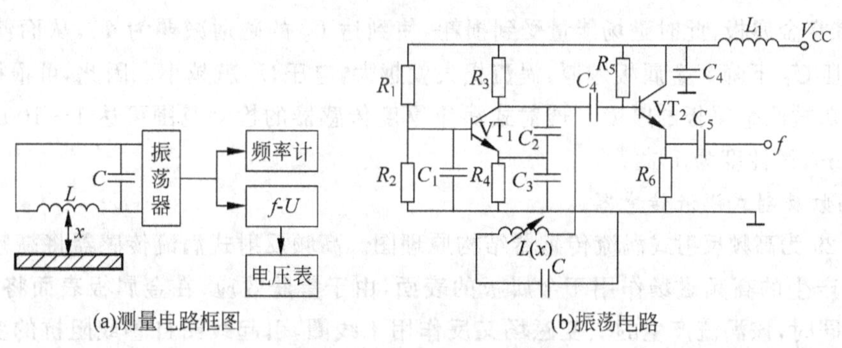

(a)测量电路框图　　(b)振荡电路

图 4-26　调频式测量电路

为了避免输出电缆的分布电容的影响,通常将 L,C 装在传感器内。此时电缆分布电容并联在大电容 C_2,C_3 上,因而对振荡频率 f 的影响将大大减小。

2. 调幅式电路

由传感器线圈 L、电容器 C 和石英晶体组成的石英晶体振荡电路如图 4-27 所示。石英晶体振荡器起恒流源的作用,给谐振回路提供一个频率(f_o)稳定的激励电流 i_o,LC 回路输出电压为

$$U_o=i_o f(Z) \tag{4-43}$$

式中,Z——LC 回路的阻抗。

当金属导体远离传感器线圈或去掉时,LC 并联谐振回路谐振频率即为石英晶体振荡器振荡频率 f_o,回路呈现的阻抗最大,谐振回路上的输出电压也最大;当金属导体靠近传感器线圈时,线圈的等效电感 L 发生变化,导致回路失谐,从而使输出电压降低,L 的数值随距离 x 的变化而变化。因此,输出电压也随 x 而变化。输出电压经放大、检波后,由指示仪

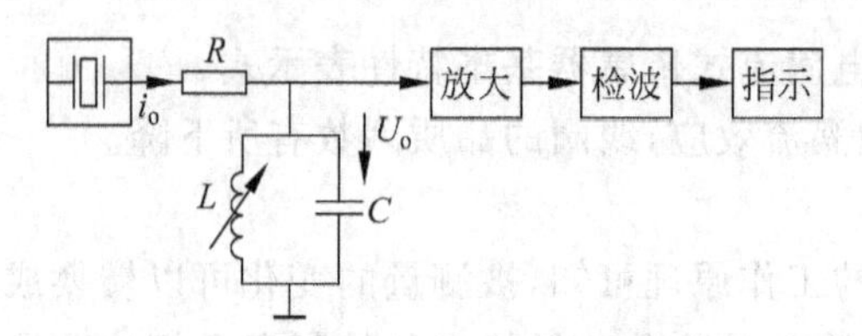

图 4-27　调幅式测量电路示意图

表直接显示出 x 的大小。

4.3.3　电涡流式传感器的特性及应用

电涡流式传感器的特点是结构简单，易于进行非接触式连续测量，灵敏度较高，适用性强，因此得到了广泛的应用。

电涡流式传感器的应用主要有以下几种。

1. 低频透射式涡流厚度传感器

图 4-28 为透射式涡流厚度传感器的结构原理图。在被测金属板的上方设有发射传感器线圈 L_1，在被测金属板下方设有接收传感器线圈 L_2。当在 L_1 上加低频电压 U_1 时，L_1 上产生交变磁通 Φ_1。若两线圈间无金属板，则交变磁通直接耦合至 L_2 中，L_2 产生感应电压 U_2。如果将被测金属板放入两线圈之间，则 L_2 线圈产生的磁场将导致金属板中产生电涡流，并将贯穿金属板，此时磁场能量受到损耗，使到达 L_2 的磁通减弱为 Φ_1'，从而使 L_2 产生的感应电压 U_2 下降。金属板越厚，涡流损失就越大，电压 U_2 就越小。因此，可根据电压 U_2 的大小得知被测金属板的厚度。透射式涡流厚度传感器的检测范围可达 1～100mm，分辨率为 0.1μm，线性度为 1%。

2. 高频反射式涡流传感器

图 4-29 为高频反射式涡流传感器结构原理图。高频反射式涡流传感器将高频＞1MHz 激励电流产生的高频磁场作用于金属板的表面，由于集肤效应，在金属板表面将形成电涡流。与此同时，该涡流产生的交变磁场又反作用于线圈，引起线圈自感或阻抗的变化，其变化与距离、金属板的电阻率 ρ、磁导率 μ、激励电流 i 及角频率 ω 等有关。若只改变距离而保持其他参数不变，则可将位移的变化转换为线圈自感的变化，通过测量电路转换为电压输出。

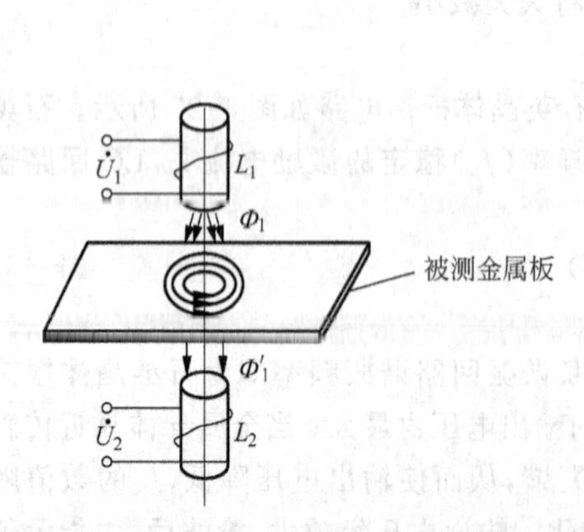

图 4-28　透射式涡流厚度传感器结构原理图

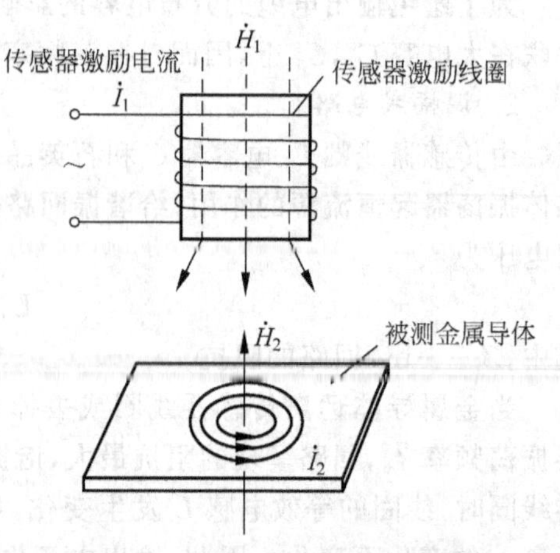

图 4-29　高频反射式涡流传感器结构原理图

3. 电涡流式转速传感器

如图 4-30 所示为电涡流式转速传感器工作原理图。在软磁材料制成的输入轴上加工一键槽，在距输入表面 d_0 处设置电涡流传感器，输入轴与被测旋转轴相连。

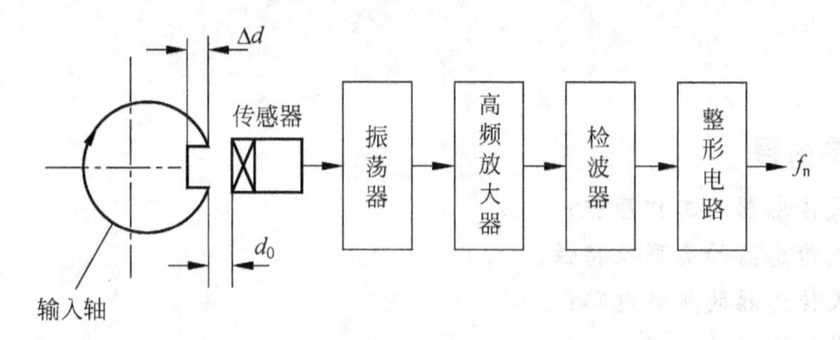

图 4-30　电涡流式转速传感器工作原理图

当被测旋转轴转动时，电涡流传感器与输出轴的距离变为 $d_0+\Delta d$。由于电涡流效应，传感器线圈阻抗随 Δd 的变化而变化，这种变化将导致振荡谐振回路的品质因数发生变化，它们将直接影响振荡器的电压幅值和振荡频率。因此，随着输入轴的旋转，从振荡器输出的信号中包含有与转速成正比的脉冲频率信号。该信号由检波器检出电压幅值的变化量，然后经整形电路输出频率为 f_n 的脉冲信号。该信号经电路处理便可得到被测转速。

特点：可实现非接触式测量，抗污染能力很强，最高测量转速可达 6×10^5 r/min。

本章小结

电感式传感器利用电磁感应原理，通过线圈自感或互感的改变来实现非电量的检测。它可以把输入物理量如位移、振动、压力、流量等参数，转换为线圈的自感系数 L 或互感系数 M 的变化，从而变为电流或电压的变化。利用电感式传感器易于实现信息的远距离传输、记录、显示和控制，特别是电涡流式电感传感器能实现非接触式测量，抗污染能力很强，因此电感式传感器得到了广泛的应用。

思考题与习题 4

4-1　电感式传感器的工作原理是什么？主要分为哪几大类？

4-2　变磁阻式传感器的主要类型有哪些？灵敏度最高的是哪种？

4-3　差动变压器式电感传感器的工作原理是什么？

4-4　电感式传感器差动式结构与单一式结构相比有哪些优点？一般都采用差动式结构，为什么？

4-5　举一差动变压器式电感传感器实例，说明其工作过程。

4-6　电涡流式传感器的分类有哪些？每一类的工作原理是什么？

4-7　电涡流式传感器的线圈阻抗与哪些参数有关？

4-8　电涡流式传感器是利用电涡流原理进行测量的，而电涡流易引起能量损耗，称为涡流损耗，如何减少涡流损耗？

第5章 电容式传感器

本章主要内容

1. 电容式传感器的工作原理；
2. 电容式传感器的类型及特性；
3. 电容式传感器的测量电路；
4. 电容式传感器的应用。

教学目标及重点、难点

教学目标

1. 了解电容式传感器结构、特点及其三种类型的工作原理；
2. 掌握电容式传感器的变压器电桥和脉冲宽度调制电路原理；
3. 了解电容式传感器的调频电路，熟悉电容式传感器的应用。

重点：交流变压器电桥、差动脉冲调宽电路、电容式传感器的应用。

难点：交流变压器电桥、差动脉冲调宽电路。

电容测量技术近几年来有了很大发展，它不但广泛用于位移、振动、角度、加速度等机械量的精密测量，而且逐步应用于压力、差压、液面、料面、成分含量等方面的测量。电容式传感器具有一系列突出的优点，如结构简单、体积小、分辨率高、可实现非接触式测量等。这些优点，随着电子技术的迅速发展，特别是集成电路的出现，得到了进一步的体现。而它存在的分布电容、非线性等缺点又不断被克服，因此电容式传感器在非电测量和自动检测中得到了广泛的应用。

电容式传感器的特点包括：

① 小功率、高阻抗。电容传感器电容量很小，一般为几十到几百微微法，因此具有高阻抗输出；

② 小的静电引力和良好的动态特性。电容传感器极板间的静电引力很小，工作时需要的作用能量极小，并且具有很小的可动质量，因而有较高的固有频率和良好的动态响应特性；

③ 本身发热影响小；

④ 可进行非接触式测量。

5.1 电容式传感器的工作原理及结构形式

电容式传感器以各种类型的电容器作为传感元件，将被测物理量的变化转换为电容量的变化。电容式传感器的基本工作原理可以用图5-1所示的平板电容器来说明。当忽略边

缘效应时，平板电容器的电容为

$$C=\frac{\varepsilon A}{d}=\frac{\varepsilon_r\varepsilon_0 A}{d} \tag{5-1}$$

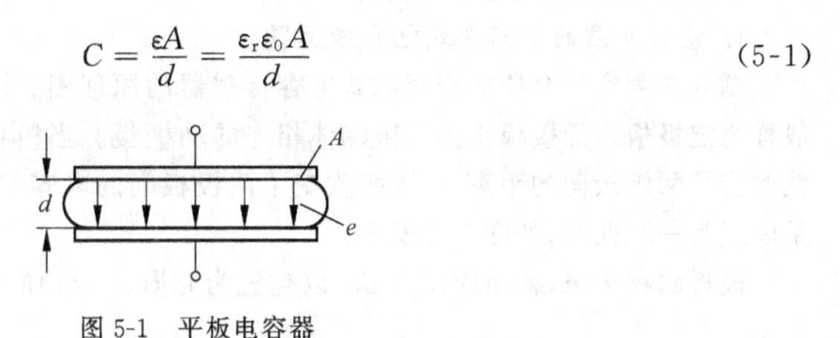

图 5-1　平板电容器

式中，A——极板面积；

d——极板间距离；

ε_r——相对介电常数；

ε_0——真空介电常数，$\varepsilon_0=8.85\times10^{-12}\text{F/m}$；

ε——电容极板介质的介电常数。

由式(5-1)可知，当 d,A 和 ε_r 中的某一项或某几项发生变化时，就改变了电容 C。在交流工作时，由于电容 C 的变化，就改变了电容的容抗 X_C，从而使输出电压或电流发生变化。d 和 A 的变化可以反映线位移或角位移的变化，也可以间接反映弹力、压力等的变化；ε_r 的变化，则可反映液面的高度、材料的温度等的变化。

在实际应用中，常使 d,A,ε_r 三个参数中的两个保持不变，而改变其中一个参数来使电容发生变化。所以电容式传感器可以分为三种类型：改变极板距离 d 的变间隙式，改变极板面积 A 的变面积式，改变介电常数 ε_r 的变介电常数式。

图 5-2 显示了一些电容式传感器的原理结构图。其中图 5-2(a)和(b)为变间隙式，图 5-2(c)，(d)，(e)和(f)为变面积式，图 5-2(g)和(h)为变介电常数式。图 5-2(a)和(b)是线位移传感器，图 5-2(f)为角位移传感器，图 5-2(b)，(d)和(f)是差动式电容传感器。

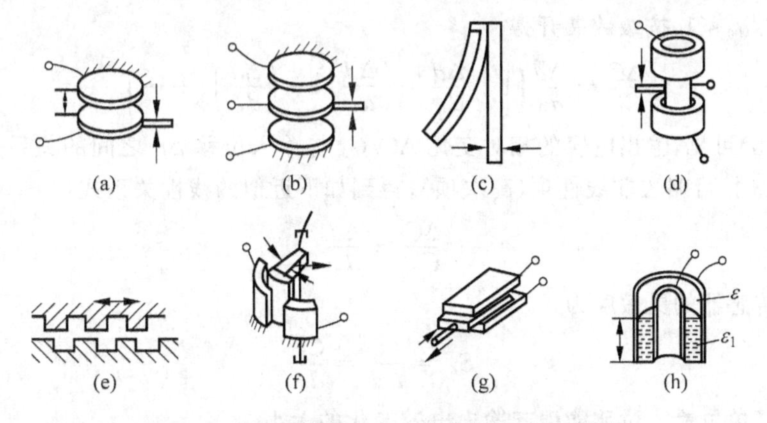

图 5-2　几种不同的电容式传感器的原理结构图

变间隙式电容传感器一般用来测量微小的线位移（0.01μm 至零点几毫米）；变面积式电容传感器一般用于测角位移（一角秒至几十度）或较大的线位移；变介电常数式电容传感器常用于固体或液体的物位测量，以及各种介质的湿度、密度的测定。

5.1.1 变间隙式电容传感器

1. 空气介质的变间隙式电容传感器

图 5-3 为空气介质的变间隙式电容传感器的原理图。图 5-3 中极板 2 为静止极板(一般称为定极板),而极板 1 为与被测体相连的动极板。当极板 1 因被测参数改变而移动时,就改变了两极板间的距离 d,从而改变了两极板间的电容 C。从式(5-1)可知,C 与 d 的关系曲线为一双曲线,如图 5-4 所示。

极板面积为 A,初始距离为 d_0,以空气为介质($\varepsilon_r=1$)的电容器的电容值为

$$C_0=\frac{\varepsilon_0 A}{d_0} \tag{5-2}$$

当间隙 d_0 减小 Δd 时(设 $\Delta d \ll d_0$),电容增加 ΔC,即

$$C_0+\Delta C=\frac{\varepsilon_0 A}{d_0-\Delta d}=C_0\frac{1}{1-\dfrac{\Delta d}{d_0}} \tag{5-3}$$

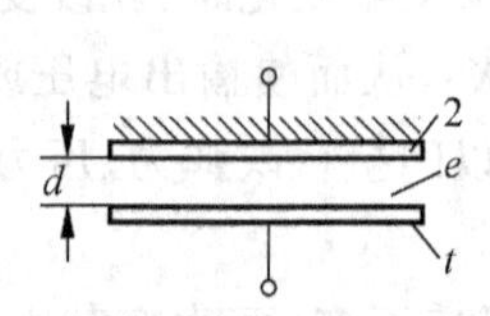

图 5-3 空气介质的变间隙式电容传感器原理图

1—动极板;2—定极板

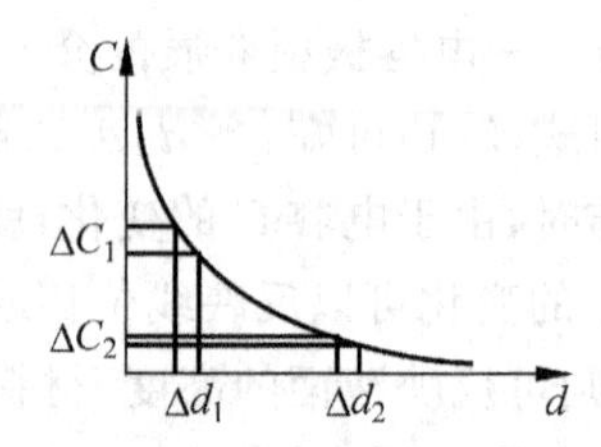

图 5-4 C-d 特性曲线

由式(5-3)可知,电容的相对变化量 $\Delta C/C_0$ 为

$$\frac{\Delta C}{C_0}=\frac{\Delta d}{d_0}\left(1-\frac{\Delta d}{d_0}\right)^{-1} \tag{5-4}$$

因为 $\Delta d/d_0<1$,按级数展开得

$$\frac{\Delta C}{C_0}=\frac{\Delta d}{d_0}\left[1+\frac{\Delta d}{d_0}+\left(\frac{\Delta d}{d_0}\right)^2+\left(\frac{\Delta d}{d_0}\right)^3+\cdots\right] \tag{5-5}$$

由式(5-5)可见,输出电容的相对变化 $\Delta C/C_0$ 与输入位移 Δd 之间的关系是非线性的。当 $\Delta d/d_0 \ll 1$ 时,可略去非线性项(高次项),得到如下近似的线性关系式:

$$\frac{\Delta C}{C_0}\approx\frac{\Delta d}{d_0} \tag{5-6}$$

而电容传感器的灵敏度为

$$S_n=\frac{\Delta C}{\Delta d}=\frac{C_0}{d_0} \tag{5-7}$$

它说明了单位输入位移能引起输出电容变化的大小。

如考虑式(5-5)中的线性项与二次项,则得

$$\frac{\Delta C}{C_0}=\frac{\Delta d}{d_0}\left(1+\frac{\Delta d}{d_0}\right) \tag{5-8}$$

按式(5-6)得到的特性曲线为图 5-5 中的直线 1,而按式(5-8)得到的特性曲线为图 5-5

中的非线性曲线 2。

式(5-8)的相对非线性误差 δ 为

$$\delta=\frac{|(\Delta d/d_0)^2|}{|\Delta d/d_0|}\times 100\% =|\Delta d/d_0|\times 100\% \tag{5-9}$$

由式(5-7)可以看出,要提高灵敏度,就要减小起始间隙 d_0。但 d_0 的减小受到电容器击穿电压的影响,同时对加工精度的要求也提高了。而式(5-9)还表明,非线性随着相对位移的增大而增大,减小 d_0,相应地增大了非线性。

在实际应用中,为了提高灵敏度和减小非线性,我们通常采用差动式电桥结构。在差动式电容传感器中,当其中一个电容器 C_1 的电容随位移 Δd 增加时,另一个电容器 C_2 的电容则减小,它们的特性方程分别为

$$C_1=C_0\left[1+\frac{\Delta d}{d_0}+\left(\frac{\Delta d}{d_0}\right)^2+\left(\frac{\Delta d}{d_0}\right)^3+\cdots\right]$$

$$C_2=C_0\left[1-\frac{\Delta d}{d_0}+\left(\frac{\Delta d}{d_0}\right)^2-\left(\frac{\Delta d}{d_0}\right)^3+\cdots\right]$$

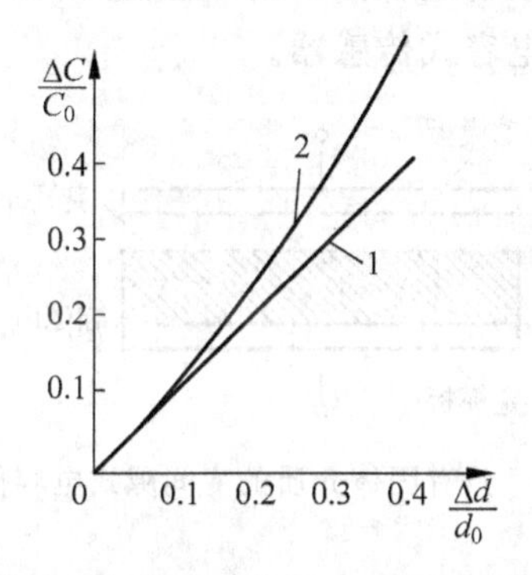

图 5-5　变间隙式电容传感器的特性曲线

电容总的变化为

$$\Delta C=C_1-C_2=C_0\left[2\frac{\Delta d}{d_0}+2\left(\frac{\Delta d}{d_0}\right)^3+\cdots\right]$$

电容的相对变化为

$$\frac{\Delta C}{C_0}=2\frac{\Delta d}{d_0}\left[1+\left(\frac{\Delta d}{d_0}\right)^2+\left(\frac{\Delta d}{d_0}\right)^4+\cdots\right] \tag{5-10}$$

略去高次项,则 $\Delta C/C_0$ 与 $\Delta d/d_0$ 近似成线性关系:

$$\frac{\Delta C}{C_0}\approx\frac{2\Delta d}{d_0} \tag{5-11}$$

式(5-11)可以用图 5-6 所示的曲线来表示。图中 $d_1=d_0-\Delta d$,$d_2=d_0+\Delta d$。

差动式电容传感器的相对非线性误差 δ' 近似为

$$\delta'=\frac{|2(\Delta d/d_0)^3|}{|2(\Delta d/d_0)|}=\left(\frac{\Delta d}{d_0}\right)^2\times 100\% \tag{5-12}$$

比较式(5-7)与式(5-11)、式(5-9)与式(5-12)可见,电容式传感器做成差动式之后,非线性大大降低了,灵敏度则提高了一倍。与此同时,差动式电容传感器还能减小静电引力给

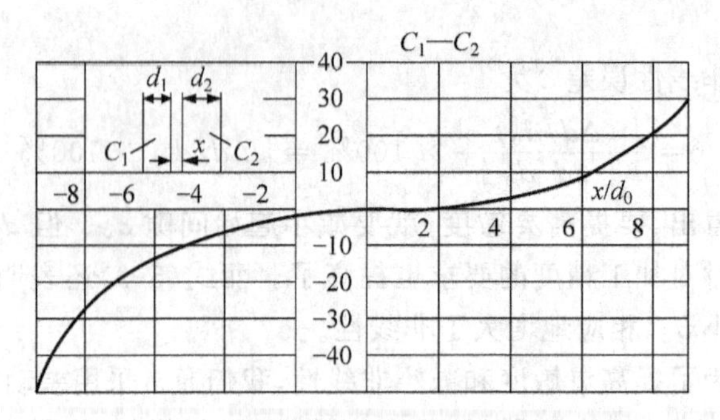

图 5-6　差动式电容传感器的 ΔC-$\Delta d/d_0$ 曲线

测量带来的影响,并可有效改善由于温度等环境影响所造成的误差。

2. 具有固体介质的变间隙式电容传感器

从上述内容可知,减小极间距离能提高灵敏度,但又容易引起击穿。为此,经常在两极片间再加一层云母或塑料膜来改善电容器的耐压性能,如图 5-7 所示,这就构成了平行极板间有固定介质和可变空气隙的电容式传感器。

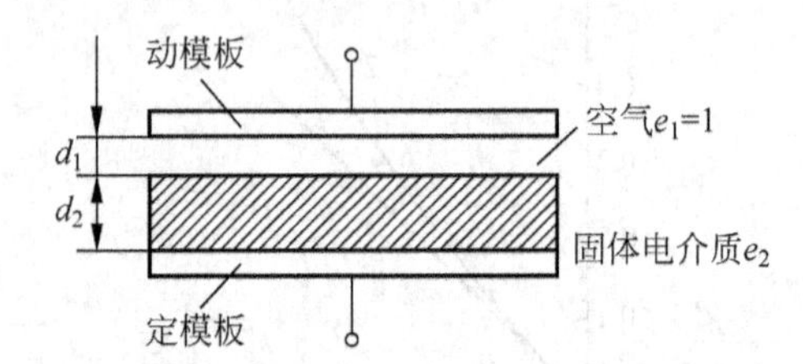

图 5-7　具有固体介质的变间隙式电容传感器

设极板面积为 A,空气隙为 d_1,固体介质(设为云母)的厚度为 d_2,则电容 C 为

$$C=\frac{\varepsilon_0 A}{d_1/\varepsilon_1+d_2/\varepsilon_2} \tag{5-13}$$

式中,ε_1 和 ε_2 分别是厚度为 d_1 和 d_2 的介质的相对介电常数。因 d_1 为空气隙,所以$\varepsilon_1=1$。

式(5-13)可简化成

$$C=\frac{\varepsilon_0 A}{d_1+d_2/\varepsilon_2}$$

如果空气隙 d_1 减小 Δd_1,电容将增大 ΔC,因此电容变为

$$C+\Delta C=\frac{\varepsilon_0 A}{d_1-\Delta d_1+d_2/\varepsilon_2}$$

电容相对变化为

$$\frac{\Delta C}{C}=\frac{\Delta d}{d_1+d_2}\,\frac{1}{1/N_1-\Delta d_1/(d_1+d_2)} \tag{5-14}$$

式中,

$$N_1=\frac{d_1+d_2}{d_1+d_2/\varepsilon_2}=\frac{1+d_2/d_1}{1+d_2/d_1\varepsilon_2} \tag{5-15}$$

对式(5-14)加以整理,则有

$$\frac{\Delta C}{C}=\frac{\Delta d}{d_1+d_2}N_1\frac{1}{1-N_1\Delta d_1/(d_1+d_2)}$$

当 $N_1\Delta d_1/(d_1+d_2)<1$ 时，可把上式展开为

$$\frac{\Delta C}{C}=\frac{\Delta d}{d_1+d_2}N_1\left[1+N_1\frac{1}{d_1+d_2}+\left(N_1\frac{1}{d_1+d_2}\right)^2+\cdots\right] \tag{5-16}$$

当 $N_1\Delta d_1/(d_1+d_2)\ll 1$ 时，略去高次项可近似得到

$$\frac{\Delta C}{C}\approx N_1\frac{\Delta d}{d_1+d_2} \tag{5-17}$$

式(5-16)和式(5-17)表明，N_1 既是灵敏度因子，又是非线性因子。N_1 的值取决于电介质层的厚度比 d_2/d_1 和固体介质的介电常数 ε_2。增大 N_1，可提高灵敏度，但是非线性度也随之相应提高了。

下面把厚度比 d_2/d_1 作为变量，ε_2 作为参变量，对影响灵敏度和线性度的因子 N_1 进行一些讨论。由式(5-15)画出的曲线如图 5-8 所示。因为 ε_2 总是大于 1 的，所以 N_1 的值总是大于 1。当 $\varepsilon_2=1$ 时，该电容式传感器极板间隙完全是空气隙，显然，$N_2=1$。因为 $\varepsilon_2>1$，所以灵敏度和非线性因子 N_1 随 d_2/d_1 的增大而增大，在 d_2/d_1 很大时（空气隙增加很小）所得 N_1 的极限值为 ε_2。此外，在相同的 d_2/d_1 值下，N_1 随 ε_2 增大而增大。

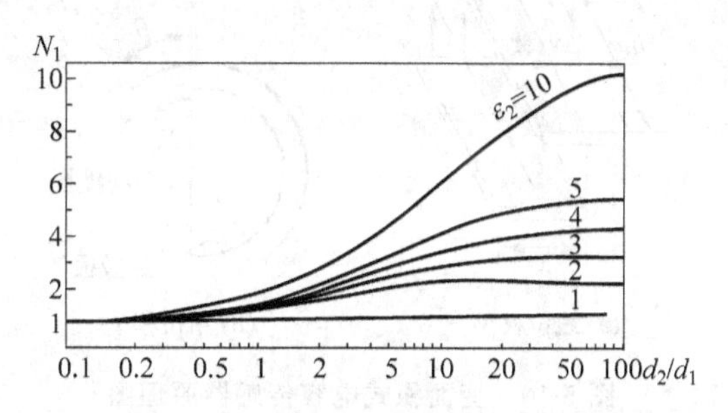

图 5-8　N_1-d_2/d_1 在不同 ε_2 下的关系曲线

当采用前面所述的差动结构时，式(5-16)中的偶次项被抵消，非线性就得到了改善。

以上分析结论是在忽略电容元件的极板边缘效应下得到的。为了消除边缘效应的影响，可以采用设置保护环的方法，如图 5-9 所示。保护环与极板 1 具有同一电位，则可将电极板间的边缘效应移到保护环与极板 2 的边缘，于是在极板 1 与极板 2 之间得到均匀的场强分布。

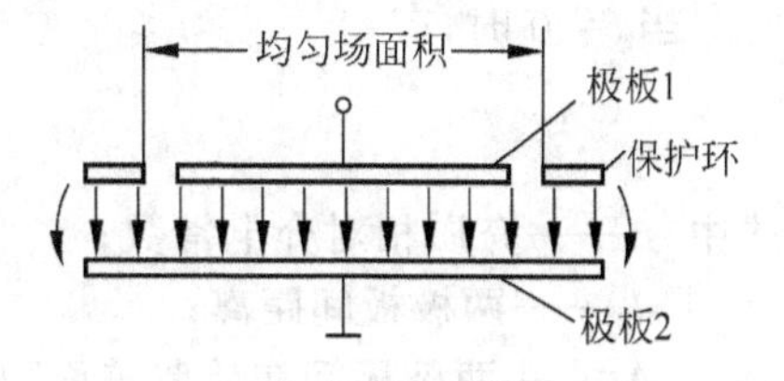

图 5-9　带有保护环的平板电容器

5.1.2　变面积式电容传感器

要改变电容器极板的面积，通常采用线位移型和角位移型两种形式。如图 5-10(a)所示是线位移型变面积式电容传感器原理图。

当动极板移动 Δx 后，面积 A 发生改变，电容也随之而变，其值为（忽略边缘效应）

$$C_x=\frac{\varepsilon b(a-\Delta x)}{d}=C_0-\frac{\varepsilon b}{d}\Delta x$$

$$\Delta C = C_x - C_0 = -\frac{\varepsilon b}{d}\Delta x = -C_0\frac{\Delta x}{a} \tag{5-18}$$

灵敏度 S_n 为

$$S_n = -\frac{\Delta C}{\Delta x} = \frac{\varepsilon b}{d} \tag{5-19}$$

由式(5-18)和式(5-19)可见，变面积式电容传感器的输出特性是线性的，灵敏度 S_n 为一常数。增大极板边长 b，减小间隙 d，可以提高灵敏度。但极板的另一边长 a 不宜过小，否则会因边缘电场影响的增加而影响线性特性。

齿形极板的电容式线位移传感器采用齿形极板的目的是增加遮盖面积，提高灵敏度。设齿形极板的齿数为 n，移动 Δx 后，其电容为

$$C_x = \frac{n\varepsilon b(a-\Delta x)}{d} = n\left(C_0 - \frac{\varepsilon b}{d}\Delta x\right)$$

$$\Delta C_x = C_x - nC_0 = -\frac{n\varepsilon b}{d}\Delta x \tag{5-20}$$

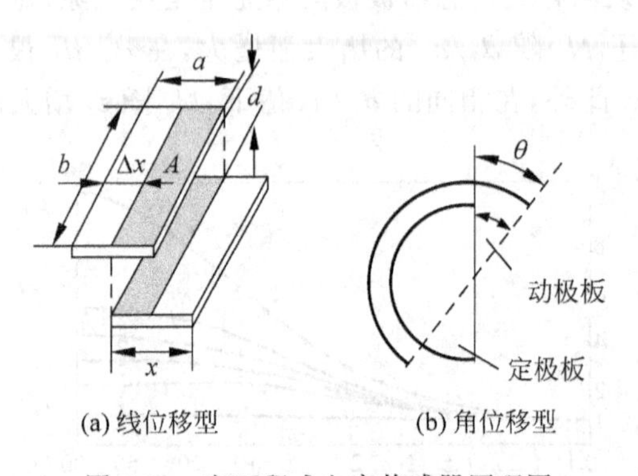

图 5-10　变面积式电容传感器原理图

如图 5-10(b)所示是角位移型变面积式电容传感器原理图。当动极板有一个角位移 θ 时，它与定极板间的有效覆盖面积就发生改变，从而改变了两极板间的电容量。

当 $\theta=0$ 时，有

$$C_0 = \frac{\varepsilon_0\varepsilon_r A_0}{d_0} \tag{5-21}$$

式中，ε_r——介质相对介电常数；

d_0——两极板间距离；

A_0——两极板间初始覆盖面积。

当 $\theta\neq 0$ 时，有

$$C = \frac{\varepsilon_0\varepsilon_r A_0\left(1-\dfrac{\theta}{\pi}\right)}{d_0} = C_0 - C_0\frac{\theta}{\pi} \tag{5-22}$$

从式(5-22)可以看出，传感器的电容量 C 与角位移 θ 呈线性关系。这一类型的电容传感器多用于检测位移、尺寸等参量。

5.1.3　变介电常数式电容传感器

变介电常数式电容传感器有较多的结构形式，可以用来测量纸张、绝缘薄膜等的厚度，

也可用来测量粮食、纺织品、木材或煤等非导电固体介质的湿度。如图 5-2(h)所示是在电容式液面计中经常使用的电容式传感器的形式。图 5-11 中给出了另一种测量介质介电常数变化的电容式传感器。

设电容的极板面积为 A,间隙为 a,当有一厚度为 d、相对介电常数为 ε_r 的固体电介质通过极板间的间隙时,电容器的电容为

$$C=\frac{\varepsilon_0 A}{a-d+d/\varepsilon_r} \tag{5-23}$$

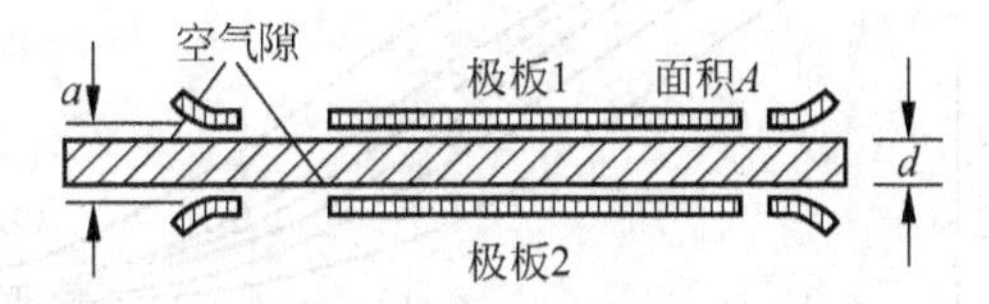

图 5-11　变介电常数式电容传感器

若固体介质的相对介电常数增加 $\Delta\varepsilon_r$(例如湿度增高),由式(5-23)可知,电容也相应增加 ΔC,即

$$C+\Delta C=\frac{\varepsilon_0 A}{a-d+[d/(\varepsilon_r+\Delta\varepsilon_r)]}$$

电容相对变化为

$$\frac{\Delta C}{C}=\frac{\Delta\varepsilon_r}{\varepsilon_r}N_2\frac{1}{1+N_3(\Delta\varepsilon_r/\varepsilon_r)} \tag{5-24}$$

$$N_2=\frac{1}{1+[\varepsilon_r(a-d)/d]} \tag{5-25}$$

$$N_3=\frac{1}{1+[d/\varepsilon_r(a-d)]} \tag{5-26}$$

在 $N_3/(\Delta\varepsilon_r/\varepsilon_r)<1$ 的情况下,展开式(5-24)得

$$\frac{\Delta C}{C}=\frac{\Delta\varepsilon_r}{\varepsilon_r}N_2\left[1-\left(N_3\frac{\Delta\varepsilon_r}{\varepsilon_r}\right)+\left(N_3\frac{\Delta\varepsilon_r}{\varepsilon_r}\right)^2-\left(N_3\frac{\Delta\varepsilon_r}{\varepsilon_r}\right)^3+\cdots\right] \tag{5-27}$$

由式(5-27)可见,N_2 为灵敏度因子,N_3 为非线性因子。式(5-25)和式(5-26)表明,N_2 和 N_3 的值与间隙比 $d/(a-d)$ 有关,$d/(a-d)$ 越大,则灵敏度越高,非线性度越小。N_2 和 N_3 的值又与固体介质的相对介电常数 ε_r 有关。介电常数小的材料可以得到较高的灵敏度和较低的非线性度。图 5-12 给出了 N_2 和 N_3 与间隙比 $d/(a-d)$ 的关系曲线,曲线以 ε_r 为参变量。

图 5-11 中的装置也可以用来测量介电材料厚度的变化。在这种情况下,介电材料的相对介常数 ε_r 为常数,而 d 则为自变量。此时,电容的相对变化为

$$\frac{\Delta C}{C}=\frac{\Delta d}{d}N_4\frac{1}{1-N_4(\Delta d/d)} \tag{5-28}$$

式中,

$$N_4=\frac{\varepsilon_r-1}{1+[\varepsilon_r(a-d)/d]} \tag{5-29}$$

在 $N_4/(\Delta d/d)<1$ 的情况下,式(5-28)可写成

$$\frac{\Delta C}{C}=\frac{\Delta d}{d}N_4\left[1+N_4\frac{\Delta d}{d}+\left(N_4\frac{\Delta d}{d}\right)^2+\left(N_4\frac{\Delta d}{d}\right)^3+\cdots\right] \tag{5-30}$$

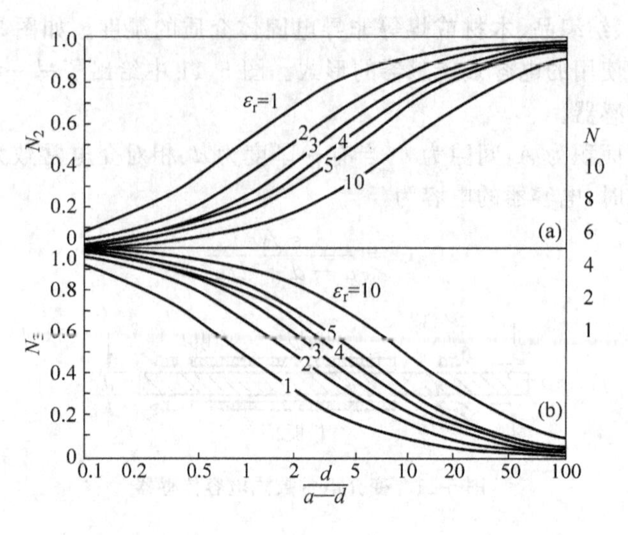

图 5-12　N_2 和 N_3 与间隙比 $d/(a-d)$ 的关系曲线

由式(5-30)可知，N_4 既是灵敏度因子，也是非线性度因子。仍以 $d/(a-d)$ 为自变量，作出式(5-29)的函数图像，如图 5-13 所示，它与图 5-8 具有相似的形式。可仿照对图 5-8 的讨论方法得到类似结论。

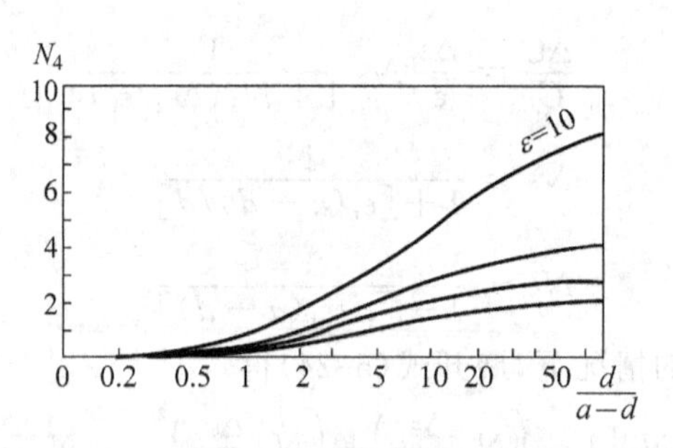

图 5-13　N_4 与间隙比 $d/(a-d)$ 的关系曲线

三种电容的比较如下。

① 变间隙式：d 变化，ε_0 和 A 不变化。电容量 C 与 d 不是线性关系。其灵敏度也不是常数。非线性误差 $\delta = |\Delta d/d_0| \times 100\%$，对于差动形式灵敏度提高一倍，非线性误差减少。

② 变面积式：ΔC 与 Δx 之间为线性关系。

③ 变介电常数式：ΔC 与 Δh 之间为线性关系。

5.2　电容式传感器的等效电路

5.1 节中对各种类型的电容式传感器的灵敏度和线性度的分析，都是在将电容式传感器视为纯电容的条件下做出的，这在大多数实际情况下是允许的。因为对于大多数电容器，除了在高温、高湿条件下工作外，它的损耗通常可以忽略；在低频工作时，它的电感效应也是可以忽略的。

在电容器的损耗和电感效应不可忽略时，电容式传感器的等效电路如图 5-14 所示。图中 R_p 为并联损耗电阻，它代表极板间的泄漏电阻和极板间的介质损耗。这部分损耗的影响通常在低频时较大，随着频率增高，容抗减小，它的影响也就减弱了。串联电阻 R_s 代表引线电阻及电容器支架和极板的电阻，在几兆赫频率下工作时，它的值通常是很小的。它的值随着频率增高而增大，因此只有在工作频率很高时才加以考虑。

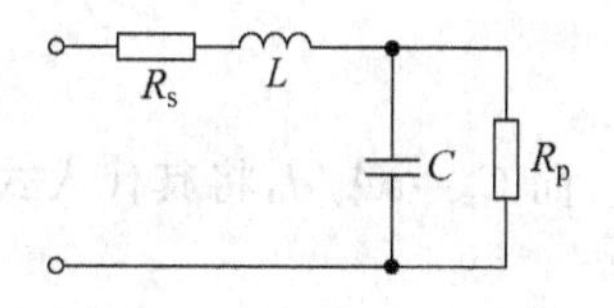

图 5-14　电容式传感器的等效电路

电感 L 由电容器本身的电感和外部引线的电感所组成。电容器本身的电感与电容器的结构形式有关，引线电感则与引线长度有关。如果用电缆与电容式传感器相连接，则 L 中应包括电缆的电感。

由图 5-14 可见，等效电路有一谐振频率，通常为几十兆赫。在谐振或接近谐振时，它破坏了电容的正常作用。因此，只有在低于谐振频率（通常为谐振频率的 1/3～1/2）时，才能正常使用电容传感元件。

同时，由于电路的感抗抵消了一部分容抗，传感元件的有效电容 C_e 将有所增加，C_e 可以近似由下式求得：

$$1/\mathrm{j}\omega C_e = \mathrm{j}\omega L + 1/\mathrm{j}\omega C$$

$$C_e = \frac{C}{1 - \omega^2 LC} \tag{5-31}$$

在这种情况下，电容的实际相对变化量为

$$\frac{\Delta C_e}{C} = \frac{\Delta C/C}{1 - \omega^2 LC} \tag{5-32}$$

式(5-32)表明电容传感元件的实际相对变化量与传感元件的固有电感（包括引线电感）有关。因此，在实际应用时必须与标定时的条件相同。

5.3　电容式传感器的信号调节电路

电容式传感器的电容值十分微小，必须借助于信号调节电路将这微小电容的增量转换成与其成正比的电压、电流或频率，这样才可以显示、记录以及传输。

1. 运算放大器式电路

这种电路的最大特点是能够克服变间隙式电容传感器的非线性，使其输出电压与输入位移（间距变化）有线性关系。图 5-15 为这种电路的原理图。C_x 为传感器电容。

下面求输出电压 U_o 与传感器电容 C_x 之间的关系。

由 $U_o=0, I=0$ 可得

$$\left.\begin{aligned} U_i &= -\mathrm{j}\frac{1}{\omega C_0}I_0 \\ U_o &= -\mathrm{j}\frac{1}{\omega C_x}I_x \\ I_o &= -I_x \end{aligned}\right\} \tag{5-33}$$

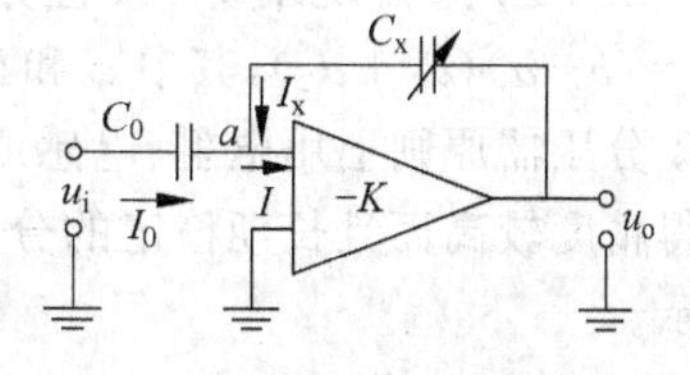

图 5-15　运算放大器式电路原理图

解式(5-33)得

$$U_o = -U_i \frac{C_0}{C_x} \tag{5-34}$$

而 $C_x = \varepsilon A/d$，将其代入式(5-34)，得

$$U_o = -U_i \frac{C_e}{\omega A} d \tag{5-35}$$

由式(5-35)可知，输出电压 U_o 与极板间距 d 呈线性关系，这就从原理上解决了变间隙式电容传感器特性的非线性问题。这里假设 $K=\infty$，输入阻抗 $z_i=\infty$，因此仍然存在一定非线性误差，但在 K 和 z_i 足够大时，这种误差相当小。

2. 电桥电路

如图 5-16 所示为电容式传感器的电桥测量电路。一般传感器包括在电桥内。用稳频、稳幅和固定波形的低阻信号源去激励，最后经电流放大及相敏整流得到直流输出信号。从图 5-16(a)可以看出平衡条件为

$$\frac{Z_1}{Z_1+Z_2} = \frac{C_1}{C_1+C_2} = \frac{d_2}{d_1+d_2} \tag{5-36}$$

此处 C_1 和 C_2 组成差动电容，d_1 和 d_2 为相应的间隙。若中心电极移动了 Δd，则电桥重新平衡时有

$$\frac{d_2+\Delta d}{d_1+d_2} = \frac{Z_1'}{Z_1+Z_2}$$

因此

$$\Delta d = (d_1+d_2)\frac{Z_1'-Z_1}{Z_1+Z_2} \tag{5-37}$$

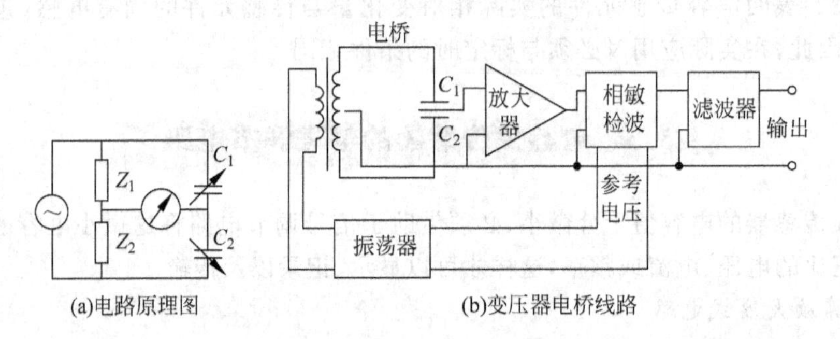

(a)电路原理图　　(b)变压器电桥线路

图 5-16　电桥测量电路

Z_1+Z_2 通常设计成一线性分压器，分压系数在 $Z_1=0$ 时为 0，而在 $Z_2=0$ 时为 1，于是 $\Delta d=(b-a)(d_1+d_2)$，其中 a 和 b 分别为位移前后的分压系数。

分压器原则上用电阻、电感或电容制作均可。由于电感技术的发展，用变压器电桥能够获得精度较高而且长期稳定的分压系数。用于测量小位移的变压器电桥线路如图 5-16(b)所示。

3. 调频电路

电容式传感器作为振荡器谐振回路的一部分，当输入量使电容量发生变化后，就使振荡器的振荡频率发生变化，频率的变化在鉴频器中变换为振幅的变化，经过放大后就可以用仪

表指示或用记录仪器记录下来。

调频接收系统可以分为直接放大式调频和外差式调频两种类型。外差式调频线路比较复杂，但选择性高，特性稳定，抗干扰性能优于直接放大式调频。图 5-17(a)和(b)分别表示这两种调频系统。

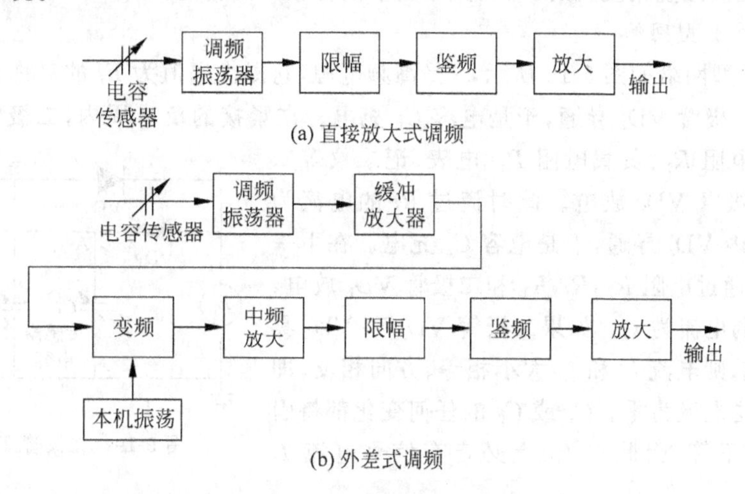

图 5-17　调频电路方框图

用调频系统作为电容传感器的测量电路主要具有以下特点：

① 抗外来干扰能力强；

② 特性稳定；

③ 能取得高电平的直流信号(伏特数量级)。

4. 谐振电路

图 5-18(a)为谐振电路的原理方框图，其中电容传感器的电容 C_3 作为谐振回路(L_2，C_2，C_3)调谐电容的一部分。谐振回路通过电感耦合，从稳定的高频振荡器取得振荡电压。当传感器电容 C_3 发生变化时，谐振回路的阻抗也发生相应的变化，而这个变化又表现为整流器电流的变化。该电流经过放大后即可指示出输入量的大小。

为了获得较好的线性关系，一般谐振电路的工作点选在谐振曲线的一边、最大振幅 70%附近的地方。如图 5-18(b)所示，工作范围选在 BC 段内。

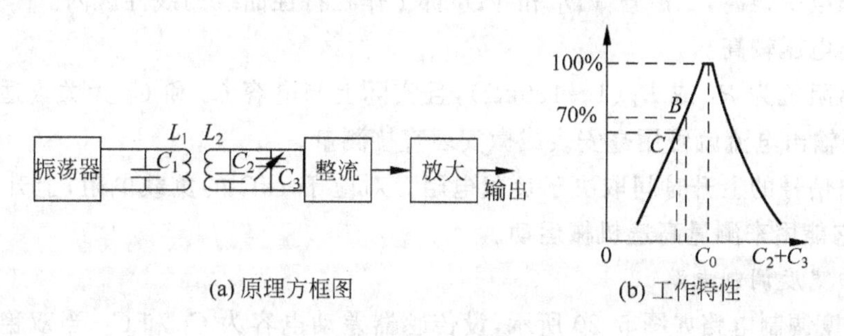

图 5-18　谐振电路

这种电路的特点是比较灵敏，缺点包括：

① 工作点不容易选好，变化范围也较窄；

② 传感器与谐振回路要离得比较近，否则电缆的杂散电容对电路的影响较大；

③ 为了提高测量精度，振荡器的频率要求具有很高的稳定性。

5. 二极管T型网络

二极管T型网络如图5-19所示，S是高频电源，它提供幅值为E_i的对称方波。当电源为正半周时，二极管VD_1导通，于是电容C_1充电。在紧接的负半周内，二极管VD_1截止，而电容C_1经电阻R_1、负载电阻R_f（电表、记录仪等）、电阻R_2和二极管VD_2放电。此时流过R_f的电流为i_2。在负半周内VD_2导通，于是电容C_2充电。在下一个半周中，C_2通过电阻R_2，R_f，R_1和二极管VD_1放电，此时流过R_f的电流为i_1。如果二极管VD_1和VD_2具有相同的特性，则电流i_1和i_2大小相等、方向相反，即流过R_f的平均电流为零。C_1或C_2的任何变化都将引起i_1和i_2的不等，因此在R_f上必定有信号电流I_o输出。

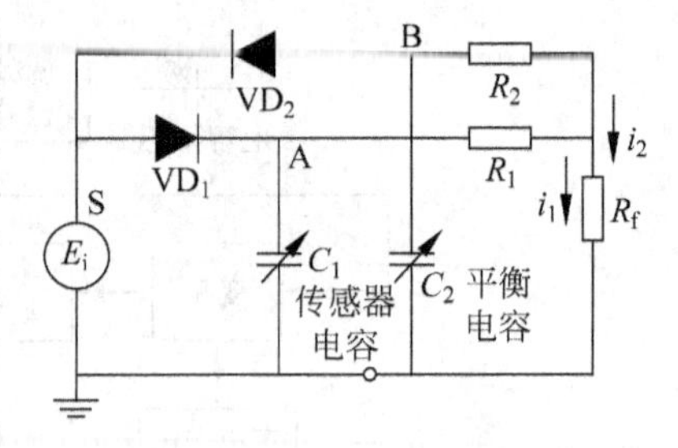

图5-19 二极管T型网络

当$R_1=R_2=R$时，直流输出信号电流I_o可以用下式表示：

$$I_o = E_i \frac{R+2R_f}{(R+R_f)^2} R_f [C_1 - C_2 - C_1 e^{-K_1} + C_2 e^{-K_2}] \tag{5-38}$$

$$K_1 = \frac{R+Rf}{2RfC_1(R+2Rf)}$$

$$K_2 = \frac{R+Rf}{2RfC_2(R+2Rf)}$$

式中f为充电电源的频率，单位为Hz。而输出电压E_o为

$$E_o = I_o R_f$$

线路的最大灵敏度发生在$1/K_1=1/K_2=0.57$的情况下。

该电路具有如下特点：

① 电源S、传感器电容C_1、平衡电容C_2以及输出电路都接地。

② 工作电平很高，二极管VD_1和VD_2都工作在特性曲线的线性区内。

③ 输出电压较高。

④ 输出阻抗为R_1或R_2（1～100kΩ），且实际上与电容C_1和C_2无关。适当选择电阻R_1或R_2，则输出电流就可用毫安表或微安表直接测量。

⑤ 输出信号的上升时间取决于负载电阻。对应于1kΩ的负载电阻，上升时间为20μs左右，因此它能用来测量高速机械运动。

6. 脉冲宽度调制电路

脉冲宽度调制电路如图5-20所示，设传感器差动电容为C_1和C_2，当双稳态触发器的输出A点为高电位时，则通过R_1对C_1充电，直到C点电位高于参比电位U_f时，比较器A_1产生脉冲触发双稳态触发器翻转。在翻转前，B点为低电位，电容C_2通过二极管VD_2迅速

放电。双稳态触发器翻转后，A 点变为低电位，B 点为高电位。这时，在反方向上又重复上述过程，即 C_2 充电，C_1 放电。当 $C_1=C_2$ 时，电路中各点的电压波形如图 5-21(a)所示。由图可见 AB 两点平均电压值为零。但是，差动电容 C_1 和 C_2 的值不相等时，如 $C_1>C_2$，则 C_1 和 C_2 充放电时间常数就会发生改变。这时电路中各点的电压波形如图 5-21(b)所示。由图可见 AB 两点平均电压值不再是零。

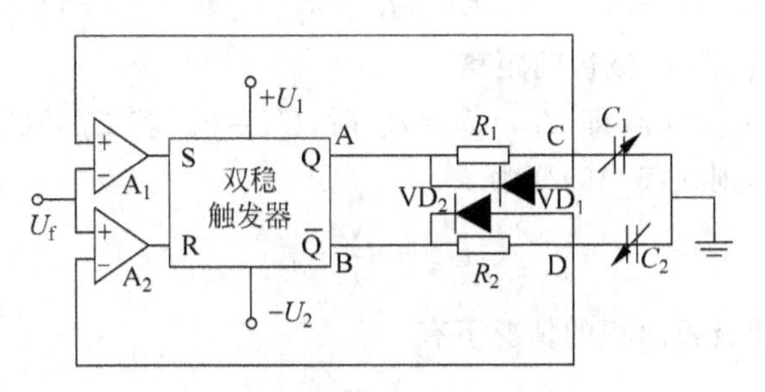

图 5-20　脉冲宽度调制电路

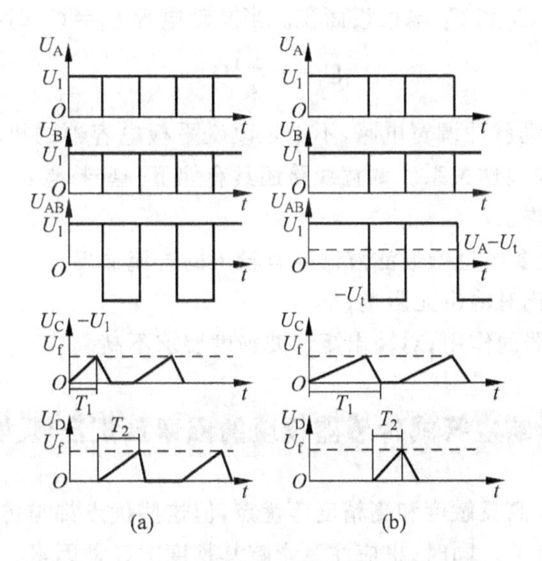

图 5-21　脉冲宽度调制电路电压波形图

当矩形电压波通过低通滤波器后，可得出直流分量为

$$U_{\mathrm{o}}=U_{\mathrm{AB}}=\frac{T_1-T_2}{T_1+T_2}U_1 \tag{5-39}$$

若式(5-39)中的 U_1 保持不变，则输出电压的直流分量 U_{o} 随 T_1 和 T_2 的变化而改变，从而实现了输出脉冲电压的调宽。当然，必须使参比电位 U_{f} 小于 U_1。

由电路可得出

$$T_1=R_1C_1\ln\frac{U_1}{U_1-U_{\mathrm{f}}} \tag{5-40}$$

$$T_2=R_2C_2\ln\frac{U_1}{U_1-U_{\mathrm{f}}} \tag{5-41}$$

设电阻 $R_1=R_2=R$，将式(5-40)和式(5-41)代入式(5-39)即可得出

$$U_o=\frac{C_1-C_2}{C_1+C_2}U_1 \tag{5-42}$$

把平行板电容公式代入式(5-42)中，在变极板距离的情况下可得

$$U_o=\frac{d_1-d_2}{d_1+d_2}U_1 \tag{5-43}$$

式中，d_1，d_2 分别为 C_1，C_2 电极板间距离。

当差动电容 $C_1=C_2=C_0$，即 $d_1=d_2=d_0$ 时，$U_o=0$。若 $C_1\neq C_2$，设 $C_1>C_2$，即 $d_1=d_0-\Delta d$，$d_2=d_0+\Delta d$，则式(5-43)变为

$$U_o=\frac{\Delta d}{d_0}U_1 \tag{5-44}$$

同样，在变电容器极板面积的情况下有

$$U_o=\frac{A_1-A_2}{A_1+A_2}U_1 \tag{5-45}$$

式中，A_1 和 A_2 分别为 C_1 和 C_2 电极板面积。当差动电容 $C_1\neq C_2$ 时，则有

$$U_o=\frac{\Delta A}{A}U_1 \tag{5-46}$$

由此可见，对于差动脉冲调宽电路，不论是改变平板电容器的极板面积还是极板距离，其变化量与输出量都成线性关系。调宽线路还具有如下一些特点：

① 对元件无线性要求；

② 效率高，信号只要经过低通滤波器就有较大的直流输出；

③ 调宽频率的变化对输出无影响；

④ 由于低通滤波器的作用，对输出矩形波纯度要求不高。

5.4 影响电容式传感器精度的因素及提高精度的措施

电容式传感器具有高灵敏度和高精度等优点，但这些优点都与传感器的正确设计、正确选材及精细加工工艺有关。同时，也应注意影响其精度的各种因素。

1. 温度对结构尺寸的影响

环境温度的改变将引起电容式传感器各零件几何尺寸和相互间几何位置的变化，从而导致电容式传感器产生温度附加误差。这个误差在改变间隙的电容式传感器中更为严重，因为它的初始间隙都很小。为减小这种误差，一般尽量选取温度系数小和温度系数稳定的材料。例如，电极的支架选用陶瓷材料，电极材料选用铁镍合金，近年来又采用在陶瓷或石英上喷镀金或银的工艺。

2. 温度对介质介电常数的影响

传感器的电容值与介质的介电常数成正比，因此若介质的介电常数有不为零的温度系数，就必然要引起传感器电容值的改变，从而造成温度附加误差。

空气及云母介电常数的温度系数可认为等于零；而某些液体介质，如硅油、蓖麻油、甲基硅油、煤油等，就必须注意由此而引起的误差。这样的温度误差可用后接的测量线路进行

一定的补偿,想完全消除是困难的。

3. 漏电阻的影响

电容式传感器的容抗都很高,特别是当激励频率较低时。两极板间总的漏电阻若与此容抗相近,就必须考虑分路作用对系统总灵敏度的影响,它将使灵敏度下降。因此,应选取绝缘性能好的材料做两极板间支架,如陶瓷、石英、聚四氟乙烯等。当然,适当地提高激励电源的频率也可以降低对材料绝缘性能的要求。

还应指出,由于电容式传感器的灵敏度与极板间距离成反比,因此初始距离应尽量取得小些。这不仅增大了加工工艺的难度,缩小了变换器使用的动态范围,也提高了对支架等绝缘材料的要求,这时甚至要注意极间可能出现的电压击穿现象。

4. 边缘效应与寄生参量的影响

边缘效应会导致设计计算复杂化、产生非线性,以及降低传感器的灵敏度。消除和减小其影响的方法是在结构上增设防护电极,防护电极必须与被防护电极取相同的电位,尽量使它们同为地电位。

电容式传感器测量系统寄生参数的影响,主要是指与传感器电容极板并联的寄生电容的影响。传感器电容值很小,寄生电容往往要大得多,会导致电容式传感器不能使用。

消除和减小寄生参数影响的方法可归纳为以下几种。

(1) 缩短传感器至测量线路前置级的距离

将集成电路、超小型电容器应用于测量电路,可将部分部件与传感器做成一体,这既可减小寄生电容值,又可使寄生电容值固定不变。

(2) 驱动电缆法

这实际是一种等电位屏蔽法。原理电路如图 5-22 所示。这种接线法使传输电缆的芯线与内屏蔽层等电位,消除了芯线对内屏蔽层的容性漏电,从而消除了寄生电容的影响。此时内、外屏蔽层之间的电容变成了电缆驱动放大器的负载。因此,驱动放大器是一个输入阻抗很高、具有容性负载、放大倍数为 1 的同相放大器。

(3) 整体屏蔽法

所谓整体屏蔽法是将整个桥体(包括供电电源及传输电缆在内)用一个统一屏蔽保护起来,如图 5-23 所示,公用极板与屏蔽之间(也就是公用极板对地)的寄生电容 C_1 只影响灵敏度,另外两个寄生电容 C_3 及 C_4 在一定程度上影响电桥的初始平衡及总体灵敏度,但并不妨碍电桥的正确工作。因此,寄生参数对传感器电容的影响基本上得到了排除。

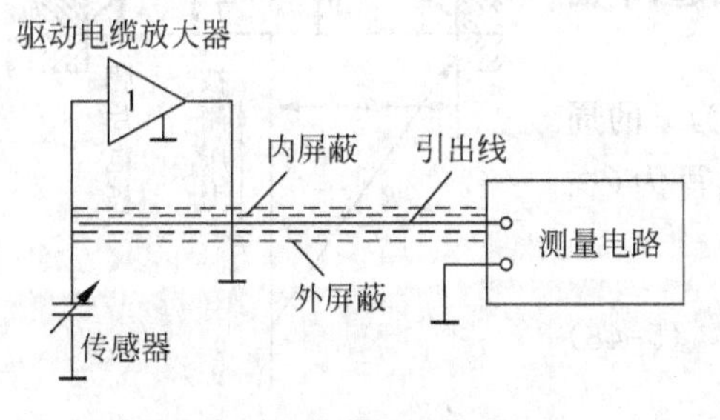

图 5-22　驱动电缆法

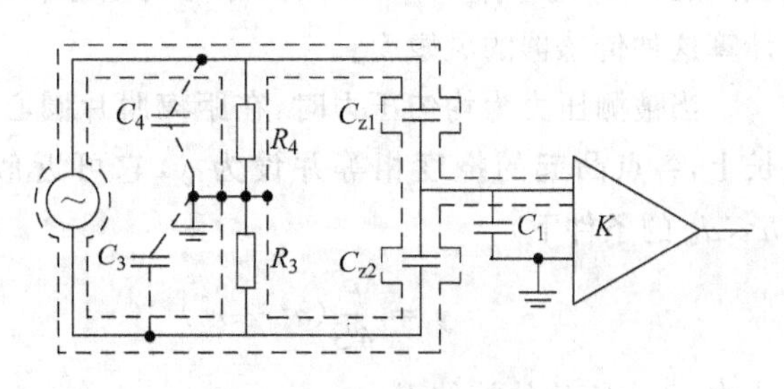

图 5-23　整体屏蔽法

5. 增大原始电容值，减小寄生电容和漏电的影响

电容式传感器一般原始电容值很小，只有几微法到几十微法，容易被干扰所淹没。在条件允许的情况下应尽量减小原始间隙 d_0 和增大覆盖面积，以增大原始电容值 C_0。但气隙减小受加工、装配工艺和空气击穿电压的限制，同时 d_0 减小也会影响测量范围。为了防止击穿，极板间可插入介质。一般变间隙的电容式传感器取 $d_0=0.2\sim1\text{mm}$。

5.5 电容式传感器的应用

前面已经介绍了电容式传感器可以直接测量的非电量有直线位移、角位移及介质的几何尺寸(或称物位)。直线位移及角位移可以是静态的，也可以是动态的，如直线振动及角振动。用于上述三类非电参数变换测量的变换器原理通常比较简单，无须再做任何预变换。

用来测量金属表面状况、距离尺寸、振幅等量的传感器，往往采用单极式变间隙电容传感器，使用时常将被测物作为传感器的一个电极板，而另一个电极板在传感器内。近年来已采用这种方法测量油膜等物质的厚度。这类传感器的动态范围均比较小，约为十分之几毫米，而灵敏度则在很大程度上取决于选材、结构的合理性及寄生参数影响的消除。其精度达到 0.1μm，分辨率为 0.025μm，可以实现非接触式测量，测量时加给被测对象的力极小，可忽略不计。

测物位的传感器多数采用电容式传感器作为转换元件。电容式传感器还可用于测量原油含水量、粮食含水量等。

当电容传感器用于测量其他物理量时，必须进行预变换，将被测参数转换成 d,S 或 ε 的变化。例如在测量压力时，要用弹性元件先将压力转换成 d 的变化。

1. 膜片电极式压力传感器

膜片电极式压力传感器的结构原理如图 5-24 所示，由一个固定电极和一个膜片电极形成距离为 d_0、极板有效面积为 πa^2、可改变极板间平均间隙的平板电容变换器，在忽略边缘效应时，初始电容值为

$$C_0=\frac{\varepsilon_0\pi a^2}{d_0} \tag{5-47}$$

这种传感器中的膜片均很薄，其厚度与直径 $2a$ 相比可以略去不计，因而膜片的弯曲刚度也可以略去不计，在被测压强 P 的作用下，膜片向间隙方向呈球状凸起，下面计算这种传感器的灵敏度。

当被测压力为均匀压力时，在距离膜片圆心为 r 的周长上，各点凸起的挠度相等并设为 y，它可近似写为(在 $h\ll d_0$ 的条件下)

$$y=\frac{P}{4S}(a^2-r^2) \tag{5-48}$$

式中，S 为膜片的拉伸引力。

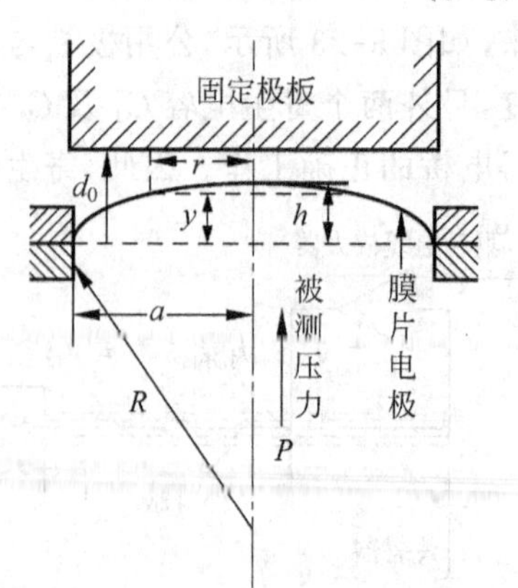

图 5-24 膜片电极式压力传感器结构原理

球面上宽度为 dr、长度为 $2\pi r$ 的环形带与固定电极间

的电容值为

$$\mathrm{d}C=\frac{\varepsilon_0 2\pi r\mathrm{d}r}{d_0-y} \tag{5-49}$$

由此可求得被测压强为 P 时，传感器的电容值为

$$C_x=\int_0^a \mathrm{d}C=\int_0^a \frac{\varepsilon_0 2\pi r\mathrm{d}r}{d_0-y}=\frac{2\pi\varepsilon_0}{d_0}\int_0^a \frac{r}{1-\dfrac{y}{d_0}}\mathrm{d}r \tag{5-50}$$

当满足条件 $y\ll d_0$ 时，上式可改写为

$$C_x=\frac{2\pi\varepsilon_0}{d_0}\int_0^a\left(1+\frac{y}{d_0}\right)r\mathrm{d}r$$

将式(5-48)代入上式中有

$$\begin{aligned}C_x&=\frac{2\pi\varepsilon_0}{d_0}\left\{\frac{a^2}{2}+\frac{P}{4d_0S}\int_0^a r(a^2-r^2)\mathrm{d}r\right\}\\&=\frac{\varepsilon_0\pi a^2}{d_0}+\frac{\varepsilon_0\pi a^4}{8d_0{}^2S}\end{aligned} \tag{5-51}$$

由式(5-51)可见，右边第二项即为 P 引起的电容增量，因此可得压强 P 引起传感器电容的相对变化值为

$$\frac{\Delta C}{C_0}=\frac{a^2}{8d_0S}P \tag{5-52}$$

式中，P——被测压强(N/m^2)；

S——膜片的拉伸张力(N/m)，$S=\dfrac{t^3E}{0.85\pi a^2}$；

t——膜片厚度(m)。

最后可得

$$\frac{\Delta C}{C_0}=\frac{a^4}{3d_0t^3E}P \tag{5-53}$$

膜片的基本谐振频率为

$$f_0=\frac{1.2}{\pi a}\sqrt{\frac{S}{\mu t}} \tag{5-54}$$

应注意以上推导只适用于静态压力的情况，因为推导过程中未计空气间隙中空气层的缓冲效应。如果考虑这个缓冲效应，将使动刚度增加，从而导致动态压力灵敏度比式(5-53)低很多。

若膜片具有一定的厚度 t(比前述略厚)，则弯曲刚度不可忽略，在被测压力作用下，膜片变形将如图5-25所示。这时在半径为 r 的圆周上产生的挠度 y 按下式计算：

$$y=\frac{3}{16}\cdot\frac{1-\mu^2}{E\cdot t^3}(a^2-r^2)^2P \tag{5-55}$$

式中，a——电极半径(m)；

P——被测均布压强(N/m^2)。

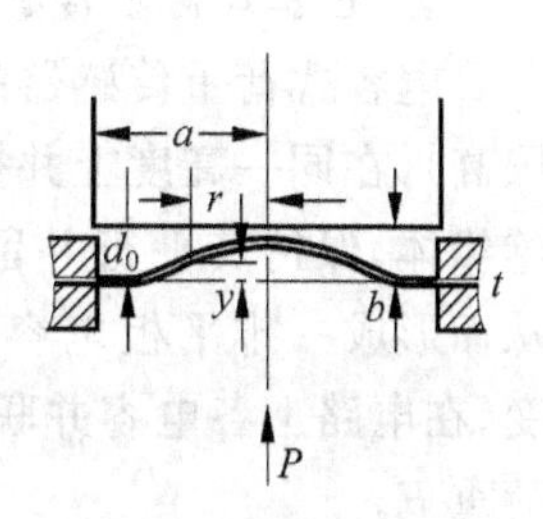

图5-25　膜片变形

可得传感器电容值为

$$C_z=\frac{2\pi\varepsilon_0}{d_0}\int_0^a\frac{r\cdot dr}{1-\dfrac{y}{d_0}}=\frac{2\pi\varepsilon_0}{d_0}\int_0^a\left(1+\frac{y}{d_0}\right)r\cdot dr$$

$$=\frac{2\pi\varepsilon_0}{d_0}\int_0^a\left[1+\frac{3}{16}\cdot\frac{1-\mu^2}{E\cdot t^3 d_0}(a^2-r^2)P\right]r\,dr \tag{5-56}$$

灵敏度为

$$\frac{\Delta C/C}{P}=\frac{3(1-\mu^2)a^4}{32\cdot E\cdot d_0 t^3} \tag{5-57}$$

以上推导也未考虑边缘效应及空气的缓冲作用。

2. 电容式加速度传感器

测量振动使用加速度及角加速度传感器，一般采用惯性式传感器测量绝对加速度。在这种传感器中可应用电容式传感器。一种电容式加速度传感器的原理结构如图 5-26 所示。其中有两个固定极板，极板中间有一个用弹簧支撑的质量块，此质量块的两个端面经过磨平抛光后作为可动极板。当传感器测量垂直方向上的直线加速度时，质量块在绝对空间中相对静止，而两个固定电极将相对于质量块产生位移，此位移大小正比于被测加速度，使 C_1 和 C_2 中一个增大，一个减小。

3. 电容式应变计

电容式应变计的原理结构如图 5-27 所示，在被测量的两个固定点上装两个薄而低的拱弧，方形电极固定在弧的中央，两个拱弧的曲率略有差别。安装时注意两个极板应保持平行并平行于安装应变计的平面，这种拱弧具有一定的放大作用，当两固定点受压缩时变换电容值将减小(极间距增大)。很明显电容极板间距离的改变量与应变之间并非是线性关系，这可抵消一部分变换电容本身的非线性。

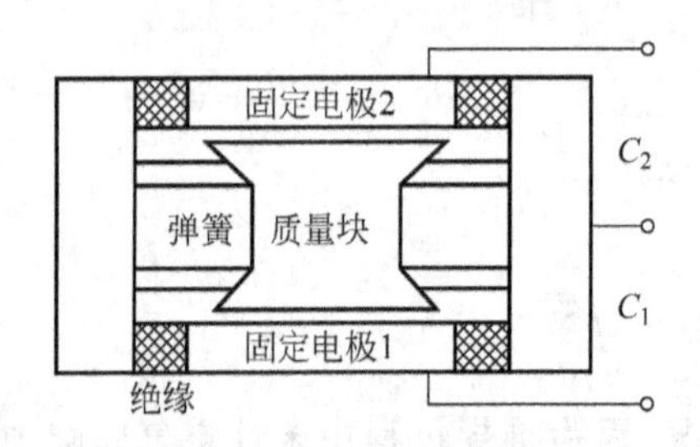

图 5-26 电容式加速度传感器

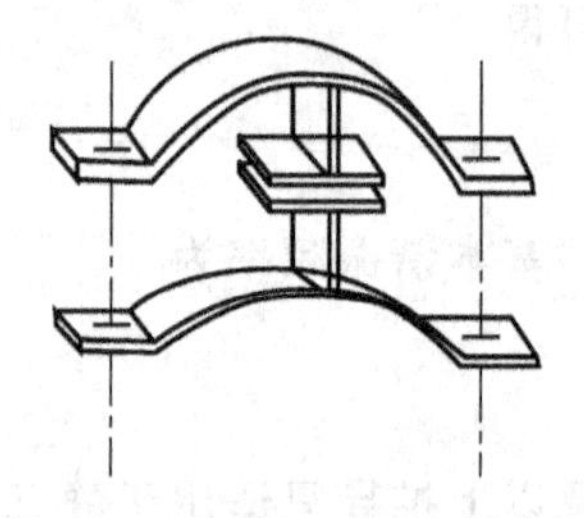
图 5-27 电容式应变计

4. 电容式荷重传感器

电容式荷重传感器的原理结构如图 5-28 所示。采用一块特种钢(其浇铸性好，弹性极限高)，在同一高度上并排平行打圆孔，在孔的内壁以特殊的黏结剂固定两个截面为 T 形的绝缘体，保持其平行并留有一定间隙，在相对面上粘贴铜箔，从而形成一排平板电容。当圆孔受荷重变形时，电容值将改变，在电路上各电容并联，因此总电容增量将正比于被测平均荷重 F。

这种传感器误差较小，接触面影响小，测量电路可装置在孔中。

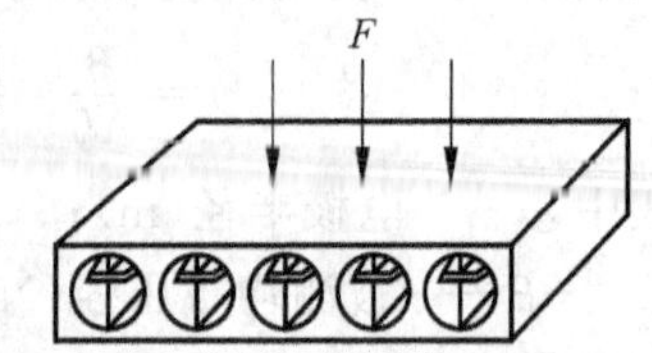

图 5-28 电容式荷重传感器

5. 振动、位移测量仪

DWY—3 振动、位移测量仪是一种电容、调频原理的非接触式测量仪器，它既是测振仪，又是电子测微仪，主要用来测量旋转轴的回转精度和振摆、往复机构的运动特性和定位精度、机械构件的相对振动和相对变形、工件尺寸和平直度，以及用于某些特殊测量等。它作为一种通用性精密测量仪器得到了广泛应用。

它的传感器是一片金属片，作为固定极板，而以被测构件为动极板组成电容器，测量示意图如图 5-29 所示。

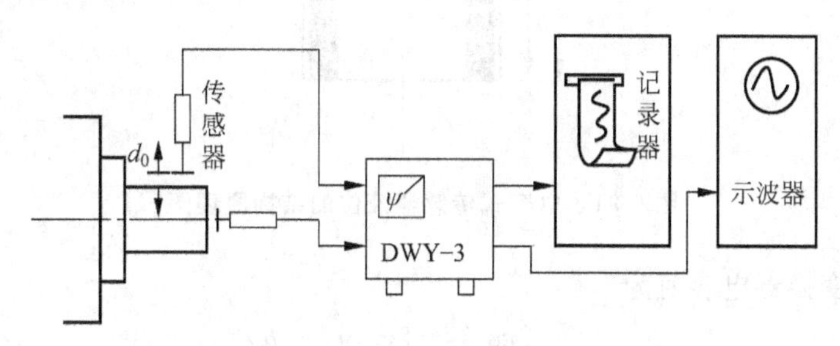

图 5-29　测量旋转轴的回转精度和振摆示意图

在测量时，首先调整好传感器与被测工件间的原始间隙 d_0。当轴旋转时，因轴承间隙等原因使转轴产生径向位移和振动 $\pm\Delta d$，相应地产生一个电容变化 ΔC。DWY—3 振动、位移测量仪可以直接指示出 Δd 的大小；配有记录和图形显示仪器时，还可将 Δd 的大小记录下来并在图像上显示其变化的情况。

6. 电容测厚仪

电容测厚仪是用来测量金属带材在轧制过程中的厚度的。它的变换器就是电容式厚度传感器，其工作原理如图 5-30 所示。在被测带材的上下两边各置一块面积相等、与带材距离相同的极板，这样极板与带材就形成了两个电容器(带材也作为一个极板)。把两块极板用导线连接起来，就成为一个极板，而带材则是电容器的另一个极板，其总电容 $C=C_1+C_2$。

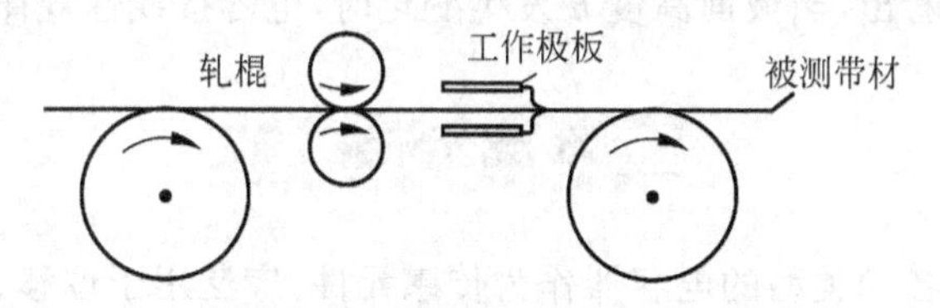

图 5-30　电容测厚仪工作原理

金属带材在轧制过程中不断向前送进，如果带材厚度发生变化，将引起它与上下两个极板间距的变化，即引起电容的变化。如果将总电容 C 作为交流电桥的一个臂，电容的变化 ΔC 将引起电桥不平衡输出，经过放大、检波、滤波，最后在仪表上显示出带材的厚度。这种测厚仪的优点是带材的振动不影响测量精度。

7. 用于测量液位的电容式传感器

图 5-31 是一种变极板间介质的电容式传感器用于测量液位高低的结构原理图。

设被测介质的介电常数为 ε_1，液面高度为 h，变换器总高度为 H，内筒外径为 d，外筒内

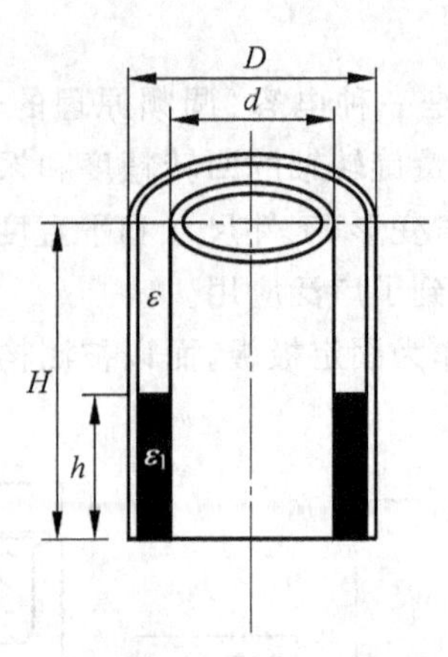

图 5-31　电容式传感器液位的结构原理图

径为 D，则此时变换器电容值为

$$c=\frac{2\pi\varepsilon_1 h}{\ln\frac{D}{d}}+\frac{2\pi\varepsilon(H-h)}{\ln\frac{D}{d}}$$

$$=\frac{2\pi\varepsilon H}{\ln\frac{D}{d}}+\frac{2\pi h(\varepsilon_1-\varepsilon)}{\ln\frac{D}{d}}$$

$$=A+Bh \tag{5-58}$$

$$A=\frac{2\pi\varepsilon H}{\ln\frac{D}{d}}$$

$$B=\frac{2\pi(\varepsilon_1-\varepsilon)}{\ln\frac{D}{d}}$$

由式(5-58)可以看出，当液面高度 h 发生变化时，电容按线性规律发生变化。

本章小结

电容式传感器以各种类型的电容器作为传感元件，广泛用于位移、振动、角度、加速度等机械量的精密测量，而且逐步应用于压力、差压、液面、料面、成分含量等方面的测量。电容式传感器结构简单，体积小，分辨率高，可进行非接触式测量，因此在非电测量和自动检测中得到了广泛的应用。

思考题与习题 5

5-1　试分析变面积式电容传感器和变间隙式电容传感器的灵敏度。为了提高传感器的灵敏度，可采取什么措施并应注意什么问题？

5-2　为什么说变间隙式电容传感器特性是非线性的？采取什么措施可改善其非线性

特征？

5-3　有一平面直线位移差动传感器，其测量电路采用变压器交流电桥，结构组成如图 5-32 所示。起始时 $b_1=b_2=b=200\text{mm}$，$a_1=a_2=20\text{mm}$，极距 $d=2\text{mm}$，极间介质为空气，测量电路 $u_1=3\sin\omega t\,\text{V}$，且 $u=u_0$。试求当动极板上输入一位移量 $\Delta x=5\text{mm}$ 时，电桥输出电压 u_o。

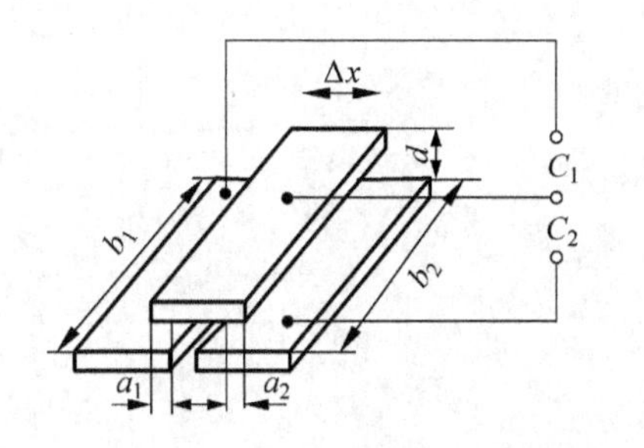

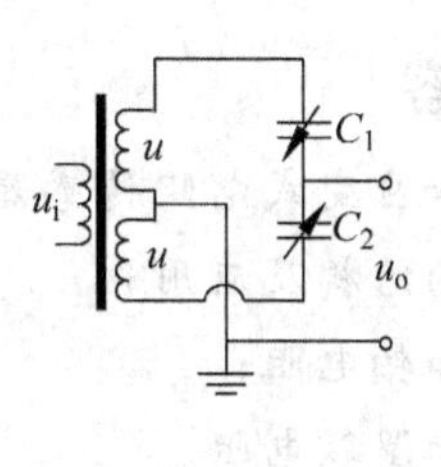

图 5-32　题 5-3 图

5-4　变间隙式电容传感器的测量电路为运算放大器电路，如图 5-33 所示。$C_0=200\text{pF}$，传感器的起始电容量 $C_{x0}=20\text{pF}$，定动极板距离 $d_0=1.5\text{mm}$，运算放大器为理想放大器（即 $K\to\infty$，$Z_i\to\infty$），R_f 极大，输入电压 $u_1=5\sin\omega t\,\text{V}$。求当电容式传感器动极板上输入一位移量 $\Delta x=0.15\text{mm}$ 使 d_0 减小时，电路输出电压 u_o 为多少？

5-5　如图 5-34 所示，有一正方形平板电容器，极板长度 $a=4\text{cm}$，极板间距离 $\delta=0.2\text{mm}$。若用此变面积型传感器测量位移 x，试计算该传感器的灵敏度并画出传感器的特性曲线。极板间介质为空气，$\varepsilon_0=8.85\times10^{-12}\text{F/m}$。

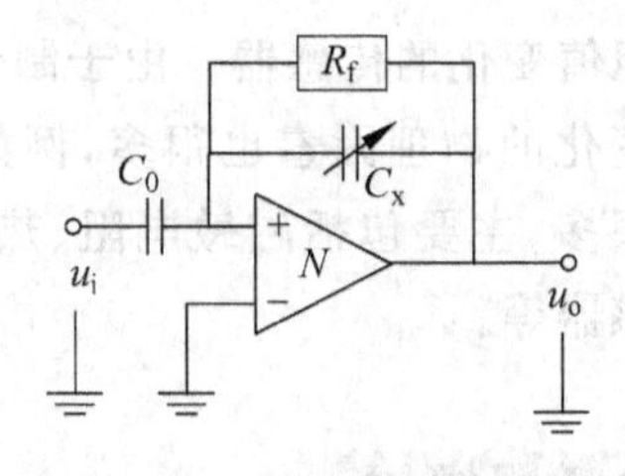

图 5-33　题 5-4 图

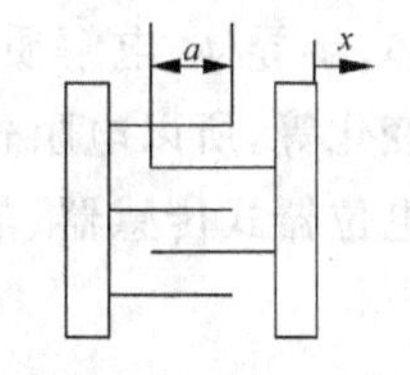

图 5-34　题 5-5 图

5-6　电容式传感器有哪些优点和缺点？

5-7　分布和寄生电容的存在对电容式传感器有什么影响？一般采取哪些措施可以减小其影响？

5-8　如何改善单极式变极距型电容传感器的非线性？

第6章　电阻式传感器

本章主要内容

1. 电位器式和应变式电阻传感器；
2. 磁敏电阻的结构及应用；
3. 热敏电阻和铂电阻；
4. 气敏电阻和湿敏电阻。

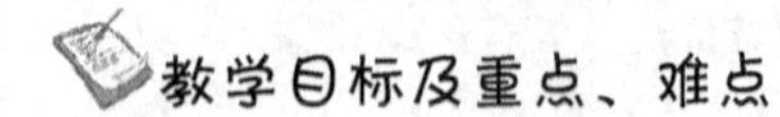

教学目标及重点、难点

教学目标

1. 掌握电位器式和应变式电阻传感器的结构、原理及测量应用电路；
2. 学习磁敏电阻的结构、特性及测量应用电路；
3. 学习热敏电阻的结构、特性及测量应用电路；
4. 了解气敏电阻和湿敏电阻传感器的工作原理及应用。

重点：电阻式传感器的检测原理及测量应用电路。

难点：电阻式传感器的应用。

电阻式传感器是将被测的非电量转换成电阻值变化的传感器。由于制作电阻的材料种类很多，例如导体、半导体、电解质等，引起电阻变化的物理因素也很多，例如材料的应变或应力变化、温度变化等，所以电阻式传感器种类很多，主要包括磁敏电阻、热敏电阻、气敏电阻、湿敏电阻和电位器式传感器、电阻应变式传感器等。

6.1　电阻式传感器概述

电阻式传感器是一种能把非电物理量（如位移、力、压力、加速度、扭矩等）转换成与之有确定对应关系的电阻值，再经过测量电桥转换成电信号的一种装置。其核心转换元件是电阻元件。测量电路一般包括采样电路、滤波电路、放大电路和显示设备等。电阻式传感器具有结构简单、输出精度较高、线性和稳定性好等特点。电阻式传感器种类较多，主要包括电位器式传感器、电阻应变式传感器、压阻式传感器、热电阻式传感器等。

前两种传感器一般采用的敏感元件是弹性敏感元件，传感元件分别是电位器和电阻应变片；而压阻式传感器的敏感元件和传感元件均为半导体（如硅）。

本节重点介绍电位器式和应变片式电阻传感器，其他内容将在相关的章节中陆续介绍。电位器式主要用于非电量变化较大的测量场合；应变式用于测量非电量变化较小的情况，其灵敏度较高。

6.1.1　电位器式传感器

电位器是一种常见的电阻元件,既可作为变阻器使用,又可作为分压器使用。电位器的功能主要是把机械位移转换为与其成一定函数关系的电阻或电压的输出。

1. 电位器的类型

电位器的类型很多,按结构形式可分为直线位移型、角位移型,按工艺特点可分为线绕式和非线绕式两类,按制作材料分为绕线式电位器、合成膜电位器、金属膜电位器、导电塑料电位器、导电玻璃釉电位器和光电式电位器等。

2. 电位器的结构

电位器由电阻体和电刷(也称可动触点)两部分组成。电刷就是输出的抽头端。活动电刷由电刷触头、电刷臂、导轨和轴承装置构成。电刷与电阻丝的材料应相匹配,通常应使电刷和电阻丝的材料硬度相近或电刷稍高,这样可提高电位器的工作可靠性,减小噪声和延长工作寿命。电阻丝要求电阻系数高,温度系数小,强度高,延展性好,对铜的热电势小,耐磨损和腐蚀,可焊性好。常用的电阻丝材料有康铜丝、铂铱合金和卡玛丝。电刷触头的材料通常是银、铂铱合金、铂铑合金。电刷上要保持一定的接触压力,过大会增大误差并加速磨损,过小则不能形成可靠的电气接触。故电刷臂通常用弹性较好的材料,如磷青铜。骨架材料要与电阻丝材料具有相同的膨胀系数,电气绝缘性好,有足够的强度和刚度,散热性好,耐潮湿,易加工。常用的材料有陶瓷、酚醛树脂和工程塑料等绝缘材料。对于精密电位器,常采用经绝缘处理过的金属骨架(表面覆有绝缘层),其导热性好,可提高电位器的允许电流,强度大,易于加工,加工精度高。骨架的外形很多,有矩形、环形、柱形和棒形等。电位器绕制完成后,要用电木漆或其他绝缘漆浸渍,与电刷接触的工作面的绝缘漆要刮掉,并进行机械抛光。

3. 电位器的主要技术指标

① 最大阻值和最小阻值:指电位器阻值变化能达到的最大值和最小值。

② 电阻值变化规律:指电位器阻值变化的规律,有对数式、指数式、直线式等。

③ 线形电位器的线性度:指阻值直线式变化的电位器的非线性误差。

④ 滑动噪声:电刷移动时,滑动接触点打火产生的噪声电压大小。

4. 电位器式传感器的工作原理

电位器又称变阻器,所以电位器式传感器又称变阻式传感器。

电位器式传感器按特性不同分为线性和非线性,按结构形式分为直线位移型、角位移型。常见的电位器式传感器有如图 6-1 所示的直线位移型、图 6-2 所示的角位移型、图 6-3 所示的非线性型等。其中直线位移型线绕电位器是最基本的电位器式传感器,下面我们以线性线绕电位器为例来介绍电位器式传感器的工作原理。

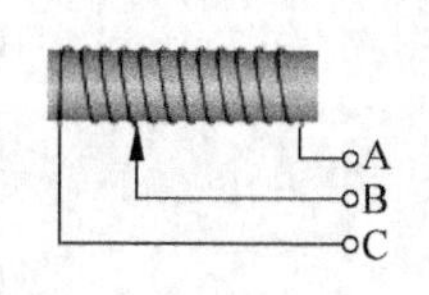

图 6-1　直线位移型

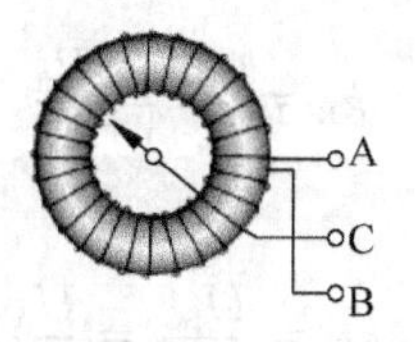

图 6-2　角位移型

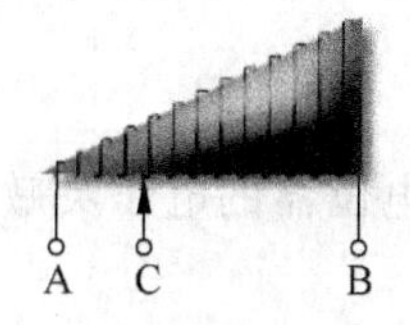

图 6-3　非线性型

(1) 电阻特性

导体的电阻与导体的材料性能(电阻率 ρ)、导体的尺寸(长度 L、横截面 A)、形状以及导体的温度等因素有关。导体的电阻值 $R=\rho L/A$。由于匀质导体(电阻率 ρ、横截面 A 等不变化)的电阻与长度成正比,所以可以通过改变电路中电阻值的大小,将物体的位移转换为电阻的变化。

(2) 线性电位器的位移——电压转换原理

电位器式传感器将机械位移转换为与其有一定函数关系的电阻值的变化,从而引起电路中输出电压的变化。如图 6-4 所示,位移 x 的变化通过机械机构改变电阻器滑臂的位置,从而改变了输出端电阻值。设电阻全长为 l,总电阻为 R,则当电刷移动距离为 x 时,输出端的电阻值为 $R_o=Rx/l$。若在分压器的两端施加电压 U_i,则分压器输出电压 $U_o=xU_i/l$。由此可见,电位器的输出电压与电刷的位移量 x 成比例,实现了位移与输出电压的线性转换。

(3) 线绕电位器的工作原理

图 6-5 所示为直线位移式线绕电位器的结构原理图。工作时,在 1、2 端加上固定的直流工作电压,从 1、3 端输出电压。这个输出电压的大小与电刷所处的位置相关。当电刷臂随被测量产生位移时,输出电压发生相应的变化,设输入工作电压为 U_o,电位器的总阻值为 R_0,总行程为 L_0,电刷的行程为 L,相应的电阻 R 叫输出端电阻。

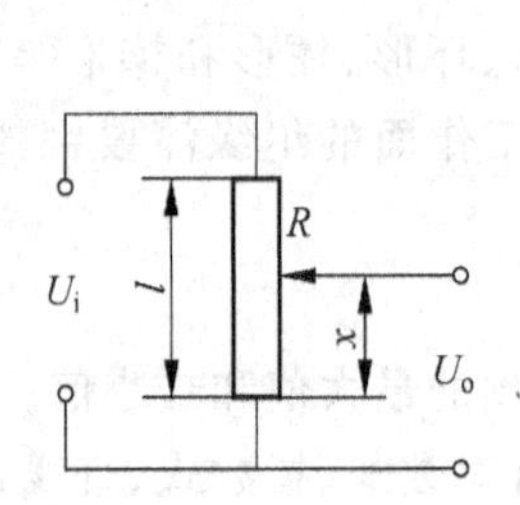

图 6-4　线性电位器输入输出转换

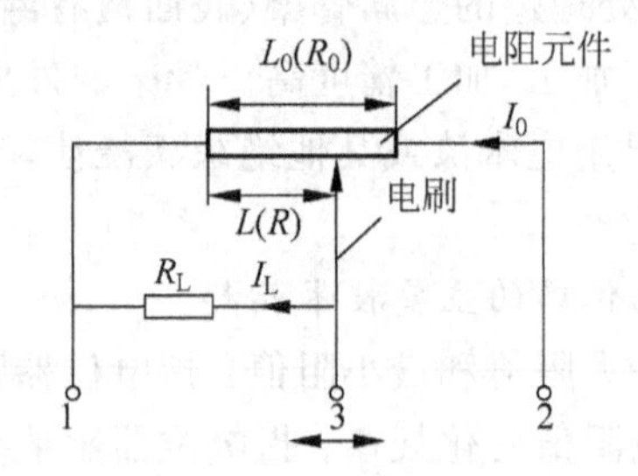

图 6-5　线绕电位器

空载时,输出端电压为

$$U_{SC}=\frac{U_o}{R_0}\cdot R \tag{6-1}$$

假设电位器的绕线截面积均匀,即电阻 R 线性变化,则

$$U_{SC}=\frac{U_o}{L_0}\cdot L \tag{6-2}$$

电位器的电阻灵敏度为

$$k_R=\frac{R}{L}=\frac{R_0}{L_0} \tag{6-3}$$

电位器的电压灵敏度为

$$k_V=\frac{U_{SC}}{L}=\frac{U_o}{L_0} \tag{6-4}$$

k_R、k_V为线绕电位器的电阻和电压灵敏度,它们分别表示单位位移所引起的输出电阻和输

出电压的变化量。由上两式可以看出 k_R、k_V 均为常数,所以直线位移式电位器属于线性电位器。

由于负载电阻 R_L 与电位器输出端电阻 R 并联,使带负载的输出电压小于空载时的输出电压。得到负载时的输出电压为

$$U_L = \frac{R_L//R}{R_0 + R - R_L//R} U_o = \frac{R_L R}{R_L R_0 + RR_0 - R^2} U_o \tag{6-5}$$

将式(6-5)与空载时的输出电压(6-1)比较,带负载时的输出电压小于空载输出电压。

令 $K=R/R_0$ 为分压系数,$\alpha=R_0/R_L$ 为负载系数,则有

空载:

$$U_{SC} = KU_o \tag{6-6}$$

负载:

$$U_L = \frac{KU_o}{1+\alpha K(1-K)} \tag{6-7}$$

由此可见,线性电位器在空载下输出电压正比于分压系数,正比于输出端电阻 R。也就是说,输出电压与机械位移量 L 呈线性关系。但是在负载下,输出电压与输出端电阻呈非线性关系,且小于空载输出电压。

由式(6-7)可给出线性电位器的负载特性曲线,如图 6-6 所示。当电位器的电刷处于零位置 $K=0$ 和最大位置 $K=1$ 时,空载与负载输出电压相等;如果电位器的分压系数 K 一定,即电刷处于某一位置不变,则负载系数 α 越小,负载电阻 R_L 越大,这时空载输出电压越接近负载输出电压,负载误差越小,电位器的负载特性曲线越接近于线性;当负载系数 α 一定时,电位器的输出随分压系数 K 而变化。

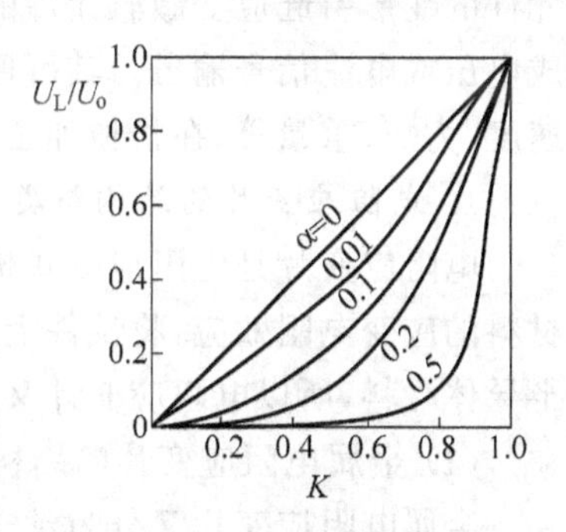

图 6-6　线性电位器的负载特性曲线

令 $\Delta U=U_{SC}-U_L$ 为负载误差,则相对负载误差为 $\delta=\frac{\Delta U}{U_o}\times 100\%$。对于式(6-7),当 α 一定时,对 K 求一阶导数并令其为零,则得到 $K=2/3$ 时,负载误差最大。因此在实际电位器电路中,最大负载误差产生在电位器的 2/3 阻值附近,此时 $\delta_{max}\approx 0.15\alpha$。

5. 电位器式传感器的应用及特点

(1) 电位器式传感器的应用

电位器式传感器结构简单,广泛应用于位移、压力、加速度等参量的测量中,例如玩具机器人中直接将关节驱动电动机的转动角度变化转换为电阻器阻值变化;重量的自动检测—配料设备中用弹簧将力转换为位移,再用电阻器将位移转换为电阻的变化;煤气包储量检测中直接将代表煤气包储量的高度变化转换为钢丝的电阻变化,测量量程大、防爆、可靠、成本低。

图 6-7 所示是电位器式位移传感器的结构图。被测位移使测量轴沿导轨轴向移动时,带动电刷在滑线电阻上产生相同的位移,从而改变电位器的输出电阻。

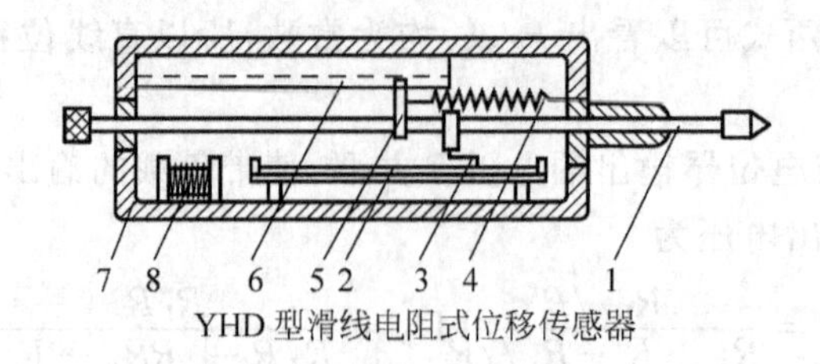

图 6-7 电位器式位移传感器

1—测量轴；2—滑线电阻；3—触头；4—弹簧；5—滑块；6—导轨；7—外壳；8—无感电阻

(2) 电位器式传感器的特点

电位器式传感器结构简单、尺寸小、重量轻、价格低廉且性能稳定；受环境因素(如温度、湿度、电磁场干扰等)影响小；输出信号大，一般不用放大。但由于存在电刷与线圈或电阻膜之间的摩擦，消耗能量较大，使用寿命短，可靠性低，测量精度低，分辨力较低；动态响应较差，适合于测量变化较缓慢的量。

6.1.2 电阻应变式传感器

电阻应变式传感器是利用电阻应变片将应变转换为电阻变化的传感器，此类传感器主要在弹性元件上通过特定工艺粘贴电阻应变片。当被测物理量作用在弹性元件上时，弹性元件的变形引起应变敏感元件的阻值变化，再通过测量转换电路进一步将电阻的改变转换成电压或电流信号输出。其可用于能转化成变形的各种非电物理量的检测，如力、压力、加速度、力矩、重量等，在机械加工、计量、建筑测量等行业应用十分广泛。

1. 电阻应变片的结构与类型

电阻应变片是电阻应变式传感器的转换元件，又叫电阻应变计。电阻应变计利用导电材料的应变电阻效应，将试件上的应变变化转换为电阻变化。因为导电材料主要有金属和半导体材料，所以电阻应变计又分为金属电阻应变计和半导体电阻应变计。

(1) 金属电阻应变片的结构类型

金属电阻应变片又分为丝式、箔式，它主要由敏感栅、基底、引线、盖层和黏结剂等五部分组成。金属丝应变片的结构如图 6-8 所示。

在金属丝应变片的结构中，敏感栅是最重要的组成部分，敏感栅由直径约为 0.01～0.05mm、高电阻系数的金属细丝弯曲而成栅状，金属应变片之所以要制成栅状，是为了在较小的尺寸范围内有较大的应变输出。基底的作用应能保证将构件上的应变准确地传递到敏感栅上去，因此必须做得很薄，一般为 0.03～0.06mm。

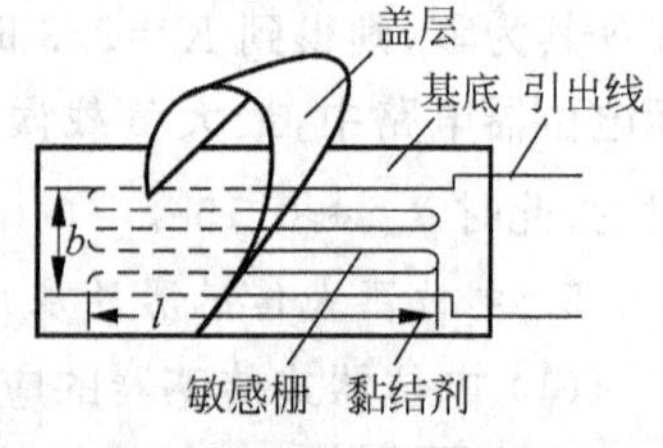

图 6-8 金属丝应变片的结构

图中 l 表示栅长，b 表示栅宽。$l \times b$ 为应变片的有效使用面积。应变片规格一般以有效使用面积和敏感栅的电阻值来表示，如 3mm×100mm、120Ω、350Ω 等。

为保持敏感栅的形状、尺寸和位置，用黏结剂将其固结在纸质或胶质的基底上。

盖层是敏感栅的保护层，通常也为纸质或胶质材料。引线将敏感栅的输出引至测量电路，为低阻镀锡铜线，并用钎焊与敏感栅端连接。

黏结剂把盖层和敏感栅固结于基底。在使用应变计时，它将应变计基底粘贴在被测试件表面，因此还起着传递应变的作用。

测试时，将应变片牢固地粘贴在被测试件的表面。随着试件的受力变形，应变片的敏感栅也得到同样的变形。根据电阻应变效应，敏感栅的电阻值将随之发生变化，并正比于试件的应变，由此就可反映出外界作用力的大小。因此电阻应变效应是电阻应变片工作的物理基础。

箔式应变片敏感栅用栅状金属箔片代替栅状金属丝。金属箔栅采用光刻技术制造，适用于批量生产。由于金属箔式应变片具有线条均匀、尺寸准确、阻值一致性好、传递试件应变性能好等优点，目前使用的多为金属箔式应变片。

(2) 半导体应变片的结构类型

半导体应变片有体型、薄膜型和扩散型等形式。扩散型半导体应变片是在硅片上用扩散技术制成 4 个电阻并构成电桥，利用硅材料本身作为弹性敏感元件，还可以把补偿电路和其他信号处理电路集成在一起，构成集成力敏传感器。图 6-9 所示是体型半导体应变片结构示意图(1 为基片，2 为条状半导体，3 为引线)。

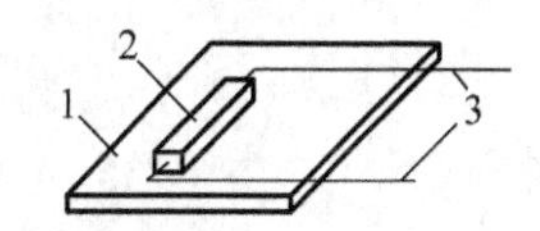

图 6-9　体型半导体应变片结构示意图

半导体应变片有灵敏度高(比金属应变片的灵敏度大几十倍)，工作时，不必用放大器就可用电压表或示波器等简单仪器记录测量结果；体积小，耗电小；具有正、负两种符号的应力效应(即在拉伸时 P 型硅应变片的灵敏度系数为正值，而 N 型硅应变片的灵敏度系数为负值)；机械滞后小，可测量静态应变、低频应变等。

2. 电阻应变片的基本原理

(1) 应变效应

电阻应变片式传感器利用了金属和半导体材料的“应变效应”。

金属导体或半导体在受到外力作用时，会产生相应的应变，其电阻也将随之发生变化，这种物理现象称为“应变效应”。

(2) 电阻应变片的基本原理

如图 6-10 所示，长为 l、截面积为 S、电阻率为 ρ 的金属或半导体丝，在未受到外力时的原始电阻值为

$$R = \rho \frac{l}{S} \tag{6-8}$$

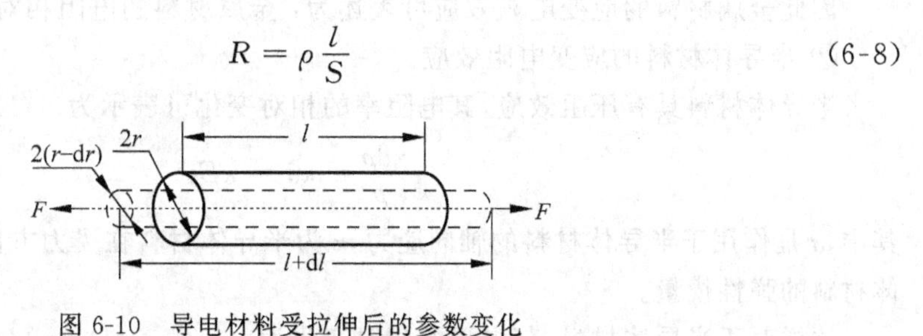

图 6-10　导电材料受拉伸后的参数变化

当受到轴向拉力 F 时，其轴向被拉长至 $l \to l + \mathrm{d}l$，径向被压缩至 $r \to r - \mathrm{d}r$，同时电阻率将发生变化，显然电阻也随之变化，其变化的绝对电阻为

$$dR = \frac{l}{S}d\rho + \frac{\rho}{S}dl - \frac{\rho l}{S^2}dS \tag{6-9}$$

电阻相对变化为

$$\frac{dR}{R} = \frac{d\rho}{\rho} + \frac{dl}{l} - \frac{dS}{S} \tag{6-10}$$

可见电阻相对变化由电阻率的相对变化$\frac{d\rho}{\rho}$、长度的相对变化$\frac{dl}{l}$和截面积的相对变化$\frac{dS}{S}$三部分组成。

其中，$\frac{dl}{l}=\varepsilon$是材料的轴向线应变。$\frac{dS}{S}=2\frac{dr}{r}$，$\frac{dr}{r}$为材料的径向线应变。可以推得$\frac{dr}{r}=-\mu\varepsilon$，等于材料的轴向线应变$\varepsilon$与泊淞系数$\mu$的乘积(材料力学)。这样，电阻的相对变化可表示为

$$\frac{dR}{R} = \frac{d\rho}{\rho} + (1+2\mu)\varepsilon \tag{6-11}$$

导电材料主要指金属和半导体材料，这里，电阻率的相对变化$d\rho/\rho$对于金属和半导体材料的情况不同，须分开讨论。

① 金属材料的应变电阻效应。

对于金属材料，其电阻率ρ的相对变化与体积V的相对变化有关

$$\frac{d\rho}{\rho} = C\frac{dV}{V} \tag{6-12}$$

其中C是由一定材料和加工方式决定的常数，由于

$$\frac{dV}{V} = \frac{dl}{l} + \frac{dS}{S} = (1-2\mu)\varepsilon \tag{6-13}$$

因此金属材料的电阻相对变化为

$$\frac{dR}{R} = [(1+2\mu) + C(1-2\mu)]\varepsilon = k_m\varepsilon \tag{6-14}$$

其中k_m是金属丝材的应变灵敏系数，表示金属丝材在受到单位轴向线应变作用时，其电阻的相对变化。

因此金属材料的应变电阻效应可表述为：金属材料的电阻相对变化与线应变成正比。

② 半导体材料的应变电阻效应。

半导体材料具有压阻效应，其电阻率的相对变化可表示为

$$\frac{d\rho}{\rho} = \kappa\sigma = \kappa E\varepsilon \tag{6-15}$$

其中，σ是作用于半导体材料的轴向应力，κ为半导体材料在受力方向的压阻系数，E为半导体材料的弹性模量。

这样对于半导体材料，其电阻的相对变化为

$$\frac{dR}{R} = [(1+2\mu) + \kappa E]\varepsilon = k_s\varepsilon \tag{6-16}$$

其中，$k_s=(1+2\mu)+\kappa E$为半导体材料的应变灵敏系数。

因此半导体材料的应变电阻效应可表述为：半导体材料的电阻相对变化与线应变成

正比。

③ 导电丝材料的应变电阻效应。

综合式(6-14)、式(6-16),导电丝材料的应变电阻效应可写成

$$\frac{\Delta R}{R} = k_0 \varepsilon \tag{6-17}$$

其中 k_0 为导电丝材料的应变灵敏度。

对于金属材料 $k_0 = k_m = (1+2\mu) + C(1-2\mu)$,其中第一部分 $(1+2\mu)$ 为金属丝受力后其几何尺寸变化所致,一般 $\mu \approx 0.3$,因此 $(1+2\mu) \approx 1.6$;第二部分为电阻率随应变而变所致,以康铜为例,$C \approx 1$,$C(1-2\mu) \approx 0.4$,此时 $k_0 = k_m \approx 2.0$。因此金属丝材的应变电阻效应以结构尺寸变化为主,k_m 一般在1.8～4.8范围内。

对于半导体材料,$k_0 = k_s = (1+2\mu) + \kappa E$,第一部分与金属材料相同,为结构尺寸变化所致,后一部分是半导体材料的压阻效应引起的。一般 $\kappa E \gg (1+2\mu)$,因此 $k_0 = k_m \approx \kappa E$,半导体材料的应变电阻效应主要基于压阻效应,通常 $k_s = (50 \sim 80) k_m$,半导体材料应变电阻效应的灵敏度高于金属材料。

3. 电阻应变片的主要参数及工作特性

(1) 电阻应变片的主要参数

一般应变片多为一次性使用,其工作参数从批量生产中按比例抽样实测而得。

① 电阻值。

应变片的电阻值是指应变片在安装前及室温下测定的电阻值,也称初始电阻值。应变片的电阻值是一个系列,有60Ω、90Ω、120Ω、250Ω、350Ω、600Ω和1000Ω等,其中以120Ω和350Ω应用较多。

电阻值越大,$dR = \varepsilon R k_0$ 也就越大,从而输出信号就能增大,但敏感栅尺寸也要随之增大。

② 几何尺寸。

应变片的标距(或工作基长)l 相对于工作宽度 b 较小时横向效应较大,所以通常情况下尽量用 l 值较大的应变片。但在应变变化梯度大的场合(如应力集中处),则应该使用小标距的应变片。目前应变片的最小标距可做到0.2mm,最大标距可达300mm以上。应变片的基宽(或工作宽度)b 值小时应变片的整体尺寸可减小,但其过小将使散热性能变差。

③ 灵敏系数 k。

应变片的灵敏系数是将应变片安装在处于单向应力状态的试件表面,试件由泊松比 $\mu = 0.285$ 的钢构成,使其灵敏轴线与应力方向平行时,应变片电阻值的相对变化与沿轴向的应变之比值,即 $k = dR/R\varepsilon$。

应变片的灵敏系数是一个无量纲的量,它是应变片的重要技术参数。k 值的误差大小是衡量应变片质量好坏的主要依据之一,其准确性又直接影响着应变片的测量精度。因一般应变片粘贴到试件上后不能取下再用,故只能在每批产品中提取一定百分比(如5%)的产品进行测定,取其平均值作为这一批产品的灵敏系数。这就是产品包装盒上注明的灵敏系数,或称"标称灵敏系数"。

例 6-1 如果将 100Ω 的电阻应变片贴在弹性试件上，试件受力横截面积 $S=0.5\times10^{-4}m^2$，弹性模量 $E=2\times1011N/m^2$，若有 $F=5\times104N$ 的拉力引起应变片电阻变化为 1Ω。试求该应变片的灵敏系数。

解：

$$k=\frac{\Delta R/R}{\varepsilon}=\frac{\Delta R/R}{\sigma/E}=\frac{\Delta R/R}{F/(SE)}$$

$$=\frac{1/100}{\dfrac{5\times10^4}{0.5\times10^{-4}\times2\times10^{11}}}=2$$

④ 绝缘电阻。

绝缘电阻是指应变片引出线与粘贴该应变片的试件之间的电阻值。它是检查应变片粘贴质量、黏合剂是否完全干燥或固化的重要指标。绝缘电阻越高越好，一般应大于 10^4 MΩ。

⑤ 允许电流。

允许电流是指允许通过应变片敏感栅而不影响其工作特性的最大工作电流。它与应变片敏感栅的形状和尺寸、基底尺寸和材料、黏合剂的材料及试件的热性能有关。为了保证测量精度，在静态测量时，允许电流一般为 25mA，箔式应变片允许电流较大一些。在动态测量时，允许电流为 75～100mA。最大工作电流选取的依据是使应变片的零漂不超过允许值。

⑥ 应变极限。

应变极限是指在一定温度条件下，应变片指示的应变值与试件真实应变的相对差值不超过 10%时的最大真实应变值。影响应变极限大小的主要因素是黏合剂和基底材料的性能。

⑦ 疲劳寿命。

疲劳寿命是指粘贴在试件表面上的应变片，在恒定幅值的交变应力作用下，可以连续工作而不产生疲劳损坏的循环次数。该参数反映了应变片适应动态应变的能力。在标定应变片疲劳寿命时，交变应力的特性及大小，以及所谓疲劳损坏都有明确的规定。

⑧ 机械滞后。

应变片安装在试件上后，在一定温度下，其加载、卸载特性不重合，同一机械应变值与其对应的指示应变不一致。加载特性曲线与卸载特性曲线的最大差值称为应变片的机械滞后。

⑨ 零漂和蠕变。

粘贴在试件上的应变片，在温度保持恒定、不承受机械应变时，其电阻值随时间而变化的特性，称为应变片的零漂。

如果在一定温度下，使其承受恒定的机械应变，其电阻值随时间变化的特性，称为应变片的蠕变。一般蠕变的方向与原应变量变化的方向相反。

⑩ 线性度。

试件的应变 σ 和电阻的相对变化 dR/R 在理论上呈线性关系。但实际上，在大应变时会出现非线性关系。应变片的非线性度一般要求在 0.05%或 1%以内。

（2）横向效应

沿应变片轴向的应变 ε_x 必然引起应变片电阻的相对变化，而沿垂直于应变片轴向的横向应变 ε_y 也会引起电阻的相对变化，这种叫横向效应。

横向效应的产生和结构有关。设应变片敏感栅由轴向（x 方向）的纵栅 l_0 和圆弧横栅 r 两部分组成，如图 6-11 所示。在单位应力 σ 作用下，其表面处于平面应变状态中，即应变片的纵栅主要敏感纵向拉伸应变 ε_x，而圆弧横栅主要敏感横向收缩应变 ε_y，引起总电阻相对变化为

$$\frac{\Delta R}{R} = k_x\varepsilon_x + k_y\varepsilon_y = k_x(1+\alpha H)\varepsilon_x \tag{6-18}$$

其中，k_x 为纵向灵敏系数，表示 $\varepsilon_y=0$ 时，单位轴向应变 ε_x 引起的电阻相对变化；k_y 为横向灵敏系数，表示 $\varepsilon_x=0$ 时，单位横向应变 ε_y 引起的电阻相对变化；$\alpha=\frac{\varepsilon_y}{\varepsilon_x}$ 为双向应变比，$H=\frac{k_y}{k_x}$ 为双向灵敏系数比。

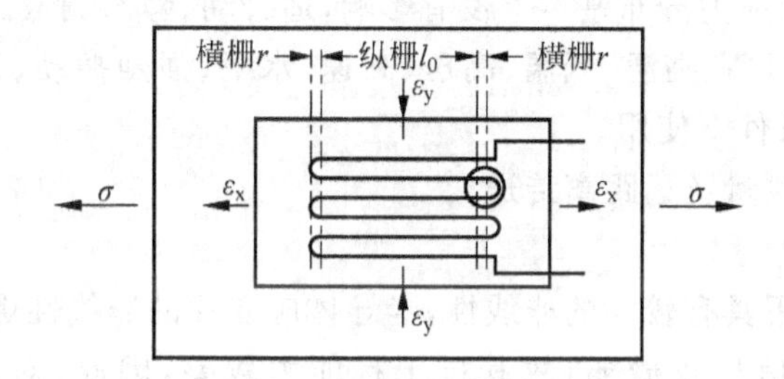

图 6-11　应变片敏感栅的组成及横向效应

在标定条件下 $\alpha=\varepsilon_y/\varepsilon_x=-u_0$，则

$$\frac{\Delta R}{R} = k_x(1-u_0H)\varepsilon_x = k\varepsilon_x \tag{6-19}$$

由此可见，单向应力、双向应变情况下，横向应变总是抵消纵向应变。

横向效应用横向效应系数表示为

$$H = \frac{k_y}{k_x}\times 100\% \tag{6-20}$$

从式(6-19)看出，减小横向效应系数 H，可消减横向效应产生的误差。从结构上看，纵栅 l_0 越长，横栅 r 越短，横向效应越小，因此可以采用直角式横栅应变计，以减小横向效应。箔式应变计的横向部分特别粗，可大大减小横向效应。敏感栅端部具有半圆形横栅的丝绕应变片，其横向效应最为严重。

研究横向效应的目的在于，当实际使用应变片的条件不同于其灵敏度系数 k 的标定条件时，由于横向效应的影响，实际的 k 值要改变。如果按照标称的灵敏系数来计算，会造成较大误差。如果达不到测量精度，就要进行必要的修正。

（3）应变片的粘贴

应变片的粘贴工艺对于传感器的精度起着关键作用。应变片通常是用黏合剂粘贴到试件上的，在做应变测量时，是通过黏合剂所形成的胶层将试件上的应变准确无误地传递到应

变片的敏感栅上去的。因此，黏合剂的选择和粘贴质量的好坏直接关系到应变片的工作情况，影响测量结果的准确性。一般对黏合剂的要求是有一定的黏结强度，能准确传递应变，蠕变小，机械滞后小，耐疲劳性能好，具有足够的稳定性能，对弹性元件和应变片不产生化学腐蚀作用，有适当的储存期，有较大的温度使用范围，绝缘，防湿，防油等。

4. 电阻应变片的特点

(1) 优点

① 测量精度高，测量应变的误差小于1%。能测 $1\times10^{-6}\sim2\times10^{-6}$ 的应变。

② 测量范围广，应变测量范围一般为数 1×10^{-6} 至数千 1×10^{-6}。从弹性变形一直可测至塑性变形，变形范围为1%～20%。

③ 分辨力高，通常可达 1×10^{-6}。

④ 频率响应特性好，一般电阻应变片响应时间为 $10^{-7}\sim10^{-11}$ s，若能在弹性元件设计上采取措施，则电阻应变式传感器可测几十甚至上百kHz的动态过程。

⑤ 尺寸小(超小型应变片的敏感栅尺寸为0.2mm×2.5mm)、重量轻、结构简单，测试时对试件的工作状态及应力分布基本上没有影响，适合动、静态测量。

⑥ 环境适应性强，可在高温、低温、高压、高速、水下、强烈振动、强磁场、核辐射及化学腐蚀等各种恶劣环境条件下使用。

⑦ 便于实现多点测量及远距离传送。

(2) 缺点

① 在大应变状态下具有较大的非线性，半导体应变片的非线性更为显著。

② 应变片的输出信号较微弱，故其抗干扰能力较差，因此，对信号连接导线要认真屏蔽。

③ 虽然应变片尺寸较小，但测出的仍是应变片敏感栅范围内的平均应变，不能完全显示应力场中应力梯度的变化。

④ 应变片的温度系数较大。

5. 电阻应变式传感器的测量转换电路

电阻应变片可以把机械量变化转换成电阻变化。如图6-12所示，应变式传感器由弹性敏感元件、电阻应变片和应变电桥组成。电阻应变片粘贴在弹性敏感元件或者被测弹性构件上，把弹性敏感元件的应变转换成电阻的微小变化，再通过电桥把电阻变化转换成电压输出。

图6-12 应变式传感器的组成

由于机械应变一般都很小，应变量 ε 通常在 5000×10^{-6} 以下，用普通的电子仪表很难直接检测出微小应变引起的微小电阻变化，因此需要有专用测量电路把微弱的电阻变化转换为电压的变化。电阻应变式传感器的测量转换电路通常采用直流电桥和交流电桥。用于传感器信号转换的电桥在初始状态是平衡的，输出电压等于零；当桥臂参数变化时才输出电压，称为不平衡电桥，其特性是非线性的。

(1) 直流电桥

如图 6-13(a)所示,直流电桥电路不接负载电阻 R_L 时的开路电压为

$$U_o = \left(\frac{R_1}{R_1+R_2} - \frac{R_3}{R_3+R_4}\right)U = \frac{R_1R_4 - R_2R_3}{(R_1+R_2)(R_3+R_4)}U$$

由戴维南定理,任何复杂的二端网络都可以化成一个等效的实际电压源,其电动势为该网络开路电压,其内阻为该网络的输出电阻。可将电桥看成一个实际电压源,其内阻为 $R_1//R_2+R_3//R_4$,其电动势为 U_o。

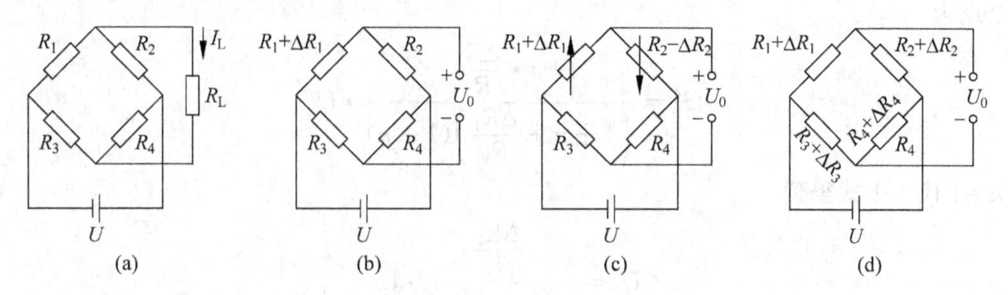

图 6-13　直流电桥

接入负载 R_L 后,流过负载电阻的电流为

$$I_L = \frac{U_o}{R_1//R_2+R_3//R_4+R_L}$$

$$= \frac{R_1R_4 - R_2R_3}{R_L(R_1+R_2)(R_3+R_4)+R_1R_2(R_3+R_4)+R_3R_4(R_1+R_2)}U$$

所有电桥在使用前都要调平衡,使得 $I_L=0$。这样得到电桥平衡条件为

$$R_1R_4 = R_2R_3(\text{或 } R_1/R_2 = R_3/R_4)$$

即相对两臂电阻的乘积相等(或相邻两臂电阻的比值相等)。

应变式电桥可分为全桥、单臂和双臂电桥工作方式。全桥和双臂电桥还可构成差动工作方式。电桥在工作前应使电桥平衡(称为预调平衡),以使在工作时电桥输出电压只与应变计感受应变所引起的电阻变化有关。如图 6-13(b)所示为单臂工作方式,即只用一只应变片接入电桥,R_1 为工作应变片。R_1 工作应变片由于应变而产生相应的电阻变化 ΔR_1,R_3,R_2,R_4为固定电阻。则电桥输出电压为

$$U_o = \frac{R_1+\Delta R_1}{R_1+\Delta R_1+R_2}U - \frac{R_3}{R_3+R_4}U$$

$$= \frac{R_1R_4+R_1R_3+\Delta R_1R_4+\Delta R_1R_3-R_2R_3-R_1R_3-\Delta R_1R_3}{(R_2+R_1+\Delta R_1)(R_4+R_3)}\cdot U$$

把平衡条件 $R_1R_4=R_2R_3$ 代入上式,得到

$$U_o = \frac{\Delta R_1R_4}{(R_1+\Delta R_1+R_2)(R_3+R_4)}\cdot U$$

分子分母同除以 $R_3\cdot R_1$ 得到

$$U_o = \frac{\frac{R_4}{R_3}\cdot\frac{\Delta R_1}{R_1}}{\left(1+\frac{R_2}{R_1}+\frac{\Delta R_1}{R_1}\right)\left(1+\frac{R_4}{R_3}\right)}\cdot U$$

令桥臂比为 $n=R_2/R_1=R_4/R_3$，略去分母中的 $\Delta R_1/R_1$，将上式简写成

$$U_o \approx \frac{n}{(1+n)^2} \cdot \frac{\Delta R_1}{R_1} \cdot U$$

若 $R_2=R_1$，$R_4=R_3$，那么 $n=1$，则得到

$$U_o = \frac{U}{4} \cdot \frac{\Delta R_1}{R_1} = k\varepsilon_1/4$$

输出电压虽然是线性的，但是前面略去分母中的 $\Delta R_1/R_1$，故存在非线性误差。实际输出电压为

$$U'_o = \frac{n \cdot \frac{\Delta R_1}{R_1}}{\left(1+n+\frac{\Delta R_1}{R_1}\right)(1+n)} \cdot U$$

把 $n=1$ 代入上式得到

$$U'_o = \frac{\frac{\Delta R_1}{R_1}}{2\left(2+\frac{\Delta R_1}{R_1}\right)} \cdot U$$

非线性误差为

$$\delta = \frac{U'_o - U_o}{U_o} = \frac{U'_o}{U_o} - 1 = \frac{1}{1+\frac{1}{2}\frac{\Delta R_1}{R_1}} - 1$$

$$\approx \left(1 - \frac{1}{2}\frac{\Delta R_1}{R_1}\right) - 1 = -\frac{1}{2}\frac{\Delta R_1}{R_1}$$

可见非线性误差 δ 与 $\Delta R_1/R_1$ 成正比，有时能达到可观测的程度。

为了减小和克服非线性误差，可采用差动电桥，如图 6-13(c)所示，在试件上安装两个工作应变片，一片受拉伸，一片受压缩。分别接入电桥相邻的两臂，跨在电源的两端。此时电桥输出电压为

$$U_o = \left(\frac{R_1+\Delta R_1}{R_1+\Delta R_1+R_2-\Delta R_2} - \frac{R_3}{R_3+R_4}\right)U$$

设初始时 $R_1=R_2=R_3=R_4$，$\Delta R_1=\Delta R_2$，则

$$U_o = \frac{U}{2} \cdot \frac{\Delta R_1}{R_1}$$

可见这时的输出电压 U_o 与 $\Delta R_1/R_1$ 呈线性关系，没有线性误差，而且灵敏度比单臂时提高了一倍，还具有温度补偿作用。

为了提高电桥的灵敏度，或为了进行温度补偿，在桥臂中往往安置多个应变片，电桥也可采用四等臂电桥，如图 6-13(d)所示。

(2) 交流电桥

直流电桥的优点是高稳直流电源容易获得，电桥平衡调节简单，导线分布参数影响小。但是使用直流电桥还需要后续电路，如放大电路等，这就容易产生零点漂移，且线路变得较为复杂。因此，应变电桥多采用交流电桥。

交流电桥如图 6-14(a)所示，Z_1，Z_2，Z_3，Z_4 为复阻抗，$\dot{U}$为交流电压源，空载输出电压为

$$\dot{U}_{\circ} = \frac{Z_1 Z_4 - Z_2 Z_3}{(Z_1 + Z_2)(Z_3 + Z_4)} \dot{U}$$

要满足电桥平衡条件，即$\dot{U}_{\circ}=0$，则应有

$$Z_1 Z_4 - Z_2 Z_3 = 0 \quad 或 \quad Z_1/Z_2 - Z_3/Z_4$$

若用复指数形式表示复阻抗 $Z=|Z|e^{j\varphi}$，代入上式，可将上述平衡条件写成

$$\begin{cases} |Z_1||Z_4| = |Z_2||Z_3| \\ \varphi_1 + \varphi_4 = \varphi_2 + \varphi_3 \end{cases}$$

这说明交流电桥平衡需要满足两个条件：相对两臂复阻抗的模之积相等以及辐角之和相等。

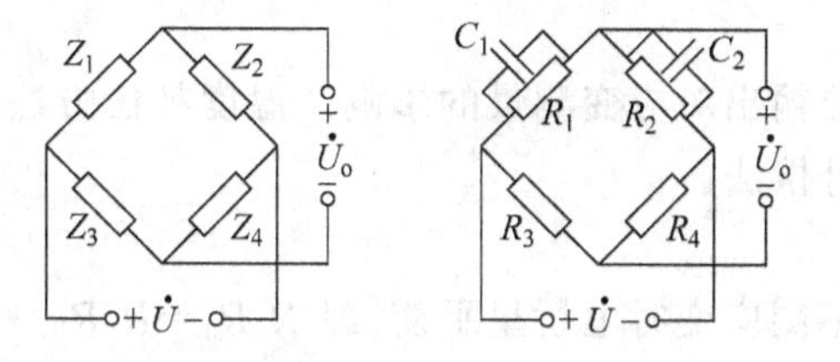

图 6-14　交流电桥

电桥在使用前都应调平衡 $Z_1Z_4=Z_2Z_3$，当工作臂 Z_1 变化 ΔZ_1，可算出

$$\dot{U}_{\circ} = \frac{\frac{Z_4}{Z_3} \cdot \frac{\Delta Z_1}{Z_1}}{\left(1 + \frac{Z_2}{Z_1} + \frac{\Delta Z_1}{Z_1}\right)\left(1 + \frac{Z_4}{Z_3}\right)} \cdot \dot{U}$$

略去分母中的 $\Delta Z_1/Z_1$，并设满足条件 $Z_1=Z_2$，$Z_3=Z_4$，则

$$\dot{U}_{\circ} = \frac{\dot{U}}{4} \frac{\Delta Z_1}{Z_1}$$

若一交流电桥如图 6-14(b)所示，其中 C_1、C_2 为应变片导线或电缆的分布电容。各臂复阻抗分别为 $Z_3=R_3$，$Z_4=R_4$，$Z_1=R_1/(1+j\omega R_1C_1)$，$Z_2=R_2/(1+j\omega R_2C_2)$，按平衡条件得到

$$\frac{R_3}{R_1} + j\omega R_3 C_1 = \frac{R_4}{R_2} + j\omega R_4 C_2$$

令实部和虚部分别相等，得到平衡条件为

$$R_2/R_1 = R_4/R_3 \text{ 或 } R_2R_3 = R_4R_1$$

$$R_2/R_1 = C_1/C_2 \text{ 或 } R_1C_1 = R_2C_2$$

可见，对这种交流电容电桥，除了要满足电阻平衡条件外，还要满足电容平衡条件。因此在桥路上除了设置电阻平衡调节器外，还设有电容平衡调节器。常见的调平衡电路如图 6-15 所示。

6. 电阻应变式传感器的温度补偿

把应变片安装在自由膨胀的试件上，即使试件不受任何外力作用，如果环境温度发生变化，应变片的电阻也将发生变化，这种现象称为应变片的温度效应。由温度变化引起的应变

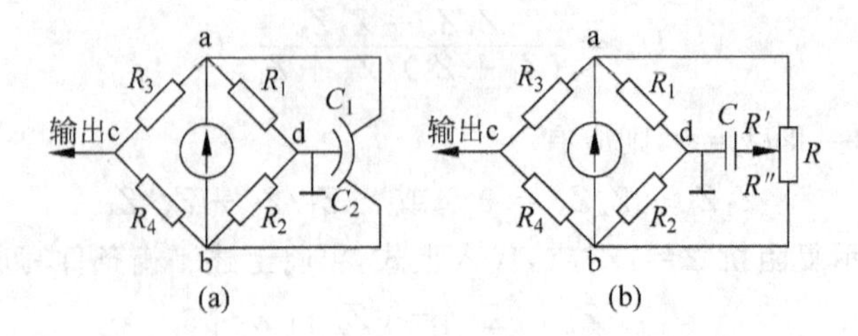

图 6-15 常见交流电桥的电容调平衡电路

输出称为热输出，它是虚假应变，在测量中须设法予以消除。产生温度误差的原因是敏感栅金属丝本身的电阻随温度变化，或者是敏感栅材料与试件材料的线膨胀系数不同引起附加变形而使电阻变化。

温度补偿就是消除热输出对应变测量的影响。温度补偿方法通常有桥路补偿法、应变片自补偿法和热敏电阻补偿法。

(1) 桥路补偿

如图 6-16 所示，在不测应变时电桥呈平衡，即 $R_1R_3=R_4R_B$

当电阻 R_1 由于温度变化产生 ΔR_1 变化量，R_B 由于温度变化产生 ΔR_B 变化量时，由于 R_1 和 R_B 温度效应相同，即 $\Delta R_1=\Delta R_B$，则

$$(R_1+\Delta R_1)R_3=(R_B+\Delta R_B)R_4$$

所以温度变化后电桥仍呈平衡。

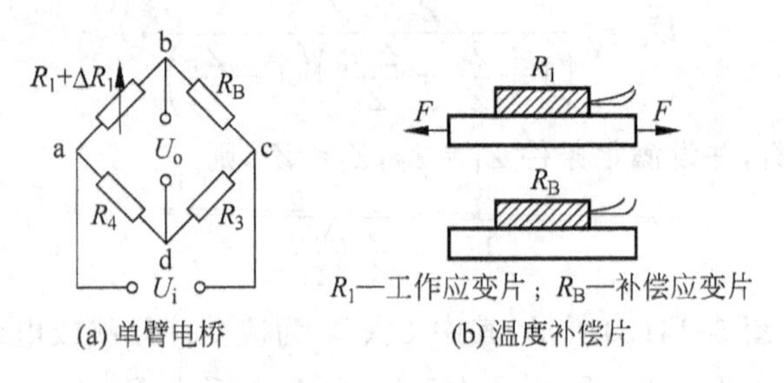

图 6-16 桥路补偿法

(2) 应变片自补偿法

这种补偿方式是利用自身具有补偿作用的应变片(称为温度自补偿应变片)来补偿的。这种自补偿应变片制造简单，成本较低，但必须在特定的构件材料上才能使用，不同材料试件必须用不同的应变片。它是通过选配敏感栅材料及其结构参数制成的。

应变片自补偿法又分为单丝自补偿法和双丝自补偿法两种。

① 单丝自补偿法。

当环境温度变化 Δt 时，应变片敏感栅材料的电阻值将随温度变化而变化，可以推知，应变片由温度变化所引起的总电阻变化率为

$$\frac{\Delta R}{R}=\left(\frac{\Delta R}{R}\right)_1+\left(\frac{\Delta R}{R}\right)_2=[\alpha_t+k(\beta_g-\beta_s)]\cdot\Delta t$$

其中，β_s 和 β_g 分别是敏感栅和试件材料的线膨胀系数，k 为应变片的灵敏系数。

因此，欲使热输出 $\varepsilon_i=0$，则要求满足条件

$$\alpha_t=-k(\beta_g-\beta_s)$$

只要电阻丝材料和被测试件材料配合恰当，就能满足上式，从而达到温度自补偿的目的。

② 双丝自补偿法。

双丝自补偿又叫组合式补偿。它的应变片敏感栅由两种不同温度系数的金属丝串接而成，有两种类型。一种是利用两种电阻温度系数符号相反的电阻丝材料，将二者串联绕制成敏感栅。若两段敏感栅 R_1 和 R_2 由于温度变化而产生的电阻变化 $\Delta R_1=-\Delta R_2$，就可实现温度补偿。另一种是采用两种电阻温度系数符号相同的丝材，R_1 是工作臂，R_2 与外接串联电阻（温度系数很小）组成补偿臂。适当调节它们之间的长度比和外接电阻的数值，就可实现温度补偿。

(3) 热敏电阻补偿法

如图 6-17 所示，热敏电阻 R_T处在与应变片 R_1 相同的温度条件下，当温度升高时，热敏电阻 R_T的值下降，使电桥的输入电压 U_i 随温度升高而增加，从而提高电桥的输出 U_o，补偿因工作应变片 R_1 阻值增加而引起的 U_o 下降。适当选择分流电阻 R_5的值，可得到良好的补偿效果。

7. 电阻应变式传感器的应用

电阻应变式传感器除直接用来测定试件的应变和应力外，还广泛用来测定其他物理量，如力、压力、扭矩、加速度等。下面介绍两个典型应用实例。

(1) 应变式加速度传感器

图 6-18 所示为应变式加速度传感器，基本结构由悬臂梁、应变片、质量块、机座外壳组成，是一种惯性式传感器。悬臂梁（等强度梁）自由端固定质量块。当壳体与被测物体一起，沿箭头 a 方向作加速度运动时，悬臂梁在质量块 m 的惯性力 $F=ma$ 作用下作反方向运动，使梁体发生形变，粘贴在梁上的应变片阻值发生变化。通过测量阻值的变化，即可求出待测物体的加速度。

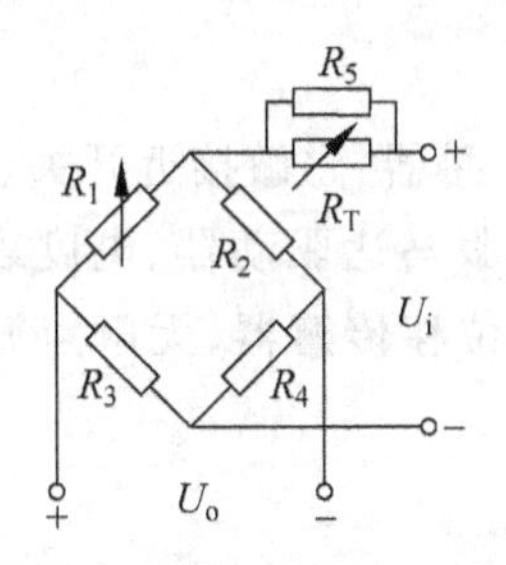

图 6-17　热敏电阻温度补偿

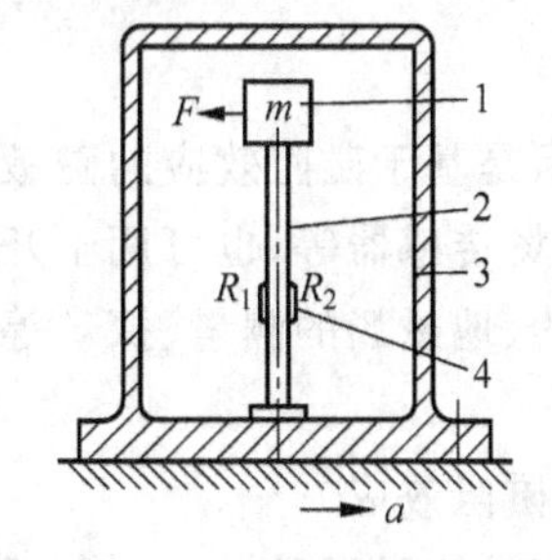

图 6-18　应变式加速度传感器

(2) 柱式力传感器

由于弹性元件的不同，力传感器主要有柱式、梁式、环式、轮辐式等类型。

图 6-19 所示为柱式力传感器，其工作原理是应变片粘贴在钢制圆柱的表面。在重力的作用下，圆柱产生应变（变短、变粗）。竖贴的应变片感受到的应变与圆柱轴向应变相同，为压应变，也变短。而横贴的应变片沿圆周方向粘贴，当圆柱受压时，反而是受拉的，变长。把

应变片接入电桥，通过测量应变片的应变计算出圆柱应变力。通常柱式力传感器常用于荷重测量，也称荷重传感器。

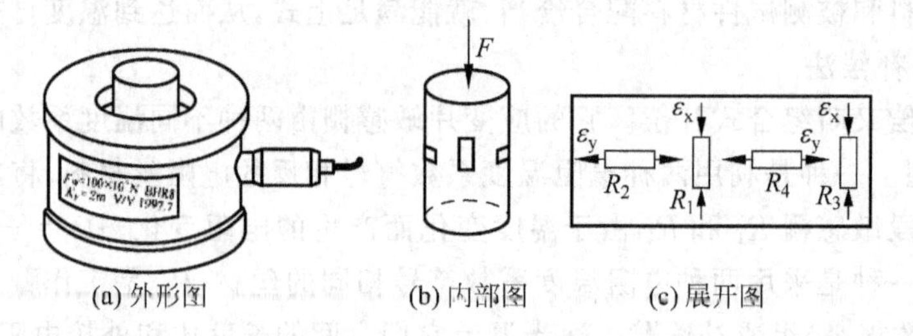

图 6-19 柱式力传感器

设外加荷重为 F、圆柱有效截面积为 A、泊松比为 μ、弹性模量为 E，则圆柱因外力作用产生的应变为

$$\varepsilon = \frac{\sigma}{E} = \frac{F}{AE}$$

因竖贴的 R_1、R_3 感受到的应变与圆柱的轴向应变相同，为压应变。而横贴的 R_2、R_4 沿圆周方向粘贴，为拉应变。把四只特性相同的应变片接成全桥形式，则传感器的输出为

$$U_o = \frac{U}{4}k(\varepsilon_1 - \varepsilon_2 - \varepsilon_3 + \varepsilon_4) = \frac{U}{2}k(1+\mu)\varepsilon_x = \frac{U}{2}k(1+\mu)\frac{F}{AE}$$

由传感器的输出公式可见，荷重传感器的输出电压 U_o 正比于荷重 F。实际运用中，生产厂家一般均给出荷重传感器的灵敏度 K_F，满量程荷重 F_m；设桥路电压为 U，满量程时的输出电压为 U_{om}，则 K_F 被定义为 $K_F = U_{om}/U$；因此传感器的输出可变换为

$$\frac{U_o}{U_{om}} = \frac{F}{F_m} \Rightarrow U_o = \frac{F}{F_m}U_{om} = K_F\frac{U}{F_m}F$$

6.2 磁 敏 电 阻

磁敏电阻是基于磁阻效应的磁敏元件，可用于电流传感器、磁敏接近开关、角速度/角位移传感器、磁场传感器等，也可用于开关电源、变频器、伺服马达驱动器、电度表、断路器、防爆电机保护器、地磁场的测量、探矿等。磁敏电阻是磁阻位移传感器、无触点开关等的核心部件。

6.2.1 磁阻效应

当一载流导体置于磁场中，其电阻阻值会随磁场而变化，这种现象称为磁阻效应。

当温度恒定时，在弱磁场范围内，磁阻与磁感应强度的平方成正比。如果只有电子参与导电，理论推出磁阻效应方程的表达式为

$$\rho_B = \rho_0(1 + 0.273\mu^2 B^2)$$

式中，ρ_0 是零磁场下的电阻率，ρ_B 是磁感应强度为 B 时的电阻率，μ 是电子迁移率，B 是磁感应强度。

电阻率的相对变化率

$$\frac{\Delta\rho}{\rho_0}=\frac{\rho_B-\rho_0}{\rho_0}=0.273\mu^2B^2$$

由上式得知，在磁感应强度 B 一定时，迁移率越高的半导体材料（如 InSb、InAs、NiSb 等半导体材料）磁阻效应越明显。从微观上讲，材料的电阻率增加是因为电流的流动路径因磁场的作用而加长所致。

磁阻效应除与材料有关外，还与磁阻器件的几何形状及尺寸密切相关。

在恒定磁感应强度下，磁敏电阻的长与宽的比越小，电阻率的相对变化越大。考虑形状影响因素时，电阻率的相对变化与磁感应强度和迁移率的关系可用下式近似表示为

$$\frac{\Delta\rho}{p_0}=k(\mu B)^2\left[1-f\left(\frac{l}{b}\right)\right]$$

式中，l，b 分别为磁阻器件的长度和宽度，$f\left(\frac{l}{b}\right)$是形状效应系数。

6.2.2　磁敏电阻的结构、工作参数及特性

1. 磁敏电阻的结构

磁敏电阻常见的形状有长方形磁阻器件和圆盘形磁阻器件，如图 6-20 所示。圆盘形磁阻器件中心和边缘各有一个电极，如图 6-21 所示。这种圆盘形磁阻器件称为科尔比诺圆。这时的效应称为科尔比诺效应。因为圆盘的磁阻最大，故大多数磁阻器件做成圆盘结构。

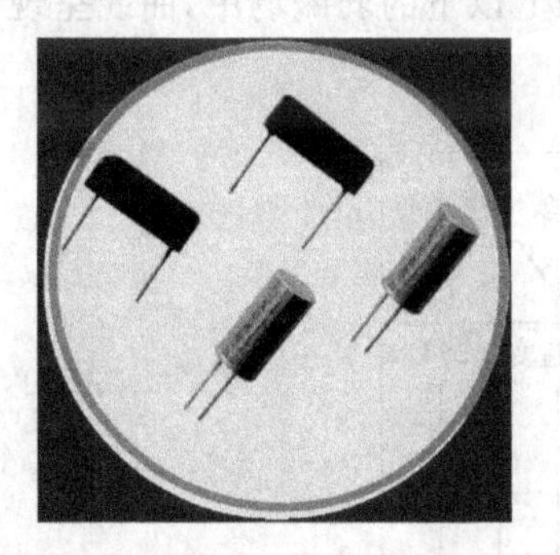

图 6-20　磁敏电阻外形

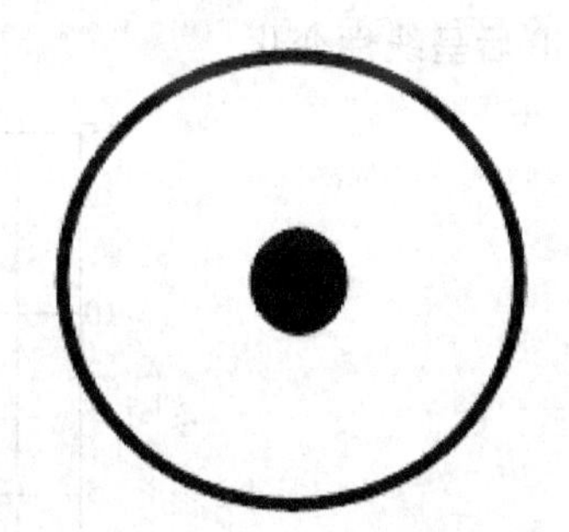

图 6-21　科尔比诺圆

图 6-22 是三种不同形状磁敏电阻的半导体内电流线的分布，第一行是不加磁场的情况，第二行是加磁场的情况。

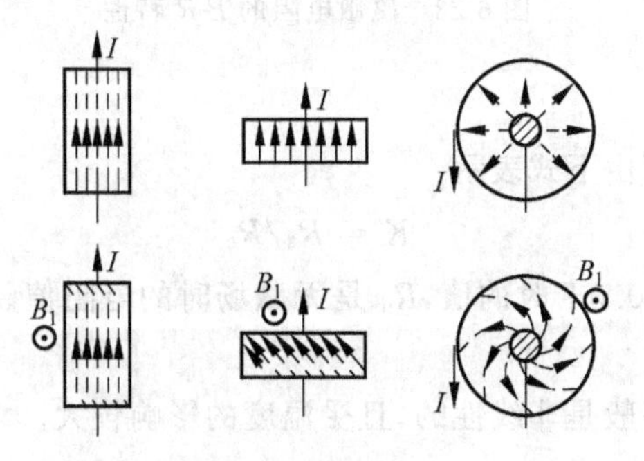

图 6-22　半导体内电流分布

2. 磁敏电阻的主要参数

① 磁阻比。它是指在某一规定的磁感应强度下，磁敏电阻器的阻值与零磁感应强度下的阻值之比。

② 磁阻系数。它是指在某一规定的磁感应强度下，磁敏电阻器的阻值与其标称阻值之比。

③ 磁阻灵敏度。它是指在某一规定的磁感应强度下，磁敏电阻器的阻值随磁感应强度的相对变化率。

④ 电阻温度系数。它是指在规定的磁感应强度和温度下，磁敏电阻器的阻值随温度的相对变化率与电阻值之比。

⑤ 最高工作温度。它是指在规定的条件下，磁敏电阻器长期连续工作所允许的最高温度。

3. 磁阻元件的基本特性

(1) B-R 特性

磁阻的 B-R 特性即磁感应强度-电阻特性，它由无磁场时的电阻和磁感应强度 B 时的电阻来表示，随元件形状不同而异，约为数十欧至数千欧，随磁感应强度变化而变化。图 6-23 所示为磁敏电阻的 B-R 特性曲线。图中纵坐标是 R_B/R_0（磁感应强度为 B 时的阻值为 R_B，无磁场时电阻值为 R_0），横坐标是磁感应强度。在 0.1T 以下的弱磁场中，曲线呈现平方特性，而超过 0.1T 后呈线性变化。

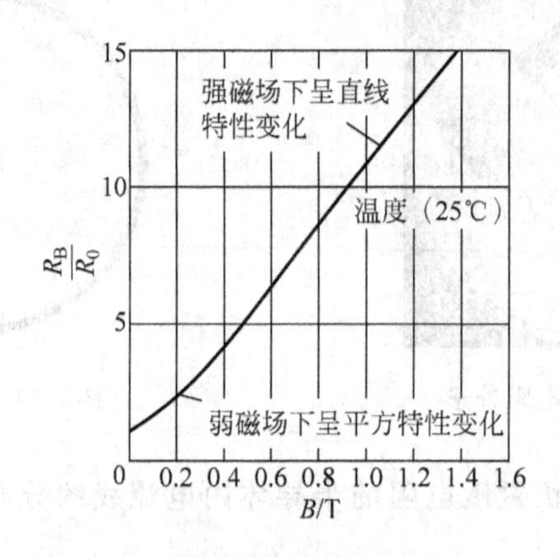

图 6-23 磁敏电阻的 B-R 特性

(2) 灵敏度

磁敏电阻的灵敏度可由下式表示：

$$K = R_3/R_0$$

式中，R_3 是磁感应强度为 0.3T 时的值，R_0 是无磁场时的电阻值。一般情况下，磁敏电阻的灵敏度大于 2.7。

磁敏电阻的灵敏度一般是非线性的，且受温度的影响较大。

(3) 电阻-温度特性

图 6-24 是一般半导体磁阻元件的电阻-温度特性曲线，由图可知，半导体磁阻元件的

温度特性不好，电阻值在不大的温度变化范围内减小得很快。磁敏电阻的温度系数约为 $-2\%/℃$，这个值较大。因此在应用时，一般都要设计温度补偿电路。为补偿磁敏电阻的温度特性，可采用两个磁阻元件串联成对使用，用差动方式工作。

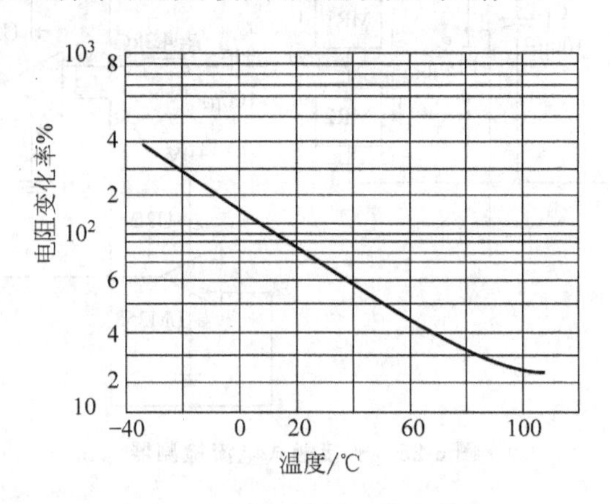

图 6-24　磁阻的电阻-温度特性

6.2.3　磁敏电阻的应用

利用磁敏电阻的电气特性可以在外磁场的作用下改变的特点，其可用于电流传感器、磁敏接近开关、角速度/角位移传感器、磁场传感器等。磁阻元件阻值与通过电流量的大小组合起来，能够实现乘法运算的功能，可以制作出电流计、磁通计、功率计、模拟运算器、可变电阻等。此外磁敏电阻可用于开关电源、UPS、变频器、伺服马达驱动器、电度表、电子仪器仪表、家用电器、防爆电机保护器、地磁场的测量、探矿等，应用非常广泛。例如，磁阻式电子罗盘可用于测量地球磁场的方向及强度变化，而指南针只能指示地球磁场方向。下面介绍两个典型应用实例。

1. 磁阻式非接触电流检测器

图 6-25 是利用磁敏电阻 MS-F06 制作的非接触式电流检测器的电路图。该非接触式交流电流检测器只要将 MS-F06 型半导体磁敏电阻器靠在电流线上就会得到输出电压。MS-F06 型磁敏电阻器在 35℃时电阻值减小到室温时的 1/2。因此，很少只使用一个磁敏电阻器，而是使用两个磁敏电阻器，以使其温度特性能够得到补偿。电路中电流为 20A 时磁敏电阻的输出电压 U_1 为

$$U_1 = (0.27\text{mV}/0.1\text{A}) \times 20\text{A} = 54\text{mV}$$

由于是在电力导线外测量，所以其输出值大约为上述理论值的 1/5，即 10mV。要想电路输出 2V 的电压，放大器 U2A 的增益应当为 200。在电路设计中采取了 100～1000 倍的可调方式。由 MS-F06 型磁敏电阻器的电阻值-磁场特性可知，在磁场强度为 0 时的电阻值(初始电阻值)为 800Ω，MS-F06 具有 0.075T 的偏置磁场，$R_{0.7\text{T}}=1\text{k}\Omega$，$R_{1.7\text{T}}=1.5\text{k}\Omega$。即每增加 0.0001T 的磁场可以使磁敏电阻的电阻值增加到原来的 1.5 倍。

2. 磁阻式无触点电位器

图 6-26 是 InSb-NiSb 材料制成的具有中心抽头的三端环形磁阻元件的无触点电位器。将半圆形磁钢(一种稀土永磁体)同心固定于磁阻元件上，并与两个轴承固定的转轴连接。

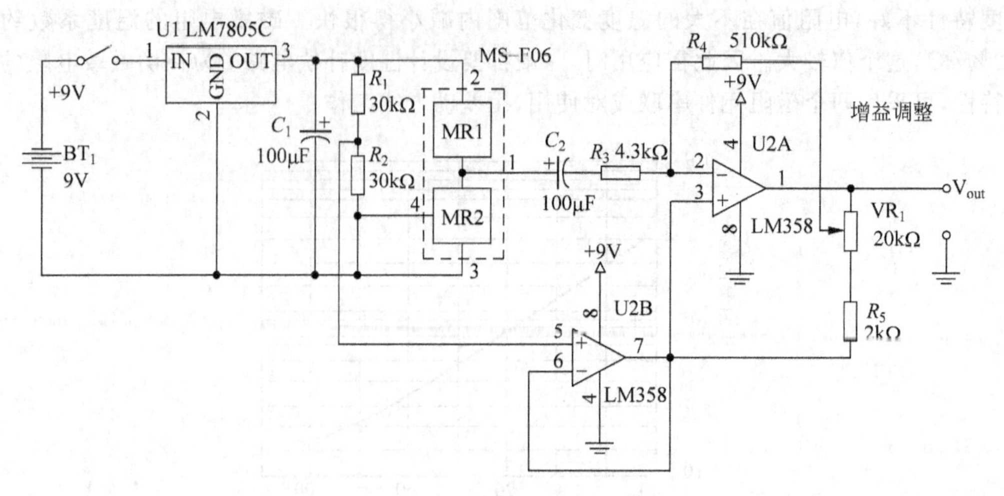

图 6-25 非接触式电流检测器

随着转动轴的转动，不断地改变磁钢在圆形磁阻元件上面的位置。这种无触点电位器实际上是一种中间抽头的两臂磁阻元件的互补电路。旋转磁钢改变作用于两臂磁阻元件的磁钢面积比，可产生磁阻比的变化。

图 6-27 表示电源电压 $E_C=6V$ 时，输出电压与磁钢旋转角度的关系。由图可见，旋转角输出特性是以 360°为周期、以 180°为界对称出现的。若以输出电压的一半处于中心点，在±25°范围内，其线性度达 0.5%；在±45°范围内，线性度达 1.5%。这种无触点电位器是通过磁钢与磁阻器件的相对位置变化来改变输出电压的，它的分辨率比触点式电位器高两个数量级，而且不发生因触点移动而引起的摩擦噪声。但这种无触点电位器的成本比较高，不可能完全代替触点式电位器。

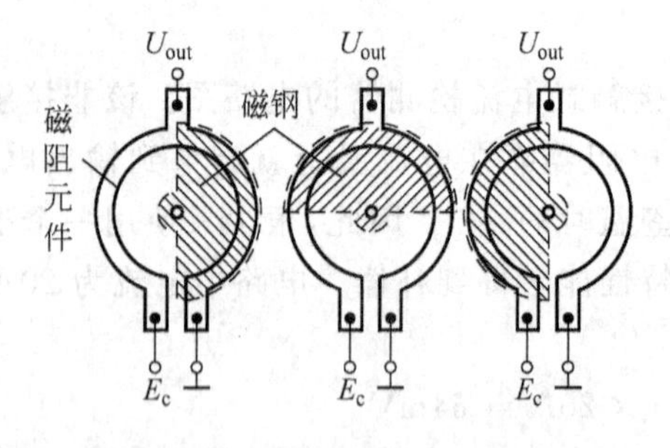

图 6-26 磁阻式无触点电位器

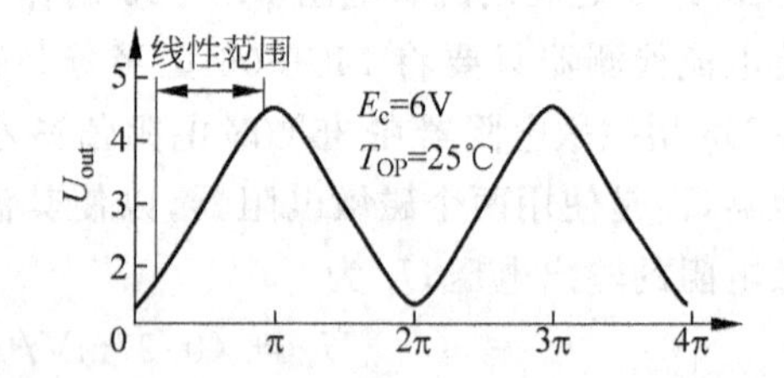

图 6-27 无触点电位器旋转的输出特性

6.3 热敏电阻

导体或半导体材料的电阻值随温度变化而变化的现象称为热电阻效应。当温度升高时，虽然自由电子数目基本不变（当温度变化范围不是很大时），但每个自由电子的动能将增加，因而在一定的电场作用下，要使这些杂乱无章的电子作定向运动就会遇到更大的阻力，导致金属电阻值随温度的升高而增加。利用热电阻效应可以测量温度。由金属导体铂、铜、镍等制成的测温元件称为金属热电阻,由半导体材料制成的测温元件称为热敏电阻。近年来,几乎所有的家用电器产品都装有微处理器,温度控制完全智能化,这些温度传感器几乎都使用热敏电阻。

6.3.1　热敏电阻结构与类型

热敏电阻是利用某些金属氧化物或单晶锗、硅等半导体材料,按特定工艺制成的热敏元件。

1. 热敏电阻的符号及结构

热敏电阻的电路符号如图 6-28 所示。热敏电阻的结构形式和形状主要有片型、杆型和珠型,如图 6-29 所示。

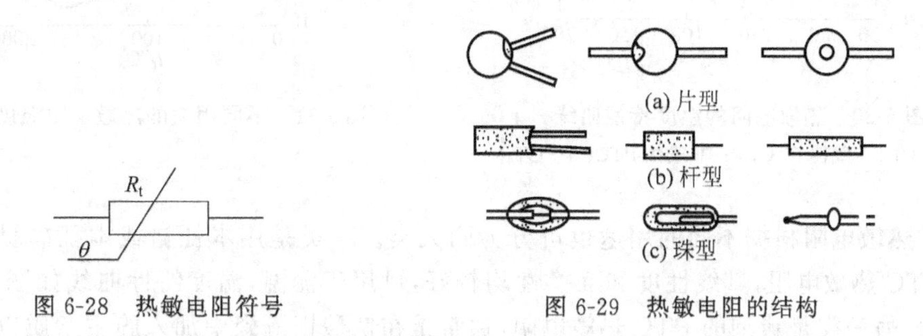

图 6-28　热敏电阻符号　　　　图 6-29　热敏电阻的结构

2. 热敏电阻的类型

热敏电阻可按电阻的温度特性、工作方式及测量温度范围等进行分类。

热敏电阻按温度特性可分为三类,即负温度系数热敏电阻(NTC)、正温度系数热敏电阻(PTC)、临界系数热敏电阻(CTR)三大类。NTC 热敏电阻以 MF 为其型号,PTC 热敏电阻以 MZ 为其型号。多数热敏电阻具有负温度系数,温度升高时电阻下降,同时灵敏度下降,所以热电阻不能在高温下使用。目前,热敏电阻温度上限约 300℃。

按工作方式热敏电阻可分为直热式、旁热式、延迟电路三种,按工作温区可分为常温区(－60～＋200℃)、高温区(＞200℃)、低温区热敏电阻三种。

6.3.2　热敏电阻的基本特性

1. 热敏电阻的温度特性

热敏电阻的温度特性指热敏电阻的电阻值与温度的关系。热敏电阻按温度特性分为 NTC,PTC 和 CTR 三类,温度特性曲线如图 6-30 所示。图中曲线 1 为负温度系数热敏电阻 NTC 的温度特性,在工作温度范围内,电阻随温度上升而非线性下降,温度系数为－(1～6)%/℃。正温度系数热敏电阻 PTC 的温度特性分为两类,在工作温度范围内,其电阻值随温度上升而非线性增大。曲线 2 为缓变型,其温度系数为＋(0.5～8)%/℃,曲线 3 为开关型,在居里点附近的温度系数可达＋(10～60)%/℃。临界温度系数热敏电阻 CTR 是一种开关型 NTC,在临界温度附近,阻值随温度上升而急剧减小,如图 6-30 中曲线 4 所示。

NTC 热敏电阻中最常见的是由金属氧化物组成的,如锰、钴、铁、镍、铜等多种氧化物混合烧结而成。根据不同的用途,NTC 又可以分为两大类。第一类用于测量温度,它的电阻值与温度之间呈负的指数关系。如图 6-31 中的曲线 2。另一类为负的突变型,当其温度上升到某设定值时，其电阻值突然下降，多用于各种电子电路中抑制浪涌电流，起保护作用，如图 6-31 中的曲线 1。

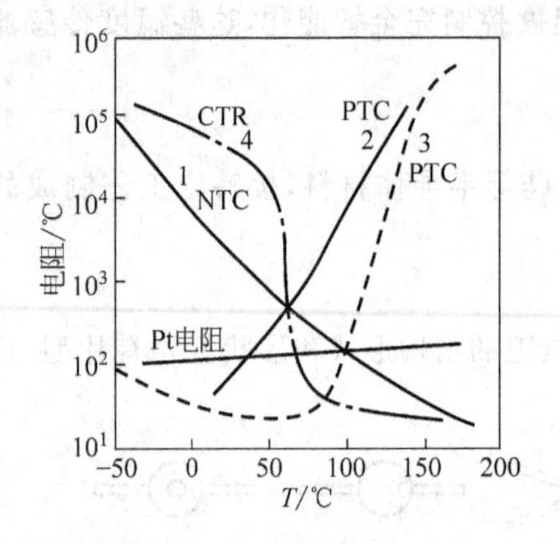

图 6-30　热敏电阻的温度特性曲线

1—NTC；2—线性 PTC；3—非线性 PTC；4—CTR

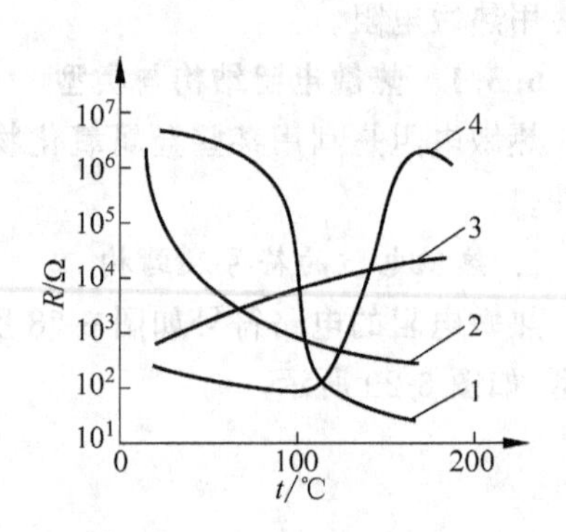

图 6-31　不同用途的热敏电阻温度特性

PTC 热敏电阻根据不同的用途也可分为两大类。一类是用本征锗或本征硅材料制成的线性 PTC 热敏电阻，其线性度和互换性均较好，可用于测温，温度特性曲线如图 6-31 中的曲线 3。另一类是典型的 PTC 热敏电阻，通常是在钛酸钡陶瓷中加入施主杂质以增大电阻温度系数，温度特性曲线如图 6-31 中的曲线 4。它在电子线路中多起限流、保护作用。当流过 PTC 的电流超过一定限度或 PTC 感受到的温度超过一定限度时，其电阻值突然增大。

2. 热敏电阻温度特性的线性化补偿

为了对热敏电阻的温度特性进行线性化补偿，可采用串联或并联一个固定电阻的方式，如图 6-32 所示。

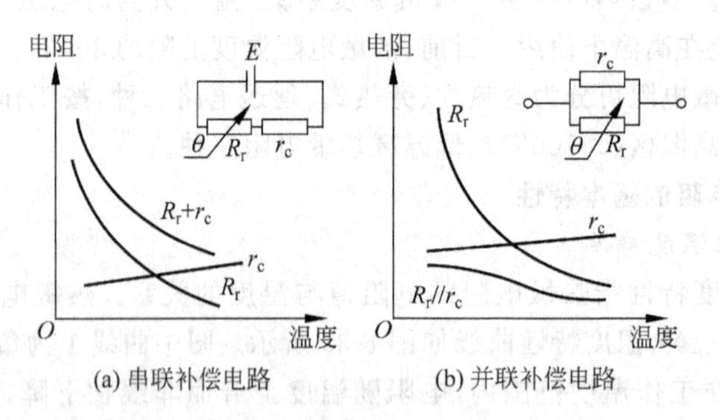

图 6-32　热敏电阻温度特性的线性化补偿

3. 热敏电阻的伏-安特性

NTC 热敏电阻的伏-安特性如图 6-33 所示，可分为三个特性区，图中 H 为耗散系数。应用时三个特性区的选择如下。

① 在峰值电压降 U_m 左侧（a 区）适用于检测温度及电路的温度补偿。用热敏电阻测温时一定要限制偏置范围，使其工作在线性区。

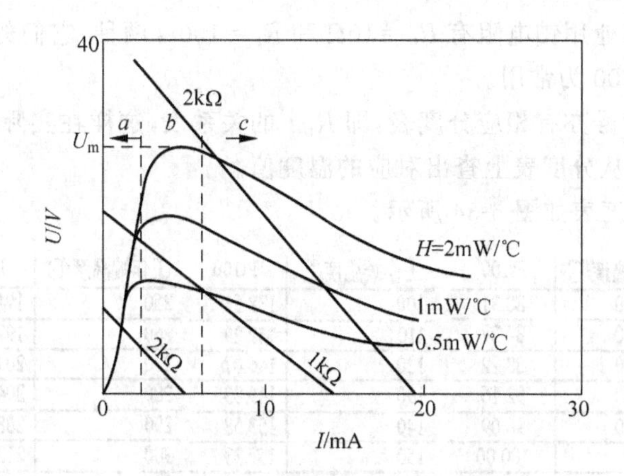

图 6-33　NTC 热敏电阻的伏-安特性

② 在峰值电压降 U_m 附近（b 区）可用做电路保护、报警等开关元件。

③ 在峰值电压降 U_m 右侧（c 区）适用于检测与耗散系数有关的流速、流量、真空度及自动增益电路，RC 振荡器稳幅电路等。

NTC 还常用于彩色电视机的消磁电路开关、电冰箱启动开关、空调电辅加热等。

6.3.3　铂电阻

金属导体或半导体材料的电阻随温度的变化而变化的现象称为热阻效应。利用热阻效应可以测量温度。由金属导体铂、铜、镍等制成的测温元件称为金属热电阻。金属热电阻利用金属导体的电阻值随温度的变化而变化的原理进行测温。测温范围通常为 −220～850℃，少数情况下，低温可测量至 1K（−272℃），高温可测至 1000℃。

1. 铂电阻的温度特性

金属导体的电阻值随温度的变化而变化。温度升高，金属内部原子晶格的振动加剧，从而使金属内部的自由电子通过金属导体时的阻碍增大，宏观上表现出电阻率变大，电阻值增加，即电阻值与温度的变化趋势相同。比如我们可以取一只 100W/220V 灯泡，用万用表测量其电阻值，可以发现其冷态阻值只有几十欧姆，而计算得到的额定热态电阻值应为 484Ω。目前最常用的热电阻有铂电阻和铜电阻。铂电阻的特点是测温精度高，稳定性好，所以在温度传感器中得到了广泛应用。铂电阻的测量范围为 −200～850℃。

在−200～0℃的温度范围内，铂电阻和温度的关系式为

$$R_t = R_0[1 + At + Bt^2 + Ct^3(t - 100)]$$

在 0～850℃的温度范围内，电阻和温度的关系式为

$$R_t = R_0(1 + At + Bt^2)$$

式中，R_t 和 R_0 分别为 t 和 0℃时的铂电阻值；A，B 和 C 为常数，其数值为

$$A = 3.9684 \times 10^{-3}/℃$$

$$B = -5.847 \times 10^{-7}/℃$$

$$C = -4.22 \times 10^{-12}/℃$$

从铂电阻的特性方程看出，热电阻在温度 t 时的电阻值与 0℃时的铂电阻值 R_0 有关。根据 0℃时的铂电阻值 R_0 不同，铂电阻有不同的分度号。

目前我国规定工业用铂电阻有 $R_0=10\Omega$ 和 $R_0=100\Omega$ 两种，它们的分度号分别为 Pt10 和 Pt100，其中以 Pt100 为常用。

铂电阻不同分度号亦有相应分度表，即 R_t-t 的关系表，这样在实际测量中，只要测得热电阻的阻值 R_t，便可从分度表上查出对应的温度值。

Pt100 铂电阻分度表如图 6-34 所示。

工作端温度/℃	Pt100	工作端温度/℃	Pt100	工作端温度/℃	Pt100
-50	80.31	100	138.51	250	194.10
-40	84.27	110	142.29	260	197.71
-30	88.22	120	146.07	270	201.31
-20	92.16	130	149.83	280	204.90
-10	96.09	140	153.58	290	208.48
0	100.00	150	157.33	300	212.05
10	103.90	160	161.05	310	215.61
20	107.79	170	164.77	320	219.15
30	111.67	180	168.48	330	222.68
40	115.54	190	172.17	340	226.21
50	119.40	200	175.86	350	229.72
60	123.24	210	179.53	360	233.21
70	127.08	220	183.19	370	236.70
80	139.90	230	186.84	380	240.18
90	134.71	240	190.47	390	243.64

图 6-34　铂电阻分度表

2. 铂电阻传感器的结构

工业用铂电阻的结构如图 6-35 所示。它由电阻体、绝缘管、保护套管、引线和接线盒等部分组成。电阻体由电阻丝和电阻支架组成。电阻丝采用双线无感绕法绕制在具有一定形状的云母、石英或陶瓷塑料支架上，支架起支撑和绝缘作用，引出线通常采用直径 1mm 的银丝或镀银铜丝，它与接线盒柱相接，以便与外接线路相连而测量显示温度。由于铂的电阻率大，而且相对机械强度较大，通常铂丝直径为 0.03～(0.07±0.005)mm，可单层绕制，电阻体可做得很小。

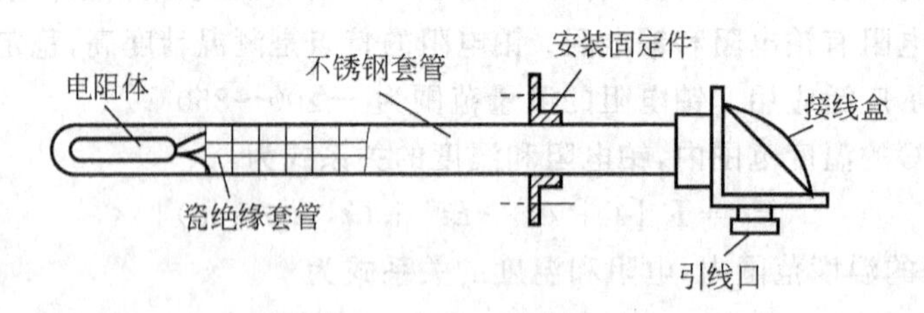

图 6-35　铂电阻传感器的结构

3. 铂电阻传感器的测量电路

铂电阻安装在工艺设备中，感受被测介质的温度变化，测量电阻的桥路通常随相应仪表安装在控制室，造成热电阻与检测仪表相隔一段距离，因此热电阻的引线对测量结果有较大的影响。铂电阻传感器外接引线如果较长时，引线电阻的变化使测量结果有较大误差，为减小误差，必须从热电阻感温体的根部引出导线，不能从热电阻的接线端子上分出，否则会存在引线误差。内部引线方式有两线制、三线制和四线制三种，如图 6-36 所示。

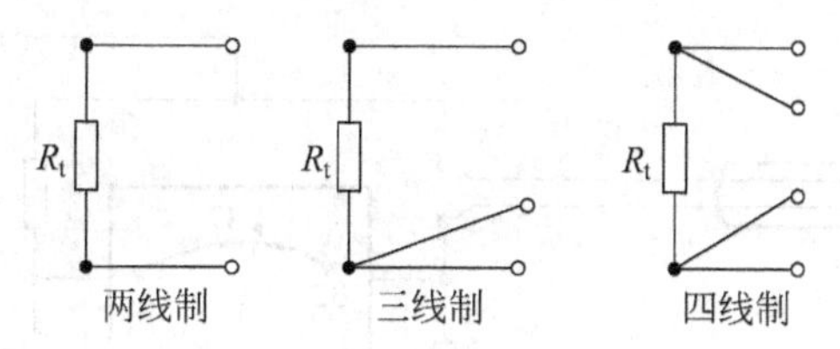

图 6-36　铂电阻引线方式

用铂电阻传感器进行测温时，测量电路经常采用电桥电路。如图 6-37(a)所示是两线制接法，根据电桥平衡条件，有

$$(R_t+2r)R_2=R_1R_3,\quad R_2=R_1,\quad R_t+2r=R_3$$

由上式可见，二线制中当电桥平衡时，铂电阻值与标准电阻 R_3 和引线电阻有关，引线电阻对测量结果影响大，所以一般用于测温精度要求不高的场合。图 6-37(b)是三线制接法，根据电桥平衡条件，有

$$(R_t+r)R_2=R_1(R_3+r),\quad R_2=R_1,\quad R_t=R_3$$

由上式可见，三线制接法中当电桥平衡时，铂电阻值只与标准电阻 R_3 有关，与引线电阻无关，从而减小热电阻与测量仪表之间连接导线的电阻因环境温度变化所引起的测量误差。同理，四线制可以完全消除引线电阻对测量的影响，用于高精度温度测量。

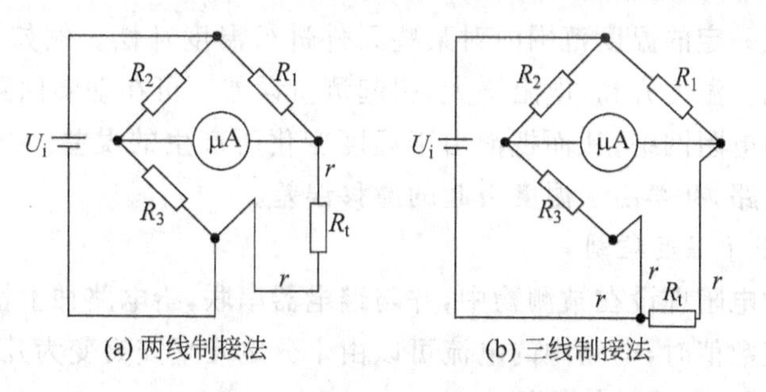

图 6-37　铂电阻的测量电桥

6.3.4　热敏电阻的应用

近年来，几乎所有的家用电器产品都装有微处理器，温度控制完全智能化，这些温度传感器几乎都使用热敏电阻。热敏电阻最大的缺点是产品一致性差，互换性不好，因此一般只用于电器产品，不在石油、钢铁、制造业上使用。

1. 热敏电阻测温

作为测量温度的热敏电阻结构简单，价格低廉。没有外面保护层的热敏电阻只能应用在干燥的地方。密封的热敏电阻不怕湿气的侵蚀，可以使用在较恶劣的环境下。由于热敏电阻的阻值较大，故其连接导线的电阻和接触电阻可以忽略，使用时采用二线制即可。如图 6-38 所示为热敏电阻测量温度的电路图。测量时先对仪表进行标定。将绝缘的热敏电阻放入 32℃(表头的零位)的温水中，待热量平衡后，调节 RP_1，使指针在 32℃上，再加热水，用更高一级的温度计监测水温，使其上升到 45℃。待热量平衡后，调节 RP_2，使指针指在

45℃上。再加入冷水,逐渐降温,反复检查32～45℃范围内刻度的准确性。

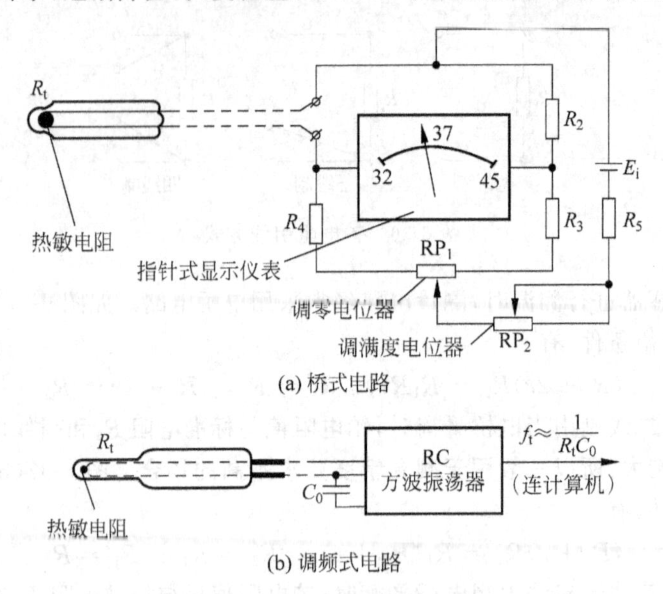

(a) 桥式电路

(b) 调频式电路

图 6-38 热敏电阻测量温度电路图

2. 热敏电阻用于温度补偿

热敏电阻可在一定的温度范围内对某些元件进行温度补偿。例如,动圈式表头中的动圈由铜线绕制而成。温度升高,电阻增大,引起测量误差。可在动圈回路中串入由负温度系数热敏电阻组成的电阻网络,从而抵消由于温度变化所产生的误差。在三极管电路中也常用热敏电阻补偿电路,补偿由于温度引起的漂移误差。

3. 热敏电阻用于温度控制

将突变型热敏电阻埋设在被测物中,并与继电器串联,给电路加上恒定电压。当周围介质温度升到某一定数值时,电路中的电流可以由十分之几毫安突变为几十毫安,因此继电器动作,从而实现温度控制或过热保护。

图 6-39 所示电路是用热敏电阻对电动机进行过热保护的热继电器。把三只特性相同的热敏电阻放在电动机绕组中,紧靠绕组处每相各放一只,滴上万能胶固定。经测试,在20℃时其阻值为10kΩ,100℃时为1kΩ,110℃时为0.6kΩ。当电动机正常运行时温度较低,三极管VT截止,继电器J不动作。当电动机过负荷、断相或一相接地时,电动机温度急剧升高,使热敏电阻阻值急剧减小,到一定值后,VT导通,继电器J吸合,使电动机工作回路断开,实现保护作用。根据电动机各种绝缘等级的允许升温值来调节偏流电阻R_2值,从而确定三极管VT的动作点。

4. 温度上下限报警

图 6-40 为热敏电阻用于温度上下限报警电路。该电路采用运算放大器构成迟滞电压比较器,设定值$V_{ab}=0$,即$V_a=V_b$,VT_1和VT_2都截止,不发光。温度升高时,热敏电阻R_t减小,$V_a>V_b$,VT_1导通,LED_1发光报警;温度下降时,热敏电阻R_t增加,$V_a<V_b$,VT_2导通,LED_2发光报警。

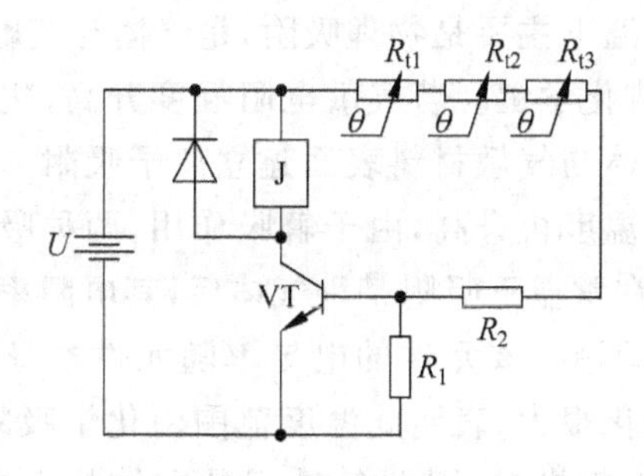

图 6-39　电动机保护电路

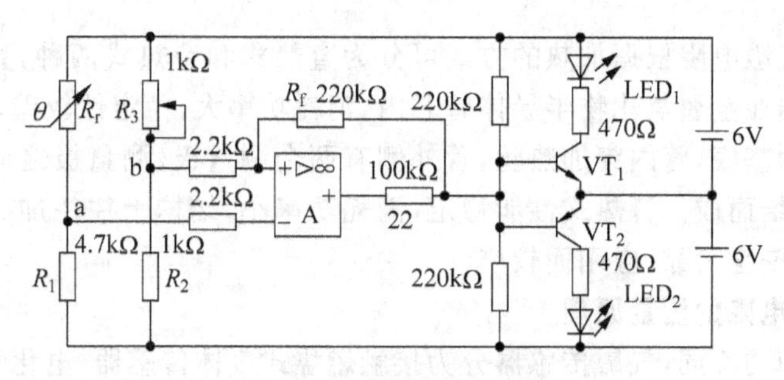

图 6-40　温度上下限报警

6.4　气敏电阻

在现代社会的生产和生活中，人们往往会接触到各种各样的气体，需要对它们进行检测和控制。比如化工生产中气体成分的检测与控制，煤矿瓦斯浓度的检测与报警，环境污染情况的监测，煤气泄漏，火灾报警，燃烧情况的检测与控制等。气敏电阻传感器就是一种将检测到的气体的成分和浓度转换为电信号的传感器。

6.4.1　气敏电阻的特性

气敏电阻是一种半导体敏感器件，它是利用气体的吸附使半导体本身的电导率发生变化，把某种气体的成分、浓度等参数转换成电阻变化量，再转换成电信号的电阻，实际上可以说是气敏传感器。气敏电阻利用某些半导体吸收某种气体后发生氧化还原反应制成，主要成分是金属氧化物，如 SnO_2、ZnO、Fe_2O_3、MgO、NiO、$BaTiO_3$ 等都具有气敏效应。

1. 气敏电阻的材料

气敏电阻的材料是金属氧化物，制作上通过化学计量比的偏离的杂质缺陷制成。金属氧化物半导体分为 N 型半导体（如 SnO_2，Fe_2O_3等）和 P 型半导体如 PbO 等。为了提高某种气敏电阻对某些气体成分的选择性和灵敏度，合成这些材料时在气敏元件的材料中加入微量的铅、铂、金、银等元素以及一些金属盐类催化剂可以获得低温时的灵敏度，可增强对气体种类的选择性。

2. 气敏电阻的特性

金属氧化物在常温下是绝缘体，制成半导体后成为气敏元件，具有气敏特性。这种气敏元件接触气体时，由于表面吸附气体，其电阻率将发生明显的变化。它对气体的吸附可分为物理吸附和化学吸附。在常温下主要是物理吸附，是气体与气敏材料表面上分子的吸附，它们之间没有电子交换，不形成化学键。若气敏电阻温度升高，化学吸附增加，在某一温度时达到最大值。化学吸附是气体与气敏材料表面建立离子吸附。它们之间有电子的交换，存在化学键力。若气敏电阻的温度再升高，由于解吸作用，两种吸附同时减小。例如，用氧化锡（SnO_2）制成的气敏电阻，在常温下吸附某种气体后，其电阻率变化不大，表明此时是物理吸附。若保持这种气体浓度不变，该元件的电导率随元件本身温度的升高而增加，尤其在100～300℃范围内电导率变化很大，表明此温度范围内化学吸附作用大。气敏元件工作时需要本身的温度比环境温度高很多，因此气敏元件在结构上要有加热器，通常用电阻丝加热。

目前国产的气敏电阻根据加热的方式可分为直热式和旁热式两种，直热式将加热丝和测量电极一同烧结在金属氧化物半导体管芯内，消耗功率大，稳定性较差，故应用逐渐减少。旁热式以陶瓷管为基底，管内穿加热丝，管外侧有两个测量极，测量极之间为金属氧化物气敏材料，经高温烧结而成。旁热式性能稳定，消耗功率小，结构上往往加有封压双层的不锈钢丝网防爆，因此安全可靠，应用面较广。

6.4.2 气敏电阻的测量原理

根据检测原理的不同，气敏传感器分为接触燃烧式气体传感器、电化学气敏传感器和半导体气敏传感器三类。

1. 接触燃烧式气体传感器

图 6-41 是接触燃烧式气体传感器的结构和测量电路。接触燃烧式气体传感器的检测元件一般为铂金属丝（也可表面涂铂、钯等稀有金属催化层），使用时对铂丝通以电流，保持300～400℃的高温，此时若与可燃性气体接触，可燃性气体就会在稀有金属催化层上燃烧，因此铂丝的温度会上升，铂丝的电阻值也上升；通过测量铂丝的电阻值变化的大小，就知道可燃性气体的浓度。接触燃烧式气体传感器的缺点是对气体的选择性不好。

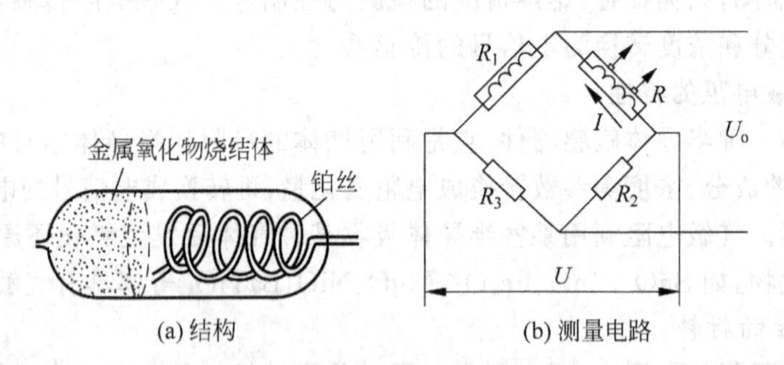

(a) 结构　　(b) 测量电路

图 6-41　接触燃烧式气敏传感器

2. 电化学气敏传感器

电化学气敏传感器一般利用液体（或固体、有机凝胶等）电解质，其输出形式可以是气体直接氧化或还原产生的电流，也可以是离子作用于离子电极产生的电动势。化学反应式如下：

$$CO_2 + H_2O = H^+ + HCO_3^+$$

由于这类传感器的电极采用贵金属材料，所以价格较贵。

3. 半导体气敏传感器

半导体气敏传感器具有灵敏度高、响应快、稳定性好、使用简单的特点，应用极其广泛；半导体气敏元件有 N 型和 P 型之分。N 型在检测时阻值随气体浓度的增大而减小，P 型阻值随气体浓度的增大而增大。例如，SnO_2 金属氧化物半导体气敏材料属于 N 型半导体，在 200～300℃温度下，它吸附空气中的氧，形成氧的负离子吸附，使半导体中的电子密度减少，从而使其电阻值增加。当遇到能供给电子的可燃气体(如 CO 等)时，原来吸附的氧脱附，而由可燃气体以正离子状态吸附在金属氧化物半导体表面；氧脱附放出电子，可燃性气体以正离子状态吸附也要放出电子，从而使氧化物半导体导带电子密度增加，电阻值下降。可燃性气体不存在了，金属氧化物半导体又会自动恢复氧的负离子吸附，使电阻值升高到初始状态。这就是半导体气敏元件检测可燃气体的基本原理。

根据测试对象不同，气敏传感器又分为还原性气体传感器和二氧化钛氧浓度传感器。

(1) 还原性气体传感器

还原性气体是在化学反应中能给出电子，化学价升高的气体。还原性气体多数属于可燃性气体。一般将在空气中达到一定浓度、触及火种可引起燃烧的气体称为可燃性气体，例如石油蒸气、甲烷、乙烷、煤气、天然气、氢气、乙醇、乙醚、一氧化碳、氢气等均为可燃性气体。

测量还原性气体的气敏电阻一般是用 SnO_2、ZnO 或 Fe_2O_3 等金属氧化物粉料添加少量铂催化剂、激活剂及其他添加剂，按一定比例烧结而成的半导体器件。还原性气敏电阻工作时必须加热到 200～300℃，其目的是加速被测气体的化学吸附和电离的过程，并烧去气敏电阻表面的污物(起清洁作用)。

还原性气体传感器的工作原理是 N 型半导体的表面在高温下遇到离解能力较小(易失去电子)的还原性气体时，气体分子中的电子将向气敏电阻表面转移，使气敏电阻中的自由电子浓度增加，电阻率降低，电阻减小。这样就把气体浓度信号转换成了电信号。

还原性气敏电阻的特点是灵敏度很高，在被测气体浓度较低时有较大的电阻变化，而当被测气体浓度较大时，其电阻率变化逐渐趋缓，有较大的非线性。这种特性较适用于气体的微量检测、浓度检测或者超限报警。控制烧结体的化学成分及加热温度，可以改变它对不同气体的选择性。

还原性气敏电阻使用时应尽量避免置于油雾、灰尘环境中，以免老化。

(2) 二氧化钛氧浓度传感器

二氧化钛氧浓度传感器采用半导体材料二氧化钛(TiO_2)，属于 N 型半导体，对氧气十分敏感。其电阻值的大小取决于周围环境的氧气浓度。当周围氧气浓度较大时，氧原子进入二氧化钛晶格，改变了半导体的电阻率，使其电阻值增大，并且这个过程是可逆的。当周围氧气浓度下降时，氧原子析出，电阻值减小。图 6-42 所示是用于汽车或燃烧炉排放气体中的氧浓度传感器的结构图及测量转换电路。二氧化钛气敏电阻与补偿热敏电阻同处于陶瓷绝缘体的末端。当氧气含量减小时，TiO_2 的阻值减小，U_0 增大。在图 6-42(b)中，与 TiO_2 气敏电阻串联的热敏电阻 R_t 起温度补偿作用。当环境温度升高时，TiO_2 气敏电阻的阻值会逐渐减小，只要 R_t 也以同样的比例减小，根据分压比定律，U_0 不受温度影响，减小了测量误差。

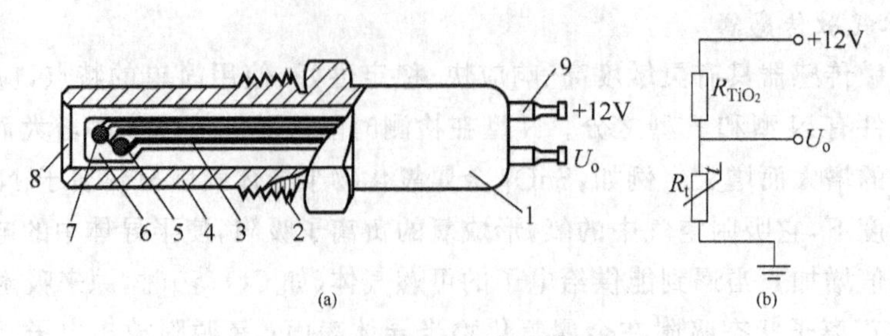

图 6-42 TiO_2 氧浓度传感器结构及测量转换电路

1—外壳(接地)；2—安装螺栓；3—搭铁线；4—保护管；

5—补偿电阻；6—陶瓷片；7—TiO_2 氧敏电阻；

8—进气口；9—引脚

6.4.3 气敏电阻的应用

气敏传感器主要用来检测环境气体成分及浓度，并对其进行控制和显示。各类易燃、易爆、有毒、有害气体的检测和报警都可以用相应的气敏传感器及其相关电路来实现，如汽车尾气分析仪、家用燃气泄漏报警器、塑料大棚 CO_2 浓度监测仪、汽车发动机汽缸氧含量监测仪、空气净化器等已用于工厂、矿山、家庭、娱乐场所等。气敏传感器能够检测气体的种类及主要检测场所见表 6-1。

表 6-1 气敏传感器能够检测气体的种类及主要检测场所

	主要检测气体	主要检测场所
易燃易爆气体	液化石油气、煤气 CH_4 可燃性气体或蒸气 CO 等未完全燃烧气体	家庭、油库、油场 煤矿、油场 工厂 家庭、工厂
有毒气体	H_2S、有机含硫化合物 卤族气体、卤化物气体、NH_3 等 O_2(防止缺氧)、CO_2(防止缺氧)	特定场所 工厂 家庭、办公室
环境气体	H_2O(湿度调节等) 大气污染物(SO_2、NO_2、醛等) O_2(燃烧控制、空燃比控制)	电子仪器、汽车、温室等 环保 引擎、锅炉
工程气体	CO(防止燃烧不完全) H_2O(食品加工)	引擎、锅炉 电子灶
其他	酒精呼气、烟、粉尘	交通管理、防火、防爆

下面以酒精测试仪和矿灯瓦斯报警器两个典型案例来说明气敏传感器的应用。

1. 酒精测试仪

酒精测试仪通常又分为电化学型和半导体型两种。

电化学型的酒精测试仪，以燃料电池作为传感器。测试时，呼出的气体进入仪器的燃烧室。如果气体中含有酒精，酒精就会在催化剂的作用下充分燃烧，转变成电能。这种传感器的电极采用贵金属材质，因此这类测试仪的价格也相当昂贵，一般都在万元以上。

半导体型的酒精测试仪采用化学物氧化锡作为传感器，这种物质在不同的温度条件下，对酒精、汽油、香烟等气体具有不同的灵敏度，当它在高温下遇到酒精时，电阻值就会急剧减小。

2. 矿灯瓦斯报警器

矿灯瓦斯报警器装配在酸性矿工灯上，使普通矿灯兼具照明与瓦斯报警两种功能，原理电路如图6-43所示。当矿灯在空气中监测到甲烷气体并达到报警浓度时，矿灯每秒闪一次。

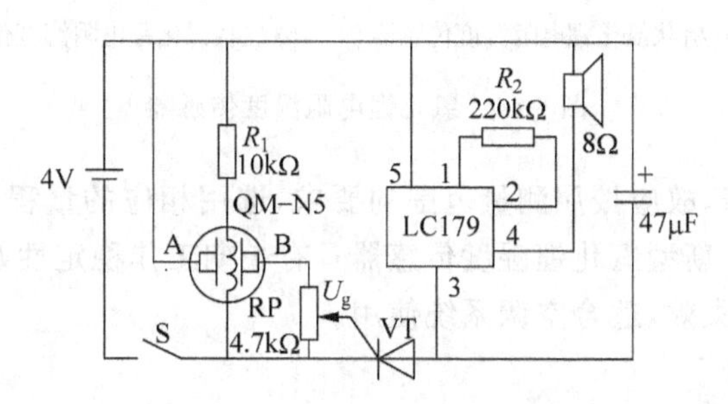

图6-43　矿井瓦斯超限报警器

6.5 湿敏电阻

湿敏电阻是最简单的湿度传感器。

1. 湿敏电阻的类型

湿敏电阻是在基片上覆盖一层用感湿材料制成的膜，当空气中的水蒸气吸附在感湿膜上时，元件的电阻率和电阻值都发生变化，利用这一特性即可测量湿度。

湿敏电阻的种类很多，例如金属氧化物湿敏电阻、硅湿敏电阻、碳湿敏电阻、氯化锂湿敏电阻、陶瓷湿敏电阻、高分子湿敏电阻等。湿敏电阻的优点是灵敏度高，主要缺点是线性度和产品的互换性差。

2. 湿敏电阻的特性

(1) 氯化锂湿敏电阻

氯化锂湿敏电阻是利用物质吸收水分子而使导电率变化来检测湿度的。在氯化锂溶液中，Li和Cl以正负离子的形式存在，锂离子(Li+)对水分子的吸收力强，离子水合成度高，溶液中的离子导电能力与溶液浓度成正比，溶液浓度增加，导电率上升。当溶液置于一定湿度场中，若环境RH上升，溶液吸收水分子使浓度下降，电阻率ρ上升，反之RH下降，电阻率ρ下降。通过测量溶液电阻值R实现对湿度的测量。

氯化锂电阻湿度传感器分为梳状和柱状，如图6-44所示。在梳状或柱状电极间的电阻值的变化反映了空气相对湿度的变化。

氯化锂浓度不同的单片湿度传感器，其感湿的范围也不同。浓度低的单片湿度传感器对高湿度敏感，而浓度高的单片湿度传感器对低湿度敏感。一般的单片湿度传感器的湿敏范围仅在30%RH左右(30%RH表示相对湿度)，如10%～30%，20%～40%，40%～70%，70%～90%，80%～99%等。

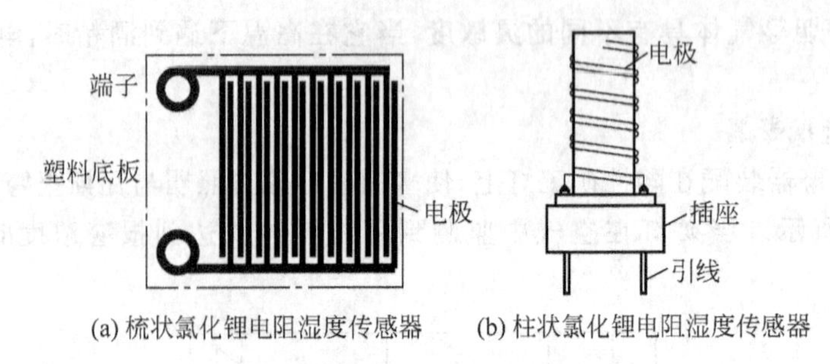

(a) 梳状氯化锂电阻湿度传感器　(b) 柱状氯化锂电阻湿度传感器

图 6-44　氯化锂电阻湿度传感器

由于测量范围较窄,故应按照测量范围的要求,选用相应的量程。为扩大测量范围,可采用多片组合传感器。新型氯化锂湿度传感器具有长期工作稳定性好、精度高、响应迅速等优点,但在有结露时易失效,适合空调系统使用。

(2) 陶瓷湿敏电阻

半导体陶瓷湿敏电阻是用两种以上的金属氧化物半导体在高温 1300℃下烧结成的多孔陶瓷。半导体陶瓷湿敏电阻分为两种,一种材料的电阻率随湿度增加而下降,称为负特性半导体陶瓷湿敏电阻;另一种材料(如 Fe_3O_4 半导瓷)的电阻率随着湿度的增加而增大,称为正特性半导体陶瓷湿敏电阻。

P 型半导体陶瓷由于水分子的吸附使表面电势下降,所以属于负特性湿敏半导体陶瓷。它的阻值随着湿度的增加可以下降三至四个数量级。由于水分子中的氢原子具有很强的正电场,当水在半导体陶瓷表面附着时,就可能从半导体陶瓷表面俘获电子,使半导体陶瓷表面带负电,相当于表面电势变负。对于 N 型半导体陶瓷,由于水分子附着同样会使表面电势下降,如果表面电势下降比较多,不仅使表面的电子耗尽,同时将大量的空穴吸引到表面层,以至有可能达到表面层的空穴浓度高于电子浓度的程度,出现所谓表面反型层,这些空穴称为反型载流子,它们同样可以在表面迁移而对电导做出贡献。这就说明水分子的附着同样可以使 N 型半导体陶瓷材料的表面电阻下降。

正特性湿敏半导体陶瓷,阻值随湿度增加而增大,其结构和电子能量状态与负特性有所不同。当水分子的附着使表面电势变负时,造成表面层电子浓度的下降,但还不足以使表面层的空穴浓度增加到出现反型的程度,此时仍以电子导电为主。于是表面电阻将由于电子浓度的下降而增大,由此这类半导瓷材料的表面层电阻将随环境湿度的增加而加大。

如果半导体陶瓷的晶粒间界电阻与体内电阻相比并不很大,那么表面层电阻的加大对总电阻将不起多大作用。因此湿敏半导体陶瓷材料都是多孔型的,表面电阻占的比例很大,表面层电阻的升高,必将引起总阻值的明显升高。但由于晶体内部低阻支路依然存在,所以总阻值的升高不像负特性材料中的阻值下降那么明显。在诸多的金属氧化物陶瓷材料中,由铬酸镁-二氧化钛固溶体组成的多孔性半导体陶瓷是性能较好的湿敏材料,它的表面电阻率能在很宽的范围内随着湿度的变化而变化,而且能在高温条件下进行反复的热清洗,性能仍保持不变。

(3) 涂覆膜型湿敏电阻

涂覆膜型湿敏电阻是由金属氧化物粉末或某些金属氧化物烧结体研成的粉末,通过一定方式的调合、喷洒或涂覆在具有叉指电极的陶瓷基片上而制成的。在水分子的作用下，电阻值下降是由其结构所造成的。由于粉粒之间通常是很松散的“准自由”表面，这些表面都非常有利于水分子附着，特别是粉粒与粉粒之间不太紧密的接触更有利于水分子的附着。极性的、离解力极强的水分子在粉粒接触处的附着将使其接触程度强化，并且接触电阻显著降低。环境湿度越高，水分子附着越多，接触电阻就越低。由于接触电阻在湿敏元件中是起主导作用的，所以随着环境湿度的增加，元件的电阻下降。而且，不论是用负特性型还是正特性型的湿敏瓷粉作为原料，只要其结构是属于粉粒堆集型的，其阻值都将随着环境湿度的增高而显著下降。例如，烧结型 Fe_3O_4 湿敏电阻具有正特性，而瓷粉膜型 Fe_3O_4 湿敏电阻具有负特性。

3. 湿敏电阻的应用

陶瓷湿敏传感器具有较好的热稳定性，较强的抗沾污能力，能在恶劣、易污染的环境中测得准确的湿度数据等优点；另外测湿范围宽，基本上可以实现全湿范围内的湿度测量；并且工作温度较高，常温湿敏传感器的工作温度在 150℃以下，而高温湿敏传感器的工作温度可达 800℃；响应时间短，精度高，工艺简单，成本低等。所以在实用中占有很重要的位置。

图 6-45 所示的高湿度报警电路，广泛应用于蔬菜大棚、粮棉仓库、花卉温室、医院等对湿度要求比较严格的场合。电路中的 SMOI—A 型湿敏电阻，当环境的相对湿度在 20%～90%RH 变化时，它的电阻值在几十千欧到几百欧范围内改变。为防止湿敏电阻产生极化现象，先通过变压器降压，供给检测电路 9V 交流电压。当环境湿度增大时，湿敏电阻 R_H 阻值下降，1MΩ 电阻 R_1 两端电压升高，VT_1 导通，VT_2 截止，VT_3 导通，发光二极管 VL 发光。

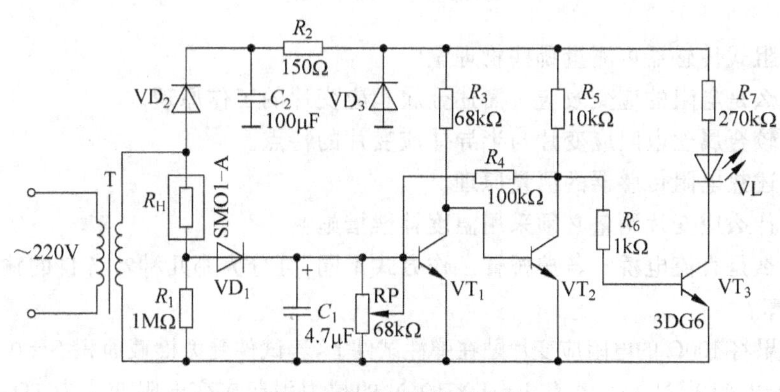

图 6-45　高湿度报警电路

本章小结

电阻式传感器是将被测的非电量转换成电阻值变化的传感器。电阻式传感器种类很多，主要包括磁敏电阻、热敏电阻、气敏电阻、湿敏电阻和电位器式传感器、电阻应变式传感器等。电位器式传感器将机械位移转换为与其有一定函数关系的电阻值的变化，从而引起电路中输出电压的变化。线性电位器的输出电压与电刷的位移量 x 成比例，实现了位移与输出电压的线性转换。电阻应变式传感器是利用电阻应变片的应变效应将应变转换为电阻变化的传感器,此类传感器主要是在弹性元件上通过特定工艺粘贴电阻应变片来组成。电阻应变计又分为金属电阻应变计和半导体电阻应变计。电阻应变式传感器的测量转换电路通常采用直流电桥和交流电桥。采用差动电桥可以减小非线性误差。电阻应变式传感器的温度补偿方法通常有桥路补偿法、应变片自补偿法和热敏电阻补偿法。

磁敏电阻是基于磁阻效应的磁敏元件,可以用来作为电流传感器、磁阻位移传感器、无触点开关等。利用热电阻效应可以测量温度。由金属导体铂、铜、镍等制成的测温元件称为金属热电阻,由半导体材料制成的测温元件称为热敏电阻。热敏电阻按温度特性可分为三类,即负温度系数热敏电阻(NTC)、正温度系数热敏电阻(PTC)、临界系数热敏电阻(CTR)三大类。用铂电阻传感器进行测温时,测量电路经常采用电桥电路。通常可采用两线制、三线制和四线制三种电桥连接法测量电路。

气敏电阻是一种半导体敏感器件,它是利用气体的吸附使半导体本身的电导率发生变化,把某种气体的成分、浓度等参数转换成电阻变化量,再转换成电信号的电阻,实际上可以说是气敏传感器。根据检测原理的不同,气敏传感器分为接触燃烧式气敏传感器、电化学气敏传感器和半导体气敏传感器三类;根据测试对象的不同,气敏传感器又分为还原性气体传感器和二氧化钛氧浓度传感器。

湿敏电阻是在基片上覆盖一层用感湿材料制成的膜,当空气中的水蒸气吸附在感湿膜上时,元件的电阻率和电阻值都发生变化。利用这一特性即可测量湿度。

思考题与习题 6

6-1 电阻式传感器可测量哪些物理量?

6-2 什么是电阻的应变效应?简述金属丝应变片的工作原理。

6-3 比较金属丝电阻应变片与半导体应变片的特点。

6-4 简述热电阻传感器的测量原理。

6-5 为什么应变片测量必须采用温度补偿措施?

6-6 什么是直流电桥?若按桥臂工作方式不同,可分为哪几种?各自的输出电压及灵敏度如何计算?

6-7 如果将 100Ω 的电阻应变片贴在弹性试件上,若试件受力横截面积 $S=0.5\times10^{-4}\,\mathrm{m}^2$,弹性模量 $E=2\times10^{11}\,\mathrm{N/m}^2$,若有 $F=5\times10^4\,\mathrm{N}$ 的拉力引起应变电阻变化为 1Ω,试求该应变片的灵敏度系数。

6-8 什么是磁阻效应?简述磁敏电阻的特性。

6-9 简要说明湿敏电阻传感器的工作原理并举例说明其用途。

第7章　超声波传感器

本章主要内容

1. 超声波及其基本特性；
2. 声敏传感器；
3. 超声波传感器的材料与结构；
4. 超声波传感器的应用。

教学目标及重点、难点

教学目标

1. 了解超声波传感器的基本工作原理；
2. 掌握超声波传感器的结构、特性及使用方法。

重点：声/超声波传感器的结构、原理、类型与特征。

难点：声/超声波传感器的使用方法。

声/超声技术以物理、电子、机械及材料学为基础，它是各行各业都要使用的通用技术之一。声/超声技术基于声/超声波产生、传播及接收的物理过程。目前，超声波技术已广泛用于冶金、船舶、机械、医疗等领域的超声探测、超声清洗、超声焊接、超声检测和超声医疗等方面。

7.1　超声波及其基本特性

振动在弹性介质内的传播称为波动，简称波。频率在 $16\sim2\times10^4$ Hz 之间、能为人耳所闻的机械波，称为声波；频率低于 16Hz 的机械波，称为次声波；频率高于 2×10^4 Hz 的机械波，称为超声波；频率在 $3\times10^8\sim3\times10^{11}$ Hz 之间的波，称为微波，如图 7-1 所示。

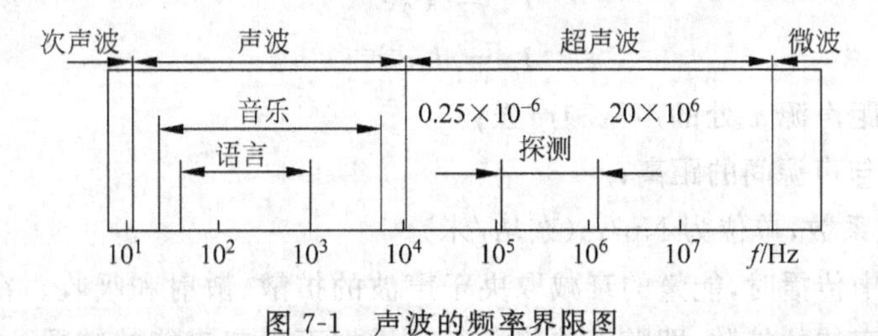

图 7-1　声波的频率界限图

当超声波由一种介质入射到另一种介质时，由于在两种介质中传播速度不同，在介质面上会产生反射、折射和波形转换等现象。

1. 超声波的波形及其转换和波速

按波形的不同声波通常有以下几类：

① 纵波——质点振动方向与波的传播方向一致的波；

② 横波——质点振动方向垂直于波的传播方向的波；

③ 表面波——质点的振动介于横波与纵波之间，沿着表面传播的波。

横波只能在固体中传播，纵波能在固体、液体和气体中传播，表面波随深度增加衰减很快。

为了测量各种状态下的物理量，应多采用纵波。

纵波、横波及表面波的传播速度取决于介质的弹性常数及介质密度，气体中声速为344m/s，液体中声速在900～1900m/s。

当纵波以某一角度入射到第二介质（固体）的界面上时，除发生纵波的反射、折射外，还发生横波的反射和折射，在某种情况下还能产生表面波。

2. 超声波的反射和折射

声波从一种介质传播到另一种介质，在两种介质的分界面上一部分声波被反射，另一部分透射过界面，在另一种介质内部继续传播。这样的两种情况分别称之为声波的反射和折射，如图 7-2 所示。

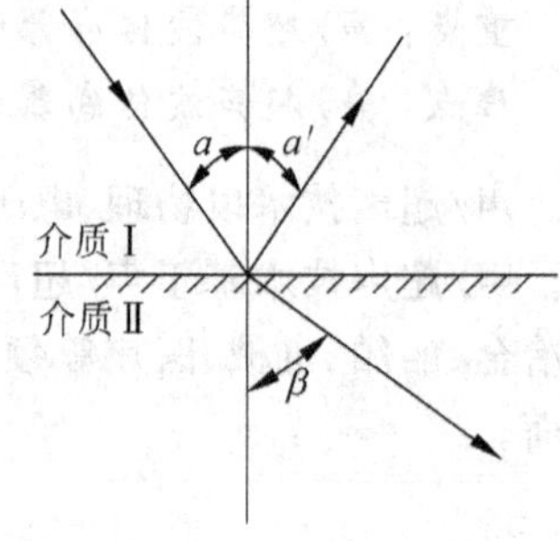

图 7-2 超声波的反射和折射

由物理学可知，当波在界面上产生反射时，入射角 α 的正弦与反射角 α' 的正弦之比等于波速之比。当波在界面处产生折射时，入射角 α 的正弦与折射角 β 的正弦之比，等于入射波在第一介质中的波速 c_1 与折射波在第二介质中的波速 c_2 之比，即

$$\frac{\sin\alpha}{\sin\beta} = \frac{c_1}{c_2} \tag{7-1}$$

3. 超声波的衰减

声波在介质中传播时，随着传播距离的增加，能量逐渐衰减，其衰减的程度与声波的扩散、散射及吸收等因素有关。其声压和声强的衰减规律为

$$P_x = P_0 e^{-\alpha x} \tag{7-2}$$

$$I_x = I_0 e^{-2\alpha x} \tag{7-3}$$

式中，P_x、I_x——距声源 x 处的声压和声强；

x——声波与声源间的距离；

α——衰减系数，单位为 Np/m（奈培/米）。

声波在介质中传播时，能量的衰减取决于声波的扩散、散射和吸收。在理想介质中，声波的衰减仅源于声波的扩散，即随声波传播距离增加而引起声能的减弱。散射衰减是固体介质中的颗粒界面或流体介质中的悬浮粒子使声波散射所致。吸收衰减是由介质的导热性、黏滞性及弹性滞后造成的，介质吸收声能并转换为热能。

4. 超声波与介质的相互作用

超声波在介质中传播时，与介质相互作用会产生以下效应。

(1) 机械效应

超声波在传播过程中，会引起介质质点交替地压缩和扩张，形成了压力的变化，这种压力变化将引起机械效应。超声波引起的介质质点运动，虽然产生的位移和速度不大，但是，与超声振动频率的平方成正比的质点加速度却很大，有时是重力加速度的数万倍。这么大的加速度足以造成对介质的强大机械作用，甚至能达到破坏介质的程度。

(2) 空化效应

流体动力学中指出，存在于液体中的微气泡(空化核)在声场的作用下振动，当声压达到一定值时，气泡将迅速膨胀，然后突然闭合，在气泡闭合时将产生冲击波。这种膨胀、闭合、振动等一系列动力学过程称为声空化(acoustic cavitation)。这种声空化现象是超声学及其作用的基础。

液体的空化作用与介质的温度、压力、空化核半径、含气量、声强、黏滞性、频率等因素有关。一般情况下，温度高易于空化；液体中含气量高、空化阈值低，易于空化；声强高，也易于空化；频率高、空化阈值高，不易于空化。例如，频率在 15kHz 时，产生空化的声强只需 $0.16 \sim 2.6\mathrm{W/cm^2}$；而频率在 500kHz 时，所需要的声强则为 $100 \sim 400\mathrm{W/cm^2}$。

在空化过程中，气泡闭合时所产生的冲击波强度最大。设气泡膨胀时的最大半径为 R_m，气泡闭合时的最小半径为 R，从膨胀到闭合，在距气泡中心为 $1.587R$ 处所产生的最大压力可达到 $P_{max} = 4^{-4/3}P_0(R_m/R)^3$。当 $R \to 0$ 时，$P_{max} \to \infty$。根据此式一般估计，局部压力可达上千个大气压，由此足以看出空化的巨大作用和应用前景。

(3) 热效应

如果超声波作用于介质时被介质所吸收，实际上也就是有能量被吸收。同时，由于超声波的振动，使介质产生强烈的高频振荡，介质间互相摩擦而发热，这种能量能使固体、流体介质温度升高。超声波在穿透两种不同介质的分界面时，温度升高值更大，这是由于分界面上特性阻抗不同，将产生反射，形成驻波，引起分子间的相互摩擦而发热。

超声波的热效应在工业、医疗上都得到了广泛应用。

超声波与介质作用除了以上几种效应外，还有声流效应、触发效应和弥散效应等，它们都有很高的应用价值。

7.2　声敏传感器

7.2.1　声敏传感器的概念及分类

声敏传感器是一种将在气体、液体或固体中传播的机械振动转换成电信号的器件。

按测量原理，声敏传感器可分为压电效应声敏传感器、电致伸缩效应声敏传感器、电磁感应声敏传感器、静电效应声敏传感器和磁致伸缩声敏传感器等，见表 7-1。

表 7-1　声敏传感器的分类

分类	原理	传感器	构　成
电磁变换	动电型	动圈式话筒 扁形话筒 动圈式拾音器	线圈和磁铁
	电磁型	电磁型话筒(助听器) 电磁型拾音器 磁记录再生磁头	磁铁和线圈 高导磁率合金或铁氧体和线圈
	磁致伸缩型	水中受波器 特殊话筒	镍和线圈 铁氧体和线圈
静电变换	静电型	电容式话筒 驻极体话筒 静电型拾音器	电容器和电源 驻极体
	压电型	话筒 石英水声换能器	罗息盐、石英、压电高分子(PVDF)
	电致伸缩型	话筒 水声换能器 压电双晶片型拾音器	钛酸钡($BaTiO_3$) 锆钛酸铅(PZT)
电阻变换	接触阻抗型	电话用炭粒送话器	炭粉和电源
	阻抗变换型	电阻丝应变型话筒 半导体应变变换器	电阻丝应变计和电源 半导体应变计和电源
光电变换	相位变化型	干涉型声传感器 DAD 再生用传感器	光源、光纤和光检测器 激光光源和光检测器
	光量变化型	光量变换型声传感器	光源、光纤和光检测器

7.2.2　几种典型声敏传感器

1. 电阻变换型声敏传感器

电阻变换型声敏传感器按照转换原理可分为接触阻抗型、阻抗变换型两种。

(1) 接触阻抗型声敏传感器

这种传感器接触式测量声波且通过阻值变化来检测。基本工作原理：当声波经空气传播至膜片时，膜片产生振动，在膜片和电极之间的炭粒的接触电阻发生变化，从而调制通过送话器的电流，该电流经变压器耦合至放大器，信号经放大后输出。

(2) 阻抗变换型声敏传感器

这种传感器由电阻丝应变片或半导体应变片粘贴在膜片上构成，当声压作用在膜片上时，膜片产生形变，使应变片的阻抗发生变化，检测电路将这种变化转换为电压信号输出，从而完成声电的转换。

2. 压电声敏传感器

压电声敏传感器是利用压电晶体的压电效应制成的。压电晶体的一个极面和膜片相连接。基本工作原理：当声压作用在膜片上使其振动时，膜片带动压电晶体产生机械振动，压电晶体在机械应力的作用下产生随声压大小变化而变化的电压，从而完成声电的转换。

应用电路 1：压电微音器，如图 7-3 所示。

应用电路 2：压电微音器在噪声计上的应用电路，如图 7-4 所示。

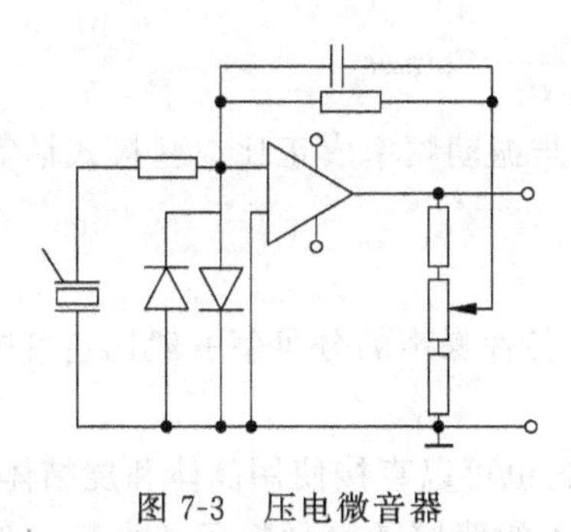

图 7-3　压电微音器

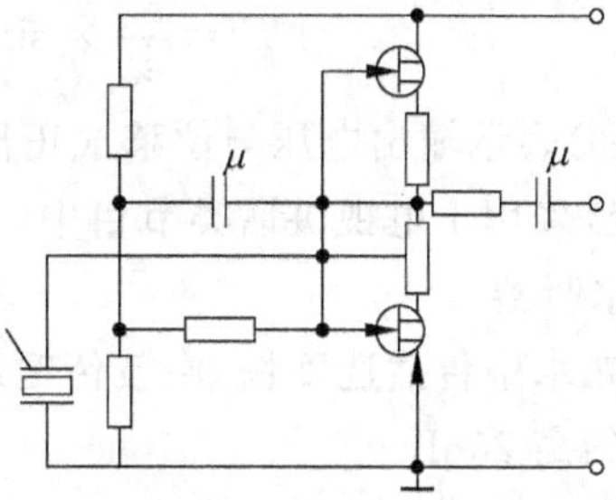

图 7-4　压电微音器在噪声计上的应用电路

3. 电容式声敏传感器(静电型)

电容式送话器的结构如图 7-5 所示。

它由膜片、护盖及固定电极等组成，膜片为一片弹性好的金属薄片，与固定电极组成间距很小的可变电容器。

原理：当膜片在声波作用下振动时，膜片与固定电极间的距离发生变化，从而引起电容量的变化。

如果在传感器的两极间串接负载电阻 R_L 和直流电流极化电压 E，在电容量随声波的振动变化时，在 R_L 的两端就会产生交变电压。

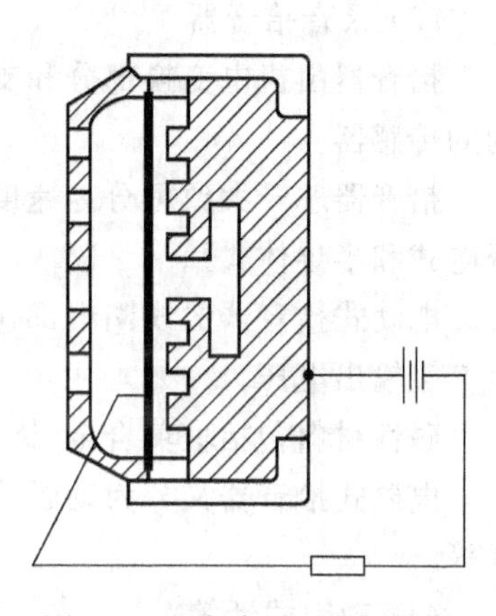

图 7-5　电容式送话器的结构

4. 音响传感器

音响传感器是将气体(空气)、液体(水)和固体中传播的机械振动变换成电信号的一类传感器。

音响传感器有：

① 将声音载于通信网的电话话筒；

② 将可听频带(20Hz～20kHz)的声音进行电变换的放音、录音话筒；

③ 将媒质所记录的信号还原成声音的各种传感器等。

(1) 驻极体话筒

如图 7-6 所示，系统的合成电容为 $C(F)$，电介质薄膜为聚酯、聚碳酸酯、氟化乙烯树脂材料。驻极体薄膜的一个面为电极，与固定电极保持一定的间隙 d_0。

工作原理：使系统内部极化，并将电荷固定在薄膜的表面，薄膜单位电极表面上感应的电荷为

$$\sigma=\frac{\varepsilon_1 d_0 \sigma}{\varepsilon_1 d_0+\varepsilon_0 d_1} \tag{7-4}$$

$$\sigma=-\frac{\varepsilon_0 d_1 \sigma}{\varepsilon_1 d_0+\varepsilon_0 d_1} \tag{7-5}$$

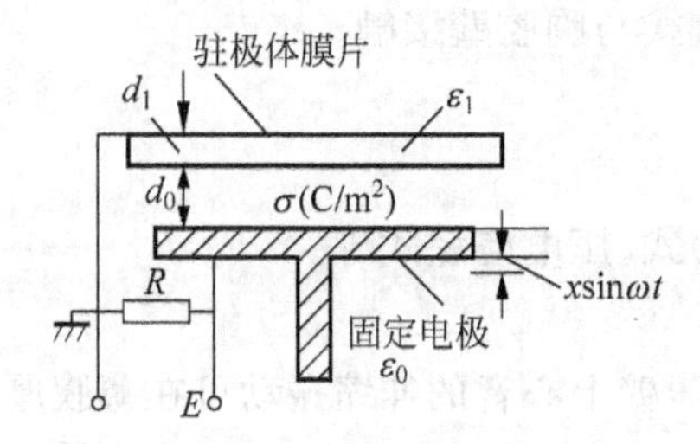

图 7-6　驻极体话筒的结构

式中，ε_0 和 ε_1 分别为各部分的介电常数。

当驻极体膜片(或固定电极)以角频率 ω 振动时，若

$R \gg \omega C$,则来自外部的电荷不能移动,从而在电极间产生电位差,即

$$E = \frac{d_0}{\varepsilon_0} \times \sin\omega t = \frac{\sigma d_1}{\varepsilon_1 d_0 + \varepsilon_0 d_1} \times \sin\omega t \tag{7-6}$$

式(7-6)表示输出电压与位移成正比,即短路电流与振动频率成正比。驻极式话筒体积小,重量轻,多用于电视讲话类节目中。

(2) 水听器

声音在水中传播速度快,声波传输衰减小,且水中各种噪声的分贝值一般比空气中的声压分贝值约高 20dB。

音响振动变换元件可以换成电动、电磁、静电式的,也可以直接使用晶体和烧结体元件。压电陶瓷元件的传感器,通常用做半径方向上被极化了的薄壁圆筒形振子。由于元件呈电容性,因此配置场效应管,进行阻抗变换,以便得到输出。

(3) 录音拾音器

拾音器由机电变换部分和支架构成。它是检测录音机 V 形沟纹里记录的上下、左右振动的传感器。

拾音器芯子大致可分为速度比例式(分为电动式和电磁式)与位移比例式(分为静电式、压电式和半导体式)。

电动式拾音器的线圈中都包含有磁芯,由于振动线圈本身交链磁通的变化($d\phi/dt$),就会产生输出电压。

磁性材料包括坡莫合金、铁硅铝磁合金和珀明德铁钴系高导磁合金。

电磁式拾音器又分为动磁式(MM 型)、动铁式(MI 型)、磁感应式(IM 型)和可变磁阻式等。

(4) 动圈式话筒

动圈式话筒由磁铁和软铁组成磁路,磁场集中在磁铁芯柱与软铁形成的气隙中。在软铁的前部装有振动膜片并带有线圈,线圈套在磁铁芯柱上位于强磁场中。当振动膜片受到声波作用时,带动线圈切割磁力线,产生感应电动势输出。另外还接有升压变压器以提高输出电压。

(5) 医用音响传感器

这类传感器用于检测心脏的跳动声、心杂音、由血管的狭窄部分所发出的杂音、伴随着呼吸的支气管与肺膜发生的声音、肠杂音、胎儿心脏的跳动声音等。它主要包括以下几种。

① 心音计。

心音计分为空气传导式与直接传导式两种。

空气传导式——由气室与一般的传声器组合而成。

直接传导式——有加速度型、悬挂型、放置型三种,直接与胸腔壁接触。

② 心音导管尖端式传感器。

将压力检测元件配置在心音导管的端部探头。

压力检测元件包括电磁式、应变片(电阻丝和半导体)式、压电陶瓷式等。

③ 胎儿心音计。

通过超声波层断图像可以检测出胎儿心脏的跳动。腹壁上心音的伸缩振动可在薄膜厚度方向传输电压。

7.3　超声波传感器的材料与结构

利用超声波在超声场中的物理特性和各种效应而研制的装置称为超声波换能器、探测器或传感器。

超声波探头按其工作原理可分为压电式、磁致伸缩式、电磁式等，其中以压电式最为常用。

压电式超声波探头常用的材料是压电晶体和压电陶瓷。它是利用压电材料的压电效应来工作的：利用逆压电效应将高频电振动转换成高频机械振动，从而产生超声波，可作为发射探头；而利用正压电效应将超声振动波转换成电信号，可用做接收探头。

压电式超声波探头的结构如图 7-7 所示，主要由压电晶片、吸收块（阻尼块）、保护膜、引线等组成。压电晶片多为圆板形，厚度为 δ。超声波频率 f 与其厚度 δ 成反比。压电晶片的两面镀有银层，作为导电的极板。阻尼块的作用是降低晶片的机械品质，吸收声能量。如果没有阻尼块，当激励的电脉冲信号停止时，晶片将会继续振荡，增大超声波的脉冲宽度，使分辨率变差。

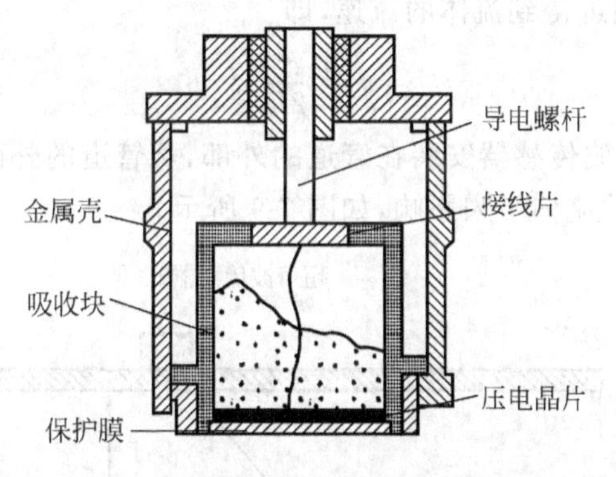

图 7-7　压电式超声波探头的结构

7.4　超声波传感器的应用

7.4.1　超声波流量传感器

超声波流量传感器的测定方法有多种，如传播速度变化法、波速移动法、多普勒效应法、流动听声法等。但目前应用较广的主要是超声波传输时间差法。

超声波在流体中传输时，在静止流体和流动流体中的传输速度是不同的，利用这一特点可以求出流体的速度，再根据管道流体的截面积，便可知道流体的流量。

在流体中设置两个超声波传感器，它们既可以发射超声波，又可以接收超声波，一个装在上游，一个装在下游，其距离为 L，如图 7-8 所示。设顺流方向的传输时间为 t_1，逆流方向的传输时间为 t_2，流体静止时的超声波传输速度为 c，流体流动速度为 v，则

$$t_1 = \frac{L}{c+v} \tag{7-7}$$

$$t_2 = \frac{L}{c - v} \tag{7-8}$$

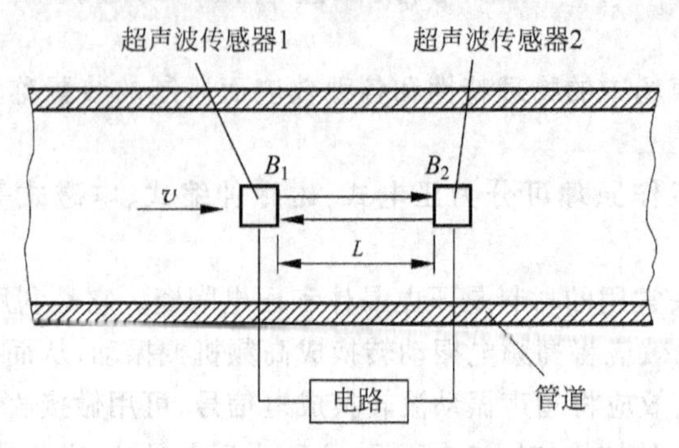

图 7-8　超声波测流量原理图

一般来说，流体的流速远小于超声波在流体中的传播速度，那么超声波传播时间差为

$$\Delta t = t_2 - t_1 = \frac{2Lv}{c^2 - v^2} \tag{7-9}$$

由于 $c \gg v$，从上式便可得到流体的流速，即

$$v = \frac{c^2}{2L}\Delta t \tag{7-10}$$

在实际应用中，超声波传感器安装在管道的外部，从管道的外面透过管壁发射和接收超声波不会给管路内流动的流体带来影响，如图 7-9 所示。

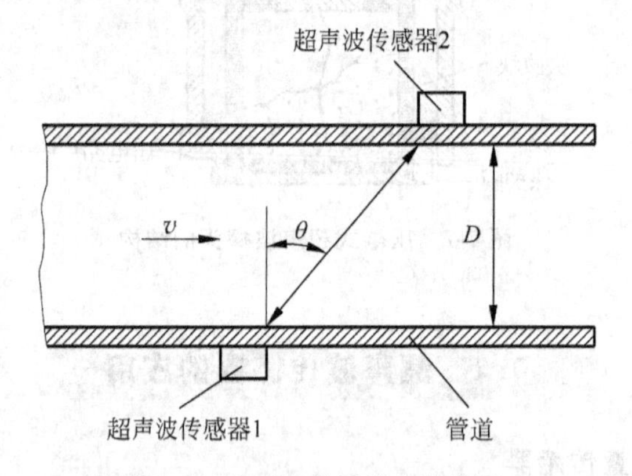

图 7-9　超声波传感器安装位置

超声波流量传感器具有不阻碍流体流动的特点，可测流体种类很多，不论是非导电的流体、高黏度的流体还是浆状流体，只要能传输超声波就都可以进行测量。超声波流量传感器可用来对自来水、工业用水、农业用水等进行测量，还可用于下水道、农业灌溉、河流等流速的测量。

优点：

① 可做非接触式测量；

② 无流动阻挠测量，无压力损失；

③ 可测量非导电性液体；

④ 除带测量管段式外，一般不需要做实流校验；

⑤ 原理上不受管径限制，其造价基本与管径无关。

缺点：

① 传播时间法只能用于清洁液体和气体，而多普勒法只能用于测量含有一定量悬浮颗粒和气泡的液体；

② 多普勒法测量精度不高。

产品特点：

① 采用独特的信号数字化处理技术，使仪表测量信号更稳定，抗干扰能力强，计量更准确；

② 无机械传动部件，不容易损坏，免维护，寿命长；

③ 电路更优化，集成度高，功耗低，可靠性高；

④ 智能化标准信号输出，人机界面友好，有多种二次信号输出，便于选择。

常见问题及解决办法：

① 超声波流量计探头使用一段时间后，会出现不定期的报警，尤其是输送介质杂质较多时。解决办法：定期清理探头（建议一年清理一次）。

② 超声波流量计输送介质含有水等液体杂质时，流量计引压管容易产生积液，气温较低时会出现引压管冻堵现象，尤其在北方地区冬季较常见。解决办法：对引压管进行吹扫或加电伴热。

③ 超声波流量计对管道的要求非常严格，不能有异响，否则会影响测量结果。超声波在传播过程中，由于受介质和介质中杂质的阻碍或吸收，其强度会产生衰减。不论是超声波流量计还是超声波物位计，对所接收的声波强度都有一定要求，所以都要对各种衰减进行抑制。

7.4.2 超声波测厚仪

超声波测厚仪（图 7-10）是根据超声波脉冲反射原理来进行厚度测量的，当探头发射的超声波脉冲通过被测物体到达材料分界面时，脉冲被反射回探头，通过精确测量超声波在材料中传播的时间来确定被测材料的厚度。凡能使超声波以一恒定速度在其内部传播的各种材料均可采用此原理测量。

超声波测厚仪采用最新的高性能、低功耗微处理器技术，基于超声波测量原理，可以测量金属及其他多种材料的厚度，并可以对材料的声速进行测量；还可以对生产设备中各种管道和压力容器进行厚度测量，监测它们在使用过程中受腐蚀后的减薄程度；也可以对各种板材和各种加工零件做精确测量。

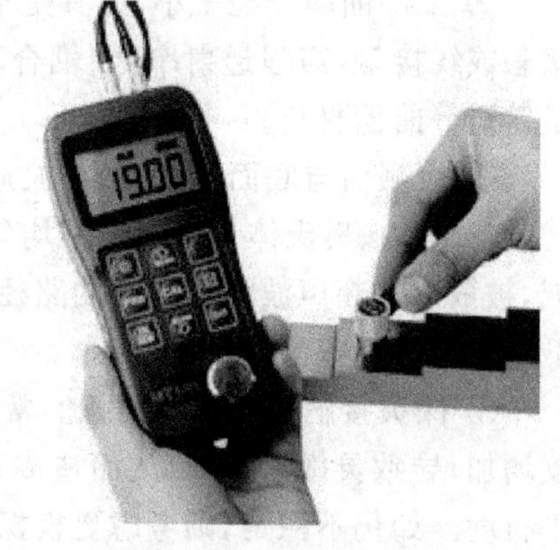

图 7-10　超声波测厚仪

超声波处理方便，并有良好的指向性，用超声技术测量金属和非金属材料的厚度，既快又准确，无污染，尤其是在只有一个侧面可接触的场合，更能显示其优越性。超声波测厚仪广泛用于测量各种板材厚度、管材壁厚、锅炉容器壁厚及其局部腐蚀、锈蚀的情况，因此对冶金、造船、机械、化工、电力、原子能等各工业部门的产品检验、设备安全运行及现代化管理起着重要的作用。

超声波测厚仪仅是超声技术应用的一部分，还有很多领域都可以应用超声技术，比如超声波雾化、超声波焊接、超声波钻孔、超声波研磨、超声波液位计、超声波物位计、超声波抛光、超声波清洗机等。超声波技术将在各行各业得到越来越广泛的应用。

1. 工作原理

超声波测厚仪主要由主机和探头两部分组成。主机电路包括发射电路、接收电路、计数显示电路三部分，由发射电路产生的高压冲击波激励探头，产生超声发射脉冲波，脉冲波经介质介面反射后被接收电路接收，通过单片机计数处理后，经液晶显示器显示厚度数值，它主要根据声波在试样中的传播速度乘以通过试样的时间的一半而得到试样的厚度。

2. 一般测量方法

① 在一点处用探头进行两次测厚，在两次测量中探头的分割面要互为90°，取较小值为被测工件厚度值。

② 30mm 多点测量法：当测量值不稳定时，以一个测定点为中心，在直径约为30mm 的圆内进行多次测量，取最小值为被测工件厚度值。

3. 精确测量法

在规定的测量点周围增加测量数目，厚度变化用等厚线表示。

4. 连续测量法

用单点测量法沿指定路线连续测量，间隔不大于5mm。

5. 网格测量法

在指定区域画上网格，按点测厚记录。此方法在高压设备、不锈钢衬里腐蚀监测中广泛使用。

6. 影响测量示值的因素

① 工件表面粗糙度过大，造成探头与接触面耦合效果差，反射回波低，甚至无法接收到回波信号。对于表面锈蚀、耦合效果极差的在役设备、管道等，可通过砂、磨、锉等方法对表面进行处理，降低粗糙度；也可以将氧化物及油漆层去掉，露出金属光泽，使探头与被检物通过耦合剂能达到很好的耦合效果。

② 工件曲率半径太小，尤其是小径管测厚时，因常用探头表面为平面，与曲面接触为点接触或线接触，声强透射率低（耦合不好）。可选用小管径专用探头（6mm），能较精确地测量管道等曲面材料。

③ 检测面与底面不平行，声波遇到底面产生散射，探头无法接收到回波信号。

④ 铸件、奥氏体钢因组织不均匀或晶粒粗大，超声波在其中穿过时产生严重的散射衰减，被散射的超声波沿着复杂的路径传播，有可能使回波湮没，造成不显示。可选用频率较低的粗晶专用探头（2.5MHz）。

⑤ 探头接触面有一定磨损。常用测厚探头表面为丙烯树脂，长期使用会使其表面粗糙度增加，导致灵敏度下降，从而造成显示不正确。可选用500＃砂纸打磨，使其平滑并保证平行度。如仍不稳定，则考虑更换探头。

⑥ 被测物背面有大量腐蚀坑。由于被测物另一面有锈斑、腐蚀凹坑，造成声波衰减，导

致读数无规则变化，在极端情况下甚至无读数。

⑦ 被测物体(如管道)内有沉积物，当沉积物与工件声阻抗相差不大时，测厚仪显示值为壁厚加沉积物厚度。

⑧ 当材料内部存在缺陷(如夹杂、夹层等)时，显示值约为公称厚度的 70%，此时可用超声波探伤仪进一步进行缺陷检测。

⑨ 温度的影响。一般固体材料中的声速随其温度升高而降低，有实验数据表明，热态材料温度每升高 100℃，声速下降 1%。高温在役设备常常碰到这种情况。应选用高温专用探头(300～600℃)，切勿使用普通探头。

⑩ 层叠材料和复合(非均质)材料。要测量未经耦合的层叠材料是不可能的，因为超声波无法穿透未经耦合的空间，而且不能在复合(非均质)材料中匀速传播。对于由多层材料包扎制成的设备(如尿素高压设备)，测厚时要特别注意，测厚仪的示值仅表示与探头接触的那层材料的厚度。

⑪ 耦合剂的影响。耦合剂用于排除探头和被测物体之间的空气，使超声波能有效地穿入工件以达到检测目的。如果选择种类或使用方法不当，将造成误差或耦合标志闪烁，无法测量。应根据使用情况选择合适的种类，当用在光滑材料表面时，可以使用低黏度的耦合剂；当用在粗糙表面、垂直表面及顶面时，应使用黏度高的耦合剂。高温工件应选用高温耦合剂。另外，耦合剂应适量使用，涂抹均匀，一般应将耦合剂涂在被测材料的表面；但当测量温度较高时，耦合剂应涂在探头上。

⑫ 声速选择错误。测量工件前，应根据材料种类预置其声速或根据标准块反测出声速。当用一种材料校正仪器后(常用试块为钢)又去测量另一种材料时，将产生错误的结果。要求在测量前一定要正确识别材料，选择合适的声速。

⑬ 应力的影响。在役设备、管道大部分有应力存在，固体材料的应力状况对声速有一定的影响，当应力方向与传播方向一致时，若应力为压应力，则应力作用使工件弹性增加，声速加快；反之，若应力为拉应力，则声速减慢。当应力与波的传播方向不一致时，波动过程中质点振动轨迹受应力干扰，波的传播方向产生偏离。有资料表明，一般应力增加，声速缓慢增加。

⑭ 金属表面氧化物或油漆覆盖层的影响。金属表面产生的致密氧化物或油漆防腐层，虽与基体材料结合紧密，无明显界面，但声速在两种物质中的传播速度是不同的，因此会造成误差，且随覆盖物厚度不同，误差大小也不同。

7.4.3 超声波物位传感器

超声波物位传感器是利用超声波在两种介质的分界面上的反射特性而制成的。如果从发射超声脉冲开始到接收换能器接收到反射波为止的这个时间间隔已知，就可以求出分界面的位置，利用这种方法可以对物位进行测量。根据发射和接收换能器的功能，传感器又可分为单换能器式和双换能器式。单换能器式传感器发射和接收超声波均使用一个换能器，而双换能器式传感器发射和接收各由一个换能器负责。

图 7-11 给出了几种超声波物位传感器的结构示意图。超声波发射和接收换能器可设置在液体介质中，让超声波在液体介质中传播，如图 7-11(a)所示。由于超声波在液体中衰减比较小，所以即使发射的超声脉冲幅度较小也可以传播。超声波发射和接收换能器也可

以安装在液面的上方,让超声波在空气中传播,如图 7-11(b)所示。这种方式便于安装和维修,但超声波在空气中的衰减比较厉害。

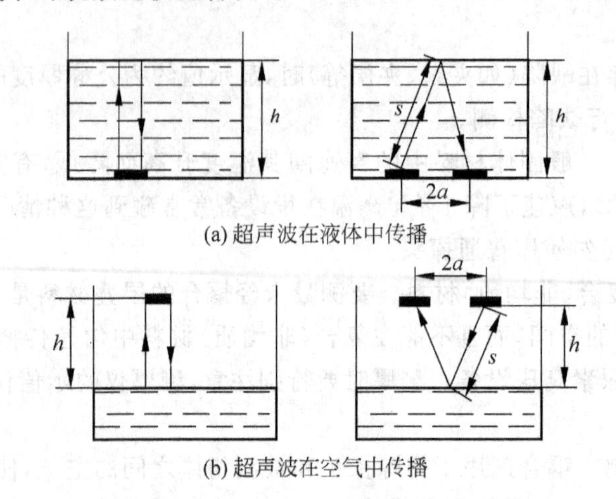

图 7-11 几种超声波物位传感器的结构示意图

对于单换能器来说,超声波从发射到液面,又从液面反射到换能器的时间为

$$t=\frac{2h}{c} \tag{7-11}$$

式中,h——换能器距液面的距离;

c——超声波在介质中传播的速度。

对于双换能器来说,超声波从发射到被接收经过的路程为 $2s$,而

$$s=\frac{ct}{2} \tag{7-12}$$

因此液面高度为

$$h=\sqrt{s^2-a^2} \tag{7-13}$$

式中,s——超声波反射点到换能器的距离;

a——两换能器间距之半。

从以上公式中可以看出,只要测得超声波脉冲从发射到被接收的间隔时间,便可以求得待测的物位。

超声波物位传感器具有精度高和使用寿命长的特点,但若液体中有气泡或液面发生波动,便会有较大的误差。在一般使用条件下,它的测量误差为±0.1%,检测物位的范围为 $10^{-2}\sim10^{4}$ m。

7.4.4 医用超声检测

超声波在医疗上的应用是通过向体内发射超声波(主要是纵波),然后接收经人体各组织反射回来的超声回波并加以处理和显示,根据超声波在人体不同组织中传播特性的差异(见表 7-2)进行诊断。由于超声波对人体无损害,操作简便,检测迅速,受检者无不适感,对软组织成像清晰,因此,超声波诊断仪已经成为临床上重要的现代诊断工具。超声波诊断仪类型很多,最常用的有:A 型超声波诊断仪,又称振幅(amplitude)型诊断仪;M 型超声波诊断仪，主要用于运动(motion)器官诊断，常用于心脏疾病的诊断，故又称为超声波心动图仪；B 型超声波诊断仪，是辉度调制(brightness modulation)式诊断仪，其诊断功能强于 A 型和 M 型，是全世界范围内普遍使用的临床诊断仪。

表 7-2　诊断超声波在人体组织中的声速

组织类型	肺	脂肪	肝	血	肾	肌肉	晶状体(眼)	骨(头颅骨)
声速/m/s	600	1460	1555	1560	1565	1600	1620	4080

本章小结

本章主要介绍测试系统中超声波传感器的基础知识，分别从超声波传感器的基本原理及基本特性、超声波的波形及其转换和波速、超声波的反射和折射、超声波的衰减、超声波与介质的相互作用、超声波传感器的材料与结构、超声波传感器的应用、声敏传感器的概念及分类等方面介绍了超声波传感器及声敏传感器的基本知识。

声/超声技术以物理、电子、机械及材料学为基础，是各行各业都要使用的通用技术之一。声/超声技术基于声/超声波产生、传播及接收的物理过程。目前，超声波技术广泛用于冶金、船舶、机械、医疗等各个领域的超声探测、超声清洗、超声焊接、超声检测和超声医疗等方面，并取得了很好的社会效益和经济效益。

思考题与习题 7

7-1　声波和超声波在介质中传播具有哪些特性？

7-2　声敏传感器的原理是什么？简述其类型特征及用途。

7-3　自拟一个题目，当被测量(声音)超过一定值时，利用声敏传感器设计一个报警装置。

7-4　超声波传感器的基本原理是什么？超声波探头有哪几种结构形式？

第 8 章　数字式传感器

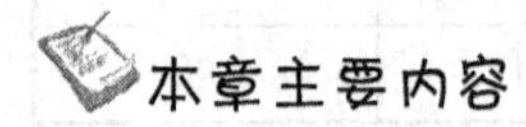

本章主要内容

1. 编码器；
2. 光栅传感器；
3. 磁栅传感器；
4. 感应同步器。

教学目标及重点、难点

教学目标

1. 了解数字式传感器的定义、分类、功能及其特性；
2. 掌握数字式传感器的组成、工作原理及应用。

重点：数字式传感器的定义、功能、组成、分类及工作原理。

难点：数字式传感器的工作原理。

随着微型计算机的迅速发展和广泛应用，信号的检测、控制和处理已进入数字化时代。通常采用模拟式传感器获取模拟信号，利用 A/D 转换器将信号转换成数字信号，再用微型计算机和其他数字设备进行处理，这种方法简便易行，但系统的构成也很复杂。数字式传感器就是为了解决这些问题而出现的，它能把被测模拟量直接转换成数字量信号输出。

数字式传感器具有下列特点：

① 具有高的测量精度和分辨率，测量范围大；
② 抗干扰能力强，稳定性好；
③ 信号易于处理、传送和自动控制；
④ 便于动态及多路测量，读数直观；
⑤ 安装方便，维护简单，工作可靠性高。

目前，常用的数字式传感器有四大类：

① 栅式数字传感器；
② 编码器；
③ 频率/数字输出式数字传感器；
④ 感应同步器式的数字传感器。

8.1 编　码　器

编码器(encoder)是将信号(如比特流)或数据编制、转换为可用以通信、传输和存储的信号形式的设备。编码器把角位移或直线位移转换成电信号，前者称为码盘，后者称为码尺。按照读出方式的不同，编码器可以分为接触式和非接触式两种；按照工作原理编码器可分为增量式和绝对式两类。

增量式编码器是将位移转换成周期性的电信号，再把这个电信号转变成计数脉冲，用脉冲的个数表示位移的大小。绝对式编码器的每一个位置对应一个确定的数字码，因此它的示值只与测量的起始和终止位置有关，而与测量的中间过程无关。

编码器按其结构形式有接触式、光电式、电磁式等，后两种为非接触式编码器。非接触式编码器具有非接触、体积小、寿命长、分辨率高的特点。三种编码器相比较，光电式具有非接触、体积小、分辨率高、可靠性好、使用方便等特点，光电式编码器的性价比最高，它作为精密位移传感器在自动测量和自动控制技术中得到了广泛的应用，在数控机床、机器人位置控制等领域有广泛应用。目前我国已有 23 位光电编码器，为科学研究、军事、航天和工业生产提供了对位移量进行精密检测的手段。

编码器码盘按其所用码制可分为二进制码、十进制码、循环码等。对于图 8-1 所示的 6 位二进制码盘，最内圈码盘一半透光，一半不透光，最外圈一共分成 64 个黑白间隔。每一个角度方位对应于不同的编码。例如零位对应于 000000（全黑），第 23 个方位对应于 010111。这样在测量时，只要根据码盘的起始和终止位置，就可以确定角位移，而与转动的中间过程无关。一个 n 位二进制码盘的最小分辨率，即能分辨的角度为 $\alpha=360°/2^n$，一个 6 位二进制码盘，其最小分辨的角度 $\alpha\approx5.6°$。

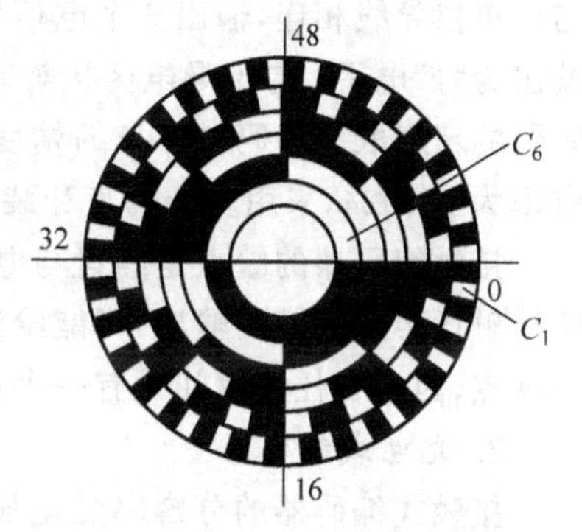

图 8-1　六位二进制码盘构造

采用二进制编码器时，任何微小的制作误差，都可能造成读数的粗误差。这主要是因为二进制码当某一较高的数码改变时，所有比它低的各位数码均须同时改变。如果由于刻划误差等原因，某一较高位提前或延后改变，就会造成粗误差。

为了消除粗误差，可用循环码代替二进制码。表 8-1 给出了四位二进制码与循环码的对照表。

表 8-1　四位二进制码与循环码对照表

十进制数	二进制码	循环码	十进制数	二进制码	循环码
0	0000	0000	8	1000	1100
1	0001	0001	9	1001	1101
2	0010	0011	10	1010	1111
3	0011	0010	11	1011	1110
4	0100	0110	12	1100	1010
5	0101	0111	13	1101	1011
6	0110	0101	14	1110	1001
7	0111	0100	15	1111	1000

从表 8-1 看出，循环码是一种无权码，从任何数变到相邻数时，仅有一位数码发生变化。如果任一码道刻划有误差，只要误差不太大，且只可能有一个码道出现读数误差，产生的误

差最多等于最低位的一比特。所以只要适当限制各码道的制造误差和安装误差，都不会产生粗误差。由于这一原因使得循环码码盘获得了广泛的应用。

大多数编码器都是单盘的，全部码道在一个圆盘上。但如要求有很高的分辨率时，码盘制作困难，圆盘直径增大，而且精度也难以达到。如要达到1″左右的分辨率，至少采用20位的码盘。对于一个刻划直径为400mm的20位码盘，其外圈分划间隔不到1.2μm，可见码盘的制作不是一件易事，而且光线经过这么窄的狭缝会产生光的衍射。这时可采用双盘编码器，它的特点是由两个分辨率较低的码盘组合成为高分辨率的编码器。

1. 接触式编码器

接触式编码器是绝对式编码器中的一种，它由编码盘、电刷和电路组成。图8-1是一个6位二进制编码器的结构示意图。编码盘按二进制码制成，与旋转轴固定在一起。码盘上有6条码道，每条码道上有许多扇形导电区（黑区）和不导电区（白区），全部导电区连在一起接到一个公共电源上。6个电刷沿一个固定的径向安装，分别与6条码道接触。每个电刷与一单根导线相连，输出6个电信号，其电平由码盘的位置控制。当电刷与导电区接触时，输出为“1”电平；与不导电区接触时，输出为“0”电平。随着转角的不同，输出相应的码。编码器的精度取决于码盘本身的精度，分辨率则取决于码道的数目。10条码道的码盘，其分辨率为1/1024，采用多个码盘和装上内部传动机构时可进一步提高其分辨率。

接触编码器的缺点是码盘与电刷之间存在接触摩擦，使用寿命短。电刷与码道的不正确接触还会产生模糊输出，可能给出错误的结果，造成误差。采用循环码（格雷码）可克服这一缺点，因为在任何瞬间只有一个比特的改变。

2. 光电式编码器

接触式编码器的分辨率受电刷的限制不可能很高；而光电式编码器由于使用了体积小、易于集成的光电元件代替机械的接触电刷，其测量精度和分辨率能达到很高水平。

光电式码盘的最大特点是采用非接触方式，它主要由编码圆盘（码盘）、窄缝以及安装在圆盘两边的光源和光敏元件等组成。它是通过光电转换将轴上的机械几何位移量转换成电脉冲或数字量信号进行输出的传感器，这是目前应用最多的传感器。

光电式编码器可分为光栅盘和光电检测装置两大部分。光栅盘是在一定直径的圆板上等分地开通若干个长方形孔。由于光电码盘与电动机同轴，电动机旋转时，光栅盘与电动机同速旋转，经发光二极管等电子元件组成的检测装置检测输出若干脉冲信号，通过计算每秒光电编码器输出脉冲的个数就能反映当前电动机的转速。此外，为判断旋转方向，码盘还可提供相位相差90°的两路脉冲信号。基本结构如图8-2所示，当光源将光投射在码盘上时，转动码盘，通过亮区的光线经窄缝后，由光敏元件接收。光敏元件的排列与码道一一对应，对应于亮区和暗区的光敏元件输出的信号，前者为“1”，后者为“0”。当码盘旋至不同位置时，光敏元件输出信号的组合，反映出按一定规律编码的数字量，代表了码盘轴的角位移大小。

3. 电磁式编码器

电磁式编码器是近几年发展起来的一种可用于测量角度或者位移的新型传感器。它主要由磁鼓与磁阻探头组成，其原理是采用磁阻或者霍尔元件对变化的磁性材料的角度或者位移值进行测量，其基本结构如图8-3所示。磁性材料角度或者位移的变化会引起一定电阻或者电压的变化,经放大电路对变化量进行放大,通过单片机处理后输出脉冲信号或者模拟量信号,达到测量的目的。其结构分为采样检测和放大输出两部分,采样检测一般采用桥式电路来完成,有半桥和全桥两种,放大输出一般通过三极管和运放等器件去实现。同传统的光电式和光栅式编码器相比,磁电式编码器具有抗振动、抗腐蚀、抗污染、抗干扰和宽温度的特性,可应用于传统的光电式编码器不能适应的领域。高性能电磁式编码器可广泛应用于工业控制、机械制造、船舶、纺织、印刷、航空、航天、雷达、通信、军工等领域。

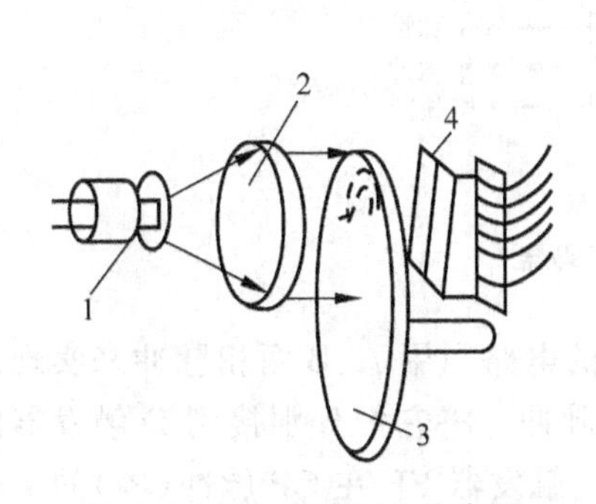

图 8-2　光电式编码器示意图

1—光源；2—透镜；3—码盘；4—光电元件组

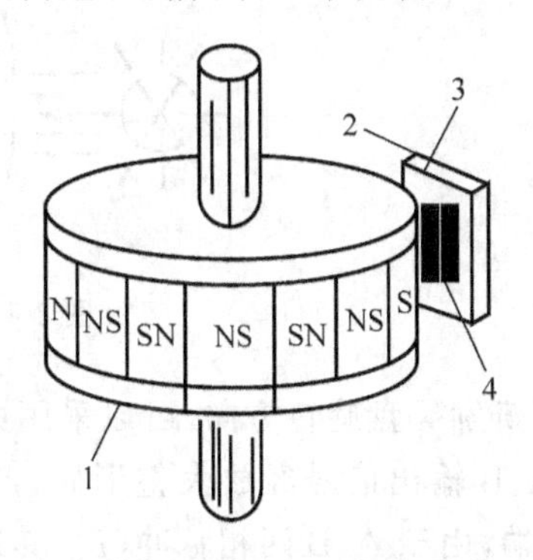

图 8-3　电磁式编码器结构示意图

1—磁鼓；2—气隙；3—磁敏传感部件；4—磁阻元件

电磁式编码器的码盘上按照一定的编码图形,做成磁化区(导磁率高)和非磁化区(导磁率低),采用小型磁环或微型马蹄形磁芯作为磁头,磁环或磁头紧靠码盘,但又不与码盘表面接触。每个磁头上绕两组绕组,原边绕组用恒幅恒频的正弦信号激励,副边绕组用做输出信号,副边绕组感应码盘上的磁化信号转化为电信号,其感应电势与两绕组匝数比和整个磁路的磁导有关。当磁头对准磁化区时,磁路饱和,输出电压很低,如磁头对准非磁化区,它就类似于变压器,输出电压会很高,因此可以区分状态“1”和“0”。几个磁头同时输出,就形成了数码。

多极磁鼓常用的有两种：一种是塑磁磁鼓,另一种是在铝鼓外面覆盖一层磁性材料而制成。电磁式编码器有精度高、寿命长、工作可靠等特点,对环境条件要求较低,但成本较高。

4. *脉冲盘式编码器*

脉冲盘式编码器又称增量编码器。增量编码器一般只有三个码道：

外码道——产生计数脉冲的增量码道；

内码道——辨向码道,其辨向方法与光栅的辨向原理相同；

中间码道——开有一个窄缝,用于产生定位或零位信号。

它不能直接产生几位编码输出,故它不具有绝对码盘码的含义,这是脉冲盘式编码器与绝对编码器的不同之处。

增量编码器的圆盘上等角距地开有两道缝隙,内外圈(A、B)的相邻两缝错开半条缝宽；另外在某一径向位置(一般在内外两圈之外),开有一狭缝,表示码盘的零位。在它们相对的两侧面分别安装光源和光电接收元件,如图 8-4 所示。

当转动码盘时,光线经过透光和不透光的区域,每个码道将有一系列光电脉冲由光电元件输出,码道上有多少缝隙,每转过一周就将有多少个相差 90°的两相(A、B 两路)脉冲和一个零位(C 相)脉冲输出。光电脉冲信号通过整形、放大、细分、辨向后输出脉冲信号或显示角位移,分辨率以每转脉冲数表示。

增量编码器的精度和分辨率与绝对编码器一样,主要取决于码盘本身的精度。

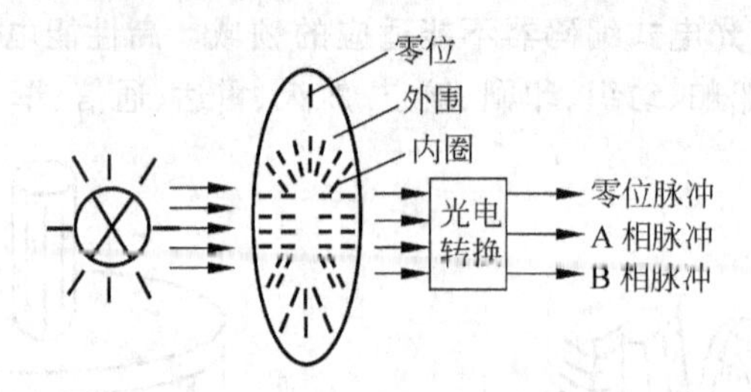

图 8-4　脉冲式数字编码器

为了辨别码盘旋转方向,可以采用如图 8-5 所示的电路利用 A、B 两相脉冲来实现。光电元件 A、B 输出信号经放大整形后,产生 P_1 和 P_2 脉冲。将它们分别接到 D 触发器的 D 端和 CP 端,由于 A、B 两相脉冲(P_1 和 P_2)相差 90°,D 触发器 FF 在 CP 脉冲(P_2)的上升沿触发。正转时 P_1 脉冲超前 P_2 脉冲,FF 的 Q=“1”表示正转;当反转时,P_2 超前 P_1 脉冲,FF 的 Q=“0”表示反转。可以用 Q 作为控制可逆计数器是正向还是反向计数,即可将光电脉冲变成编码输出。C 相脉冲接至计数器的复值端,实现每码盘转动一圈复位一次计数器的目的。

码盘无论正转还是反转,计数器每次反映的都是相对于上次角度的增量,故这种测量称为增量法。

除了光电式的增量编码器外,目前相继开发了光纤增量传感器和霍尔效应式增量传感器等,它们都得到了广泛的应用。

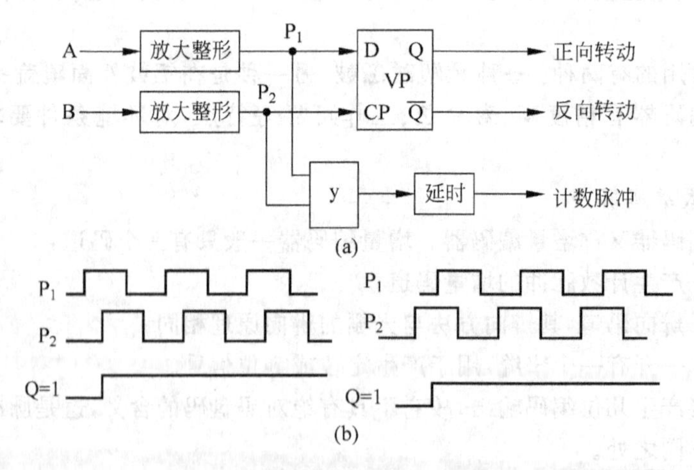

图 8-5　增量编码器的辨向原理图

旋转单圈绝对式编码器,在转动中测量光码盘各道刻线,以获取唯一的编码,当转动超过 360 度时,编码又回到原点,这样就不符合绝对编码唯一的原则,这样的编码器只能用于旋转范围 360 度以内的测量，称为单圈绝对式编码器。如果要测量旋转超过 360 度范围，就要用到多圈绝对式编码器。

编码器生产厂家运用钟表齿轮机械的原理，当中心码盘旋转时，通过齿轮传动另一组码盘（或多组齿轮、多组码盘），在单圈编码的基础上再增加圈数的编码，以扩大编码器的测量范围，这样的绝对编码器就称为多圈式绝对编码器，它同样是由机械位置确定编码，每个位置编码唯一不重复，而无须记忆。

多圈编码器另一个优点是由于测量范围大，实际使用往往富裕较多，这样在安装时不必要费劲找零点，将某一中间位置作为起始点就可以了，而大大简化了安装调试难度。多圈式绝对编码器在长度定位方面的优势明显，已经越来越多地应用于工控定位中。

5. 光电增量编码器的应用

(1) 典型产品应用介绍

图 8-6 所示为 LEC 型小型光电增量编码器的外形图。每转输出脉冲数为 20～5000，最大允许转速为 5000r/min。

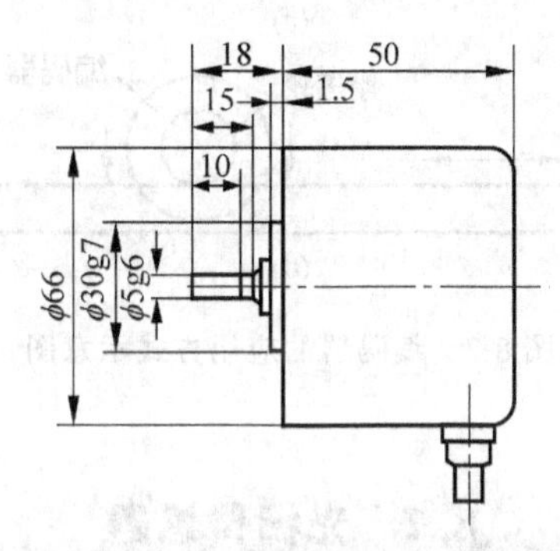

图 8-6　LEC 型小型光电增量编码器的外形图

(2) 测量转速

增量编码器除直接用于测量相对角位移外，常用来测量转轴的转速。最简单的方法就是在给定的时间间隔内对编码器的输出脉冲进行计数，它所测量的是平均转速。

(3) 测量线位移

在某些场合，用旋转式光电增量编码器来测量线位是一种有效的方法。这时，须利用一套机械装置把线位移转换成角位移。测量系统的精度将主要取决于机械装置的精度。

图 8-7(a)表示通过丝杆将直线运动转换成旋转运动。例如用一每转 1500 脉冲数的增量编码器和一导程为 6mm 的丝杆，可达到 4μm 的分辨力。为了提高精度，可采用滚珠丝杆与双螺母消隙机构。图 8-7(b)是用齿轮齿条来实现直线-旋转运动转换的一种方法。一般来说，这种系统的精度较低。图 8-7(c)和图 8-7(d)分别表示用皮带传动和摩擦传动来实现线位移与角位移之间变换的两种方法。该系统结构简单，特别适用于需要进行长距离位移测量及某些环境条件恶劣的场所。无论用哪一种方法来实现线位移-角位移的转换，一般增量编码器的码盘都要旋转多圈。这时，编码器的零位基准已失去作用。计数系统所必需的基准零位，可由附加的装置来提供，如用机械、光电等方法来实现。

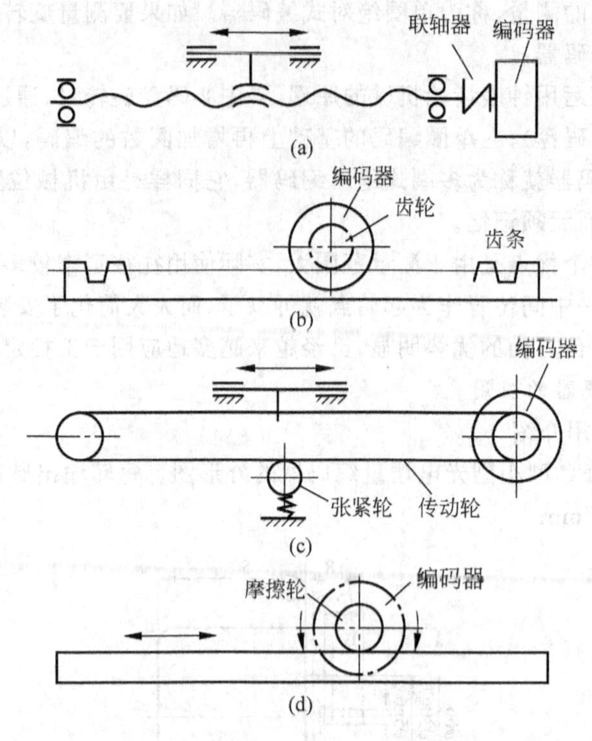

图 8-7　编码器的应用方式示意图

8.2　光栅传感器

光栅传感器是一种广泛用于测量位移、角度、长度、速度、加速度、振动等物理量的高精度测量传感器。光栅传感器由光源、透镜、主光栅(标尺光栅)、指示光栅和光电元件构成，其结构如图 8-8 所示。光源和透镜组成照明系统，光线经过透镜后成平行光投向光栅。主光栅与指示光栅在平行光照射下，形成莫尔条纹。光电元件主要有光电池和光敏三极管，其功能是把莫尔条纹的明暗强弱变化转换为电量输出。

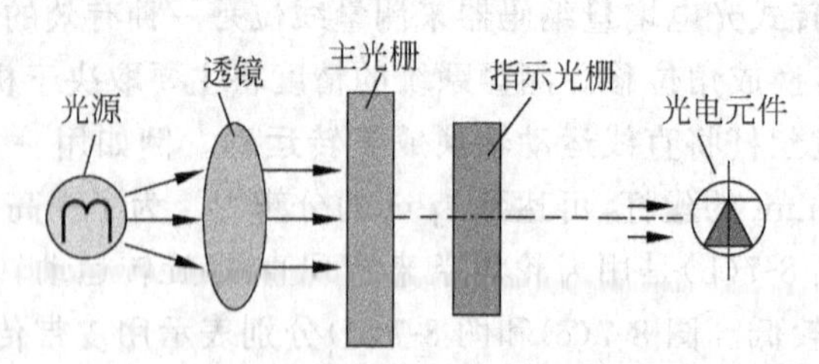

图 8-8　光栅传感器的结构示意图

1. 光栅的结构与类型

光栅是由很多等节距的透光缝隙和不透光的刻线均匀相间排列构成的光器件。

在玻璃尺或玻璃盘进行长刻线(一般为 10～12mm)的密集刻划，得到宽度一致、分布均匀、明暗相间的条纹，如图 8-9 所示，这就是光栅。用于位移测量的光栅称为计量光栅。

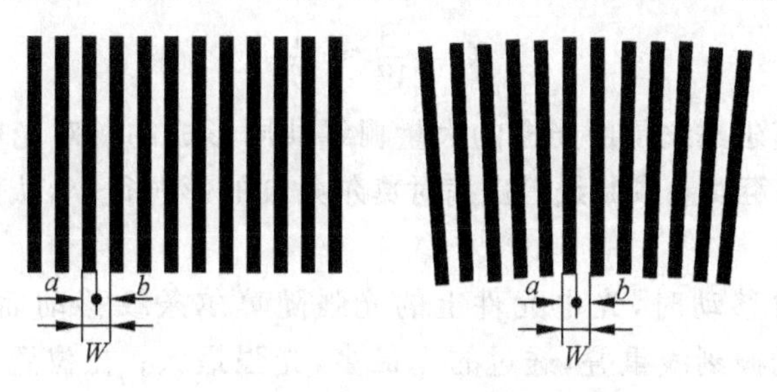

图 8-9　光栅的结构示意图

光栅上的刻线称为栅线（不透光），栅线宽度为 a，缝隙（透光）宽度为 b，一般取 $a=b$，$W(W=a+b)$ 称为光栅的栅距（也称光栅的节距或光栅常数）。

光栅种类很多，按工作原理分为物理光栅和计量光栅两种。前者的刻线比后者细密，利用光的衍射现象，通常用于光谱分析和光波长测定等方面，作为色散元件；计量光栅主要利用光栅的莫尔条纹现象，广泛应用于精密位移测量和精密机械自动控制等。

计量光栅又有透射光栅和反射光栅之分，而且根据用途不同，可制成用于测量线位移的长光栅和测量位移的圆光栅。

根据栅线形式不同，分为黑白光栅和闪耀光栅。黑白光栅是只对入射光波的振幅或光强进行调制的光栅，亦称幅值光栅；闪耀光栅对入射光波的相位进行调制，亦称相位光栅。

根据光线的走向，长光栅又分为透射光栅和反射光栅。透射光栅是将栅线刻制在透明材料上，如光学玻璃和制版玻璃；反射光栅则将栅线刻制在具有强反射能力的金属上，如不锈钢或玻璃镀金属膜。前者使光线通过光栅后产生明暗条纹，后者反射光线并使之产生明暗条纹。

2. 光栅传感器的工作原理

莫尔条纹是指当指示光栅与主光栅的栅线有一个微小的夹角 θ 时，由于挡光效应（当线纹密度≤50 条/mm 时）或光的衍射作用（当线纹密度≥100 条/mm 时），在近似垂直于栅线方向上显现出比栅距 W 大得多的明暗相间的条纹，如图 8-10 所示。相邻的两明暗条纹之间的距离 B 称为莫尔条纹间距。

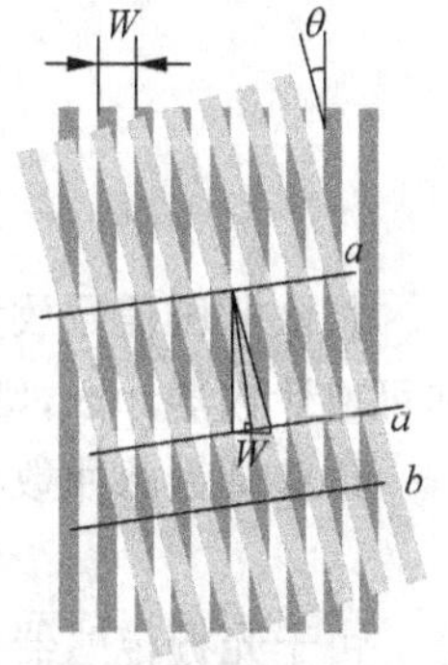

图 8-10　莫尔条纹

当光栅之间的夹角 θ 很小，且两光栅的栅距都为 W 时，莫尔条纹间距 B（a-a 间距）为

$$B=\frac{W}{2\sin\frac{\theta}{2}}\approx\frac{W}{\theta}=KW \tag{8-1}$$

由于 θ 值很小，条纹近似与栅线方向垂直，因此称为横向莫尔条纹。

① 运动对应关系：任意一个光栅沿垂直于栅线的方向每移动一个栅距 W，莫尔条纹近似沿栅线方向移动一个条纹间距；光栅反方向移动时，莫尔条纹也作反方向移动。因此可以通过测量莫尔条纹的移动量和移动方向判断主光栅（或指示光栅）的位移量和位移方向。

② 位移放大：由于 θ 值很小，光栅具有位移放大作用，放大系数为

$$K = \frac{B}{W} \approx \frac{1}{\theta} \tag{8-2}$$

③ 减小误差：莫尔条纹是由光栅的大量栅线共同形成的。对光栅的刻线误差有平均作用。个别栅线的栅距误差或断线等疵病对莫尔条纹的影响很小，从而提高了光栅传感器的可靠性和测量精度。

当两块光栅相对移动时，光电元件上的光强随莫尔条纹移动而变化。如图 8-11 所示，在 a 位置，两块光栅刻线重叠，透过的光最多，光强最大；在位置 c，光被遮去一半，光强减小；在位置 d，光被完全遮去而成全黑，光强为零。光栅继续右移；在位置 e，光又重新透过，光强增大。在理想状态时，光强的变化与位移呈线性关系。但在实际应用中两光栅之间必须有间隙，透过的光线有一定的发散，达不到最亮和全黑的状态；再加上光栅的几何形状误差，刻线的图形误差及光电元件的参数影响，所以输出波形是一近似的正弦曲线。

主光栅每移动一个栅距 W，莫尔条纹就变化一个周期 2π，通过光电转换元件，可将莫尔条纹的变化变成电信号，电压的大小对应于与莫尔条纹的亮度，它的波形近似于一个直流分量和一个正弦波交流分量的叠加。

$$U = U_0 + U_m \sin\left(\frac{x}{W} 360^\circ\right) \tag{8-3}$$

式中，W——栅距；

x—主光栅与指示光栅间瞬时位移；

U_0——直流电压分量；

U_m—交流电压分量幅值；

U——输出电压。

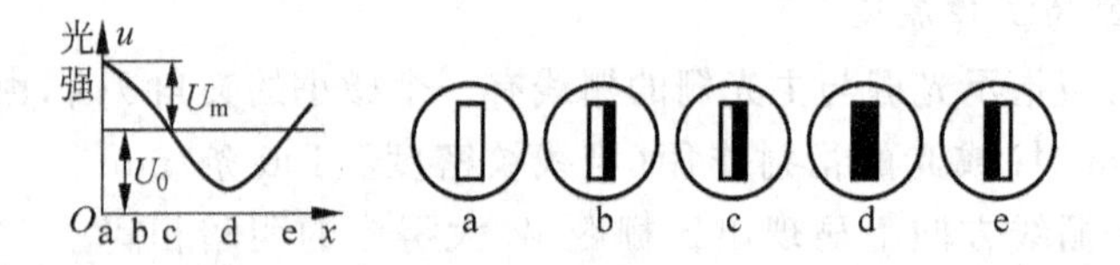

图 8-11 光栅位移与光强、输出信号的关系

将该电压信号放大、整形使其变为方波，经微分电路转换成脉冲信号，再经过辨向电路和可逆计数器计数，则可在显示器上以数字形式实时地显示出位移量的大小。

位移量为脉冲数与栅距的乘积：

$$x = NW \tag{8-4}$$

由于光栅传感器只能产生一个正弦信号，因此不能判断 x 移动的方向。为了能够辨别方向，需要在间距为 D/4 的位置设置两个光电元件，以得到两个相位差为 90°的正弦信号，然后将信号送到辨向电路中去处理。如图 8-12 所示，正向移动(A)时，Y_1 输出脉冲，计数器作加法计数；反向移动($\bar{A}$)时，Y_2 输出脉冲，计数器作减法计数。由此辨向，进行位移的正确测量。

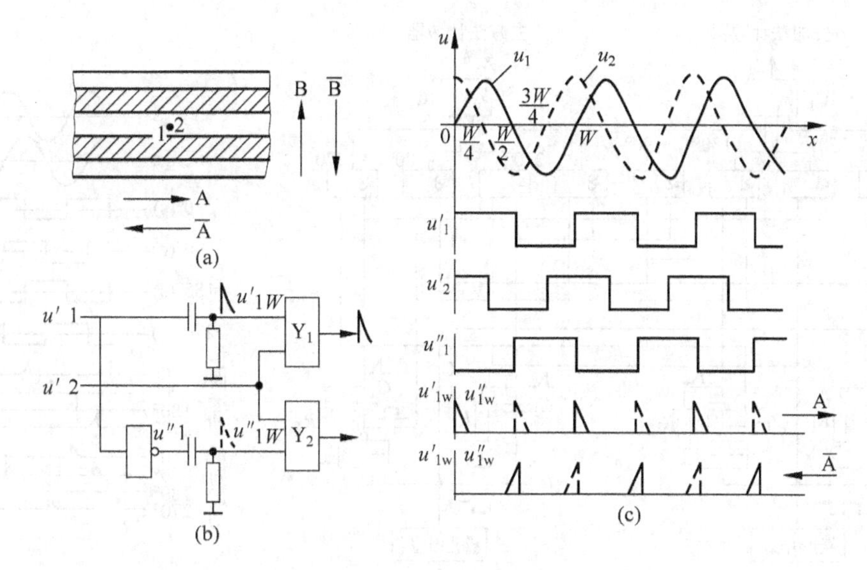

图 8-12　光栅变相原理图

3. 光栅传感器的细分技术

如前所述，若以移过的莫尔条纹的数来确定位移量，其分辨率为光栅栅距。为了提高分辨率和测得比栅距更小的位移量，可以增加刻线密度，但这种方法制造、安装及调试困难。因此需要采用细分技术来提高测量精度。

细分技术是指在莫尔条纹信号变化的一个周期内，给出若干个计数脉冲来减小脉冲当量的方法。在一个莫尔条纹的间隔内，放置若干个光电元件，使光栅每移动一个栅距时输出均匀分布的 n 个脉冲，从而得到比栅距更小的分度值，使分辨率提高到 W/n。

细分方法有多种，如直接细分、电桥细分、锁相细分、调制信号细分、软件细分等，直接细分又称位置细分，常用的是四倍频细分。

四倍频细分法：

在辨向原理中已知，在相差 $B/4$ 位置上安装两个光电元件，得到两个相位相差 $\pi/2$ 的电信号。若将这两个信号反相就可以得到四个依次相差 $\pi/2$ 的信号，从而可以在移动一个栅距的周期内得到四个计数脉冲，实现四倍频细，如图 8-13 所示。

细分技术能在不增加光栅刻线数及价格的情况下提高光栅的分辨力。细分前，光栅的分辨力只有一个栅距的大小。采用 4 细分技术后，计数脉冲的频率提高了 4 倍，相当于原光栅的分辨力提高了 3 倍，测量步距是原来的 1/4，较大地提高了测量精度。

4. 光栅传感器的应用

由于光栅传感器测量精度高、动态测量范围广、可进行无接触测量、易实现系统的自动化和数字化，因而在机械工业中得到了广泛的应用，常作为测量元件应用于机床定位、长度和角度的计量仪器，并用于测量速度、加速度、振动等。图 8-14 为光栅式万能测长仪工作原理图。

光源：红外发光二极管。

主光栅：透射式黑白振幅光栅。

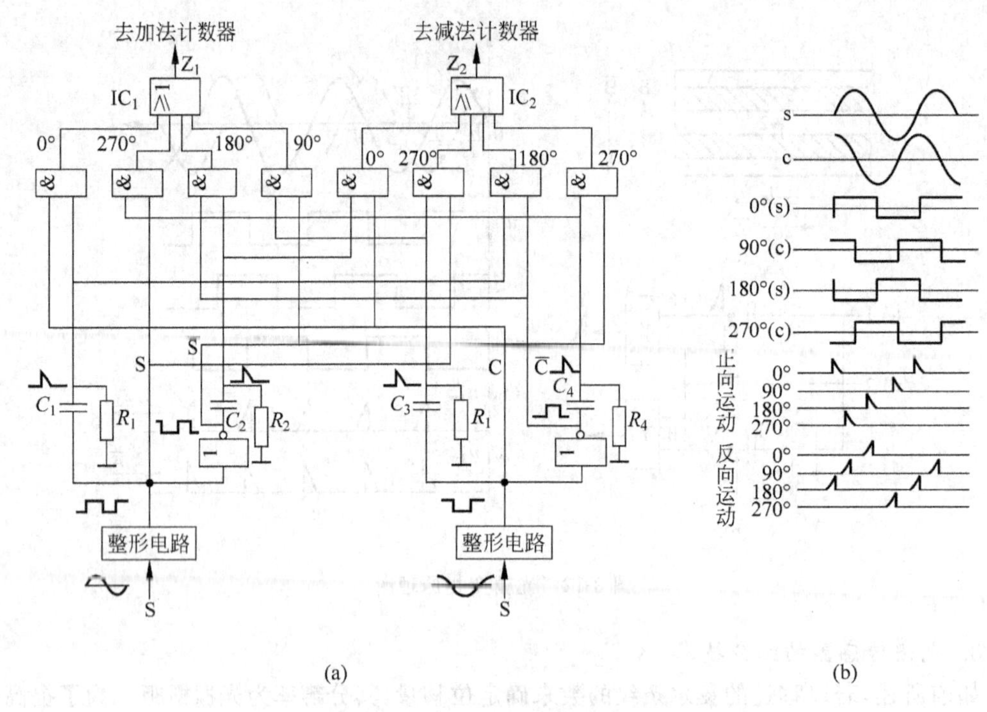

图 8-13　四倍频细分电路及波形

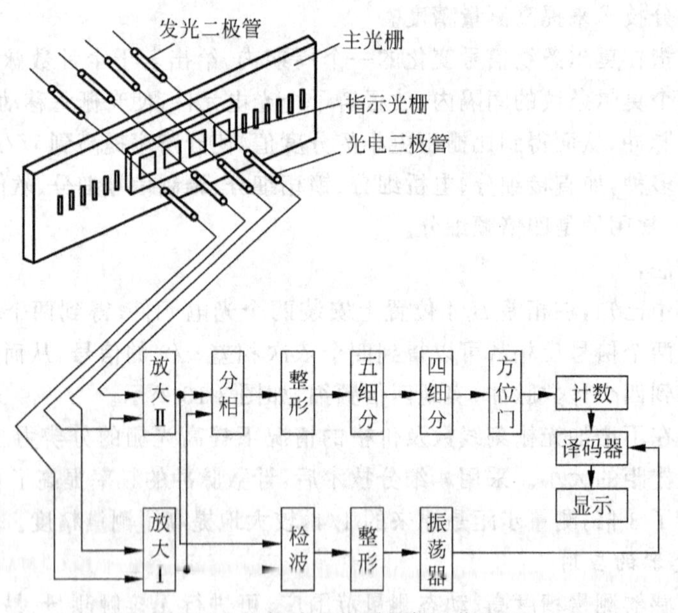

图 8-14　光栅式万能测长仪工作原理

指示光栅：四裂相光栅，得到四路相位差依次为 $\pi/2$ 的原始信号。

光电元件：光电三极管。

四路原始信号经差分放大器放大、移相电路分相、整形电路整形、倍频电路细分、辨相电路辨相后进入可逆计数器计数，由显示器显示读出。

8.3　磁栅传感器

磁栅传感器由磁栅(即磁盘)、磁头和检测电路组成。磁栅用于记录一定功率的正弦或矩形信号；磁头的作用是读写磁栅上的磁信号,并转换为电信号。

1. 磁栅的结构类型与工作原理

磁栅是用非导磁性材料做尺基,在栅基的上面镀一层均匀的磁性薄膜,然后录上一定波长的磁信号而制成的。磁信号的波长(周期)又称节距,用 W 表示。磁信号的极性首尾相接,在 N、N 重叠处为正的最强,在 S、S 重叠处为负的最强。磁栅结构如图 8-15 所示。

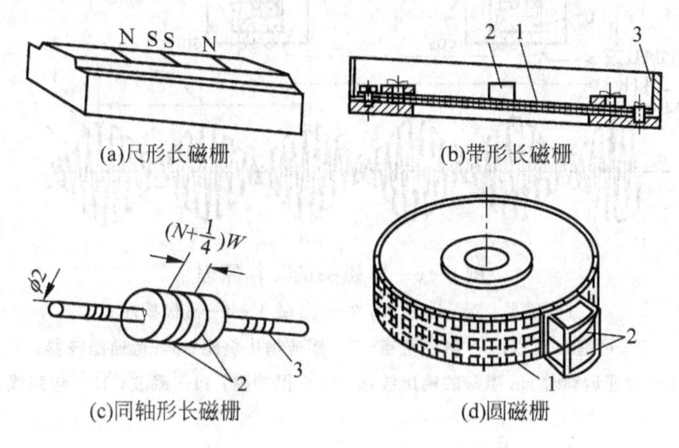

图 8-15　几种常用的磁栅结构

磁栅传感器的磁头一般分为静态和动态两种,其划分由读取信号的方式决定。

静态磁头为多间隙磁头,磁芯上具有两个绕组(激磁绕组 N_2 和输出绕组 N_1),它根据激磁绕组所产生的磁感应强度和磁尺上的磁化强度的变化情况,输出一个与磁尺位置相对应的电信号。静态磁头的结构如图 8-16 所示,静态磁头与磁栅间无相对运动,一般由若干个磁头串行连接构成多间隙静态磁头体。在 H 铁芯上绕激磁线圈 N_1 和输出线圈 N_2,当在激磁绕组上施加交变激磁信号时,H 铁芯的中间部分在每个周期内两次被激磁信号作用产生磁通导致饱和。此时因铁芯的磁阻很大,磁栅上的信号磁通不能通过磁头,使得输出绕组无感应电势输出。只有当激磁信号两次过零时,铁芯不饱和,磁栅上的信号磁通才能通过铁芯在输出绕组上产生感应电势。

动态磁头与磁栅间以一定速度相对移动时,磁头线圈输出正弦感应信号,信号的大小与移动速度有关。动态磁头仅有一组输出绕组,如图 8-17 所示。动态磁头只有相对运动才有信号输出,输出信号的幅值随运动速度而变化。为了保证一定幅值的输出,通常规定磁头以一定速度运行。因此,动态磁头不适合长度测量。当磁头以一定速度运行时,磁头输出一定频率的正弦信号,且在 N-N 处信号达到正向峰值,在 S-S 处信号达到负向峰值。

2. 磁栅传感器的工作原理

这里以静态磁头为例,简要说明磁栅传感器的工作原理。静态磁头的结构如图 8-16 所

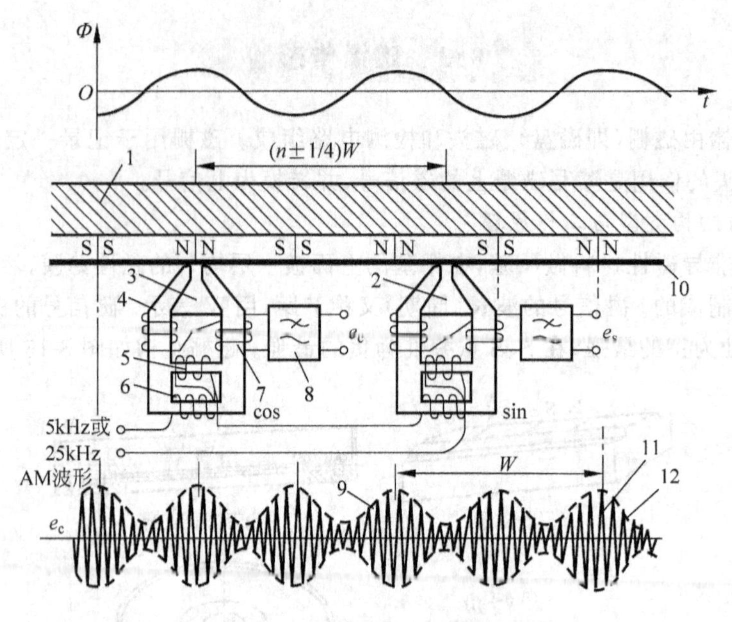

图 8-16　静磁头的工作原理

1—磁尺；2—sin 磁头；3—cos 磁头；4—磁极铁芯；
5—可饱和铁芯；6—激磁绕组；7—感应输出绕组；8—低通滤波器；
9—匀速运动时 sin 磁头的输出波形；10—保护膜；11—载波；12—包络线

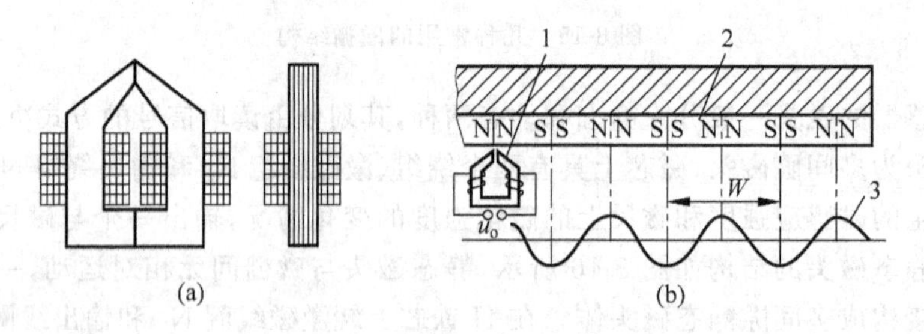

图 8-17　动态磁头的工作原理

1—磁头；2—磁栅；3—输出波形

示，它有两组绕组 N_1 和 N_2。其中，N_1 为励磁绕组，N_2 为感应输出绕组。在励磁绕组中通入交变的励磁电流，一般频率为 5kHz 或 25kHz，幅值约为 200mA。励磁电流使磁芯的可饱和部分（截面较小）在每周期内发生两次磁饱和。磁饱和时磁芯的磁阻很大，磁栅上的漏磁通不能通过铁芯，输出绕组不产生感应电动势。只有在励磁电流每周两次过零时，可饱和磁芯才能导磁，磁栅上的漏磁通使输出绕组产生感应电动势 e。可见感应电动势的频率为励磁电流频率的两倍，而 e 的包络线反映了磁头与磁尺的位置关系，其幅值与磁栅到磁芯漏磁通的大小成正比。

3. *磁栅传感器测量方法*

实际应用中，磁栅传感器测量常采用鉴幅法和鉴相法两种。

（1）鉴幅法

由前述内容可知，两磁头输出信号相差 $\pi/2$。若两磁头的激磁绕组加同相的正弦激磁信号，则两磁头的输出信号为

$$u_1 = U_{\mathrm{m}}\sin\frac{2\pi x}{W}\sin\omega t \tag{8-5}$$

$$u_2 = U_{\mathrm{m}}\cos\frac{2\pi x}{W}\sin\omega t \tag{8-6}$$

经滤除高频载波后，得到与位移量 x 成正比的信号为

$$U_1' = U_{\mathrm{m}}\sin\frac{2\pi x}{W} \tag{8-7}$$

$$U_2' = U_{\mathrm{m}}\cos\frac{2\pi x}{W} \tag{8-8}$$

式中，U_1'，U_2'是与位移成正比的正弦信号，经过适当处理后可得到位移量，这就是所谓的鉴幅法。

（2）鉴相法

若激磁绕组上施加相位差为 $\pi/4$ 的正弦激励信号或将输出信号移相 $\pi/2$，则两磁头输出信号为

$$u_1 = U_{1\mathrm{m}}\sin\frac{2\pi x}{W}\cos\omega t \tag{8-9}$$

$$u_2 = U_{2\mathrm{m}}\cos\frac{2\pi x}{W}\sin\omega t \tag{8-10}$$

将 u_1 和 u_2 叠加，在 $U_{1\mathrm{m}}=U_{2\mathrm{m}}=U_{\mathrm{m}}$的条件下：

$$u_1 + u_2 = U_{\mathrm{m}}\sin\left(\frac{2\pi x}{W} + \omega t\right) \tag{8-11}$$

上式表示输出信号是一个幅值不变，但相位与磁头、磁栅相对位移量有关的信号，这就是鉴相法。

4. 磁栅传感器的应用

用磁栅传感器组成的测量位移系统包括磁尺、磁头和数显装置三个部分。当磁尺与磁头之间产生相对移动时，磁头绕组可以输出感应电动势。产生的变化信号经滤波、放大等电路处理后，进行鉴相后再细分，最后把信号送至数显装置进行显示输出，或者送入 PLC 等控制系统进行测量控制。

在研制的塑壳式断路器智能测试系统的应用中，为了使带有螺丝刀头的一体化螺钉螺母调整机构能够精确地对塑壳式断路器双金属片上的外六角形螺钉和螺母同时调整，在控制系统中采用激光测距定位系统。由数控工作台对外六角螺钉进行 X、Y 轴激光扫描。X、Y 方向磁栅尺直接固定安装在数控台上，磁头可随着导轨移动。当数控台上的激光传感器进行扫描时，磁栅传感器对步进电动机的位移进行计数，通过 PLC 内部计算可以精确计算出螺钉中心的位置。系统组成如图 8-18 所示。

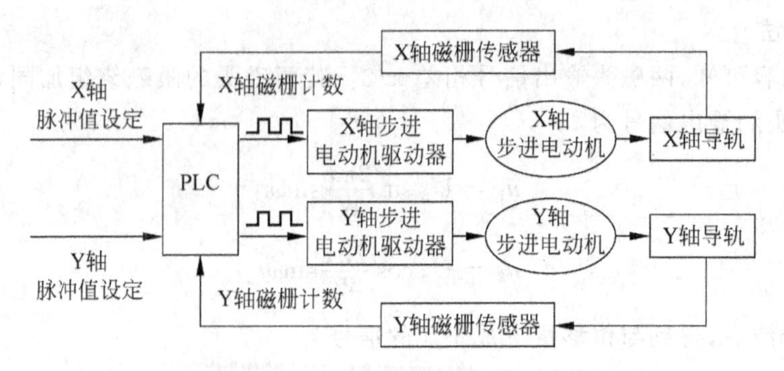

图 8-18　磁栅传感器在测量控制系统中的应用系统组成

8.4　感应同步器

感应同步器是应用电磁感应原理把位移量转换成数字量的传感器。它是一种多极感应元件,由于多极结构对误差起补偿作用,并且输出信号不经过机械传动机构,以及其基于电磁感应的工作原理,所以,用感应同步器来测量位移时具有以下优点：较高的精度与分辨力；几乎不受温度、油污、尘埃等影响,抗干扰能力强；定尺与滑尺是非接触测量,使用寿命长,维护简单；可以进行长距离位移测量,行程从几米到几十米；工艺性好,成本较低,便于复制和成批生产。因此,感应同步器广泛用于三坐标测量机、程控数控机床、高精度重型机床及加工中测量装置等。

1. 感应同步器的结构和种类

感应同步器按照其结构不同可分为直线式和旋转式两种类型。直线式感应同步器由滑尺(平面分段绕组,正、余弦绕组)和定尺(平面连续绕组)组成,旋转式(圆盘式)感应同步器由转子(平面连续绕组)和定子(平面分段绕组,正、余弦组)组成。感应同步器的连续绕组和分段绕组相当于变压器的原边绕组和副边绕组,利用交变电磁场和互感原理工作。

直线式感应同步器由定尺和滑尺组成,定尺安装在固定部件上(如机床台座),滑尺与运动部件(如机床刀架)一起沿定尺移动。

直线式感应同步器的定尺和滑尺,都由基板、绝缘层和绕组构成,绕组的外面包有一层与绕组绝缘的接地屏蔽层,如图 8-19 所示。定尺安装在静止的机械设备上,与导轨母线平行；滑尺安装在活动的机械部件上,与定尺之间保持均匀的狭小气隙。滑尺相对定尺而移动。定尺是连续绕组,滑尺是分段绕组。分段绕组分为两组,布置成在空间相差 90 °相角,又称为正、余弦绕组。

直线式感应同步器定尺和滑尺的基板采用铸铁或其他钢材做成。这些钢材的线膨胀系数应与安装感应同步器的床身的线膨胀系数相近,以减小温度误差。

在定尺和滑尺上腐蚀成印制电路绕组,绕组的材料为铜。考虑到接长的要求和安装的方便,将定尺绕组做成连续式,由一连串线圈串联而成；而将滑尺绕组做成分段式,并分别为正弦绕组(S 绕组)和余弦绕组(C 绕组),它们在空间位置上错开而形成 90°相位差。

根据不同的运行方式、精度要求、测量范围、安装条件等,直线式感应同步器可设计成各

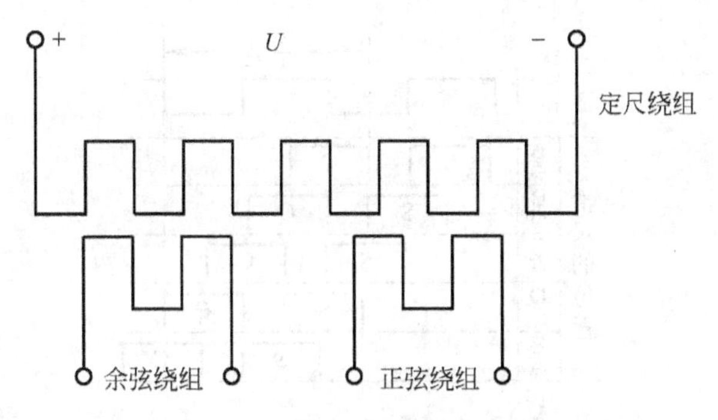

图 8-19　定尺和滑尺绕组结构

种不同的尺寸、形状和种类。

① 标准型：标准型直线感应同步器精度高，应用最普遍，每根定尺长 250mm。如果测量长度超过 175mm 时，可将几根定尺接起来使用，甚至可连接长达十几米，但必须保持安装平整，否则极易损坏。

② 窄型：窄型直线同步感应器中定尺、滑尺长度与标准型相同，但定尺宽度为标准型的一半，用于安装尺寸受限制的设备，精度稍低于标准型。

③ 带型：定尺的基板改用钢带，滑尺做成滑标式，直接套在定尺上；安装表面不用加工，使用时只要将钢带两头固定即可。

④ 三重型：在一根定尺上有粗、中、精三种绕组，以便构成绝对坐标系统。

2. 感应同步器的工作原理

感应同步器利用定尺和滑尺的两个平面印刷电路绕组的互感随其相对位置变化的原理，将位移转换为电信号。感应同步器工作时，定尺中的感应电势随滑尺的相对移动呈周期性变化，定尺和滑尺相互平行、相对放置，它们之间保持一定的气隙(0.25±0.005)mm，定尺固定，滑尺可动。当滑尺的 S 和 C 绕组分别通过一定的正、余弦电压激励时，定尺绕组中就会有感应电势产生，其值是定、滑尺相对位置的函数。

定尺或滑尺其中一种绕组上通以交流激励电压，由于电磁耦合，在另一种绕组上就产生感应电动势，该电动势随定尺与滑尺的相对位置不同呈正弦、余弦函数变化，如图 8-20 所示。再通过对此信号的处理，便可测量出直线位移量。定尺与滑尺间的气隙应保持在(0.25±0.05)mm 范围内。

在滑尺上施加的正弦激磁电压为

$$u_{\mathrm{i}} = U_{\mathrm{m}}\sin(\omega t) \tag{8-12}$$

正弦或余弦绕组在定尺上相应产生的感应电势分别为

$$\begin{aligned} e_{\mathrm{s}} &= k\omega U_{\mathrm{m}}\sin(\omega t)\cos\left(\frac{2\pi}{W_2}x\right) \quad \text{或} \quad e_{\mathrm{s}} = -k\omega U_{\mathrm{m}}\sin(\omega t)\cos\left(\frac{2\pi}{W_2}x\right) \\ e_{\mathrm{c}} &= k\omega U_{\mathrm{m}}\sin(\omega t)\sin\left(\frac{2\pi}{W_2}x\right) \quad \text{或} \quad e_{\mathrm{c}} = -k\omega U_{\mathrm{m}}\sin(\omega t)\sin\left(\frac{2\pi}{W_2}x\right) \end{aligned} \tag{8-13}$$

式中，x——机械位移；W_2——绕组节距；正、负号表示滑尺移动的方向。

感应同步器的输出信号是一个反映定尺与滑尺相对位移的交变感应电势，可以通过鉴

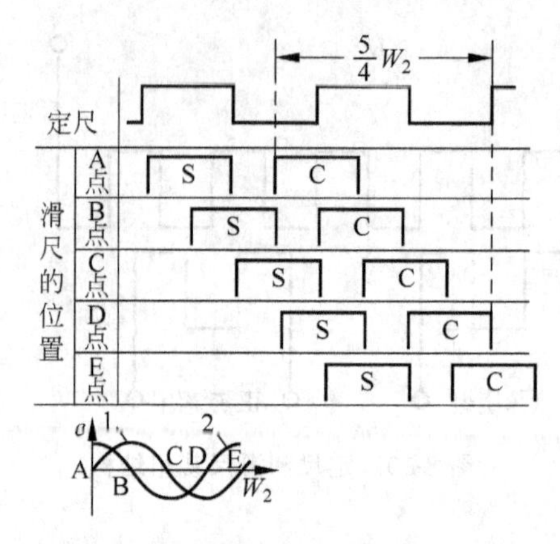

图 8-20　感应同步器的工作原理

1—由 C 励磁的感应电动势曲线；2—由 S 励磁的感应电动势曲线

相法或鉴幅法对输出信号进行处理，得到位移信息。

对于不同的感应同步器，若滑尺绕组激磁，其输出信号的处理方式有鉴相法、鉴幅法、脉冲调宽法三种。

(1) 鉴相法

所谓鉴相法就是根据感应电势的相位来测量位移。采用鉴相法，须在感应同步器滑尺的正弦和余弦绕组上分别加频率和幅值相同，但有相位差的正弦激磁电压，即

$$U_s = U_m \cdot \sin\omega t \quad \text{和} \quad U_c = U_m \cos\omega t \tag{8-14}$$

根据上式，当余弦绕组单独激磁时，感应电势为

$$e_s = K_\omega U_m \cos\omega t \cos\theta \tag{8-15}$$

同样，当正弦绕组单独激磁时，感应电势为

$$e_c = K_\omega U_m \sin\omega t \sin\theta \tag{8-16}$$

正、余弦绕组同时激磁时，根据叠加原理，总感应电势为

$$\begin{aligned} e &= e_c + e_s = K_\omega U_m \sin\omega t \sin\theta + K_\omega U_m \cos\omega t \cos\theta \\ &= K\omega U_m \cos(\omega t - \theta) = K\omega U_m \cos\left(\omega t - \frac{2\pi x}{W_2}\right) \end{aligned} \tag{8-17}$$

由上式可知，感应电势的幅值为 $K_\omega U_m \sin(\phi - \theta)$，调整激磁电压 ϕ 值，使 $\phi = 2\pi x/W_2$，则定尺上输出的总感应电势为零。激磁电压的中值反映了感应同步器定尺与滑尺的相对位置。

(2) 鉴幅法

鉴幅法就是根据感应电势的幅值来测量位移，根据叠加原理，感应电势为

$$\begin{aligned} e &= e_s + e_c = K_\omega U_m \sin\varphi \cos\omega t \cos\theta - K_\omega U_m \cos\varphi \cos\omega t \sin\theta \\ &= K\omega U_m \sin(\varphi - \theta)\cos\omega t \end{aligned} \tag{8-18}$$

由上式，感应电势的幅值为 $K\omega U_m \sin(\phi - \theta)$，调整激磁电压 ϕ 值，使 $\phi = 2\pi x/W_2$，则定尺上输出的总感应电势为零。激磁电压的中值反映了感应同步器定尺与滑尺的相对位置。

(3) 脉冲调宽法

脉冲调宽法则在滑尺的正弦和余弦绕组上分别加周期性方波电压，可认为感应电势为

$$e=\frac{2K_{\omega}U_{m}}{\pi}\sin\omega t\left[\sin\theta\sin\left(\frac{\pi}{2}-\varphi\right)-\cos\theta\sin\varphi\right]=\frac{2K_{\omega}U_{m}}{\pi}\sin\omega t\sin(\theta-\varphi) \quad (8\text{-}19)$$

当用感应同步器来测量位移时，与鉴幅法相类似，可以调整激磁脉冲宽度 ϕ 值，用 ϕ 跟踪 θ。当用感应同步器来定位时，则可用中值来表征定位距离，作为位置指令，使滑尺移动来改变 θ，直到 $\theta=\phi$，即 $e=0$ 时停止移动，以达到定位的目的。

3. 旋转式感应同步器

旋转式(圆盘式)感应同步器由定子和转子组成，形状呈圆片形，定子相当于直线式感应同步器的滑尺，转子相当于定尺。旋转式感应同步器主要用来测量角位移。其结构图如8-21所示。其信号测量处理方式与直线式同步感应器类似。

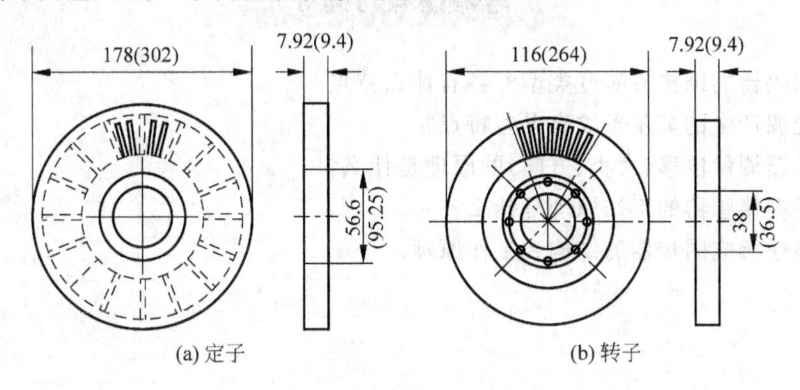

图8-21　旋转式感应同步器示意图

本章小结

本章主要讲述了测试系统中数字传感器基本的结构类型、工作原理及其应用，包括编码器、光栅传感器、磁栅传感器和感应同步器。然后，分别对每一类传感器从基本概念、结构特性、工作原理等方面进行了介绍。

1. 编码器

编码器的功能是将角位移或直线位移信号编制、转换为可用以通信、传输和存储的信号，主要有接触式和非接触式，非接触式编码器主要介绍了光电式、电磁式和脉冲盘式编码器。

2. 光栅传感器

光栅种类很多，按工作原理分为物理光栅和计量光栅两种。计量光栅又有透射光栅和反射光栅之分，而且根据用途不同，可制成用于测量线位移的长光栅和测量位移的圆光栅。根据栅线形式不同，分为黑白光栅和闪耀光栅。根据光线的走向，长光栅又分为透射光栅和反射光栅。

3. 磁栅传感器

磁栅传感器由磁栅、磁头和检测电路组成。磁头有动态磁头和静态磁头两种。动态磁头有一个输出绕组，只有在磁头和磁栅产生相对运动时才能有信号输出。静态磁头有激磁和输出两个绕组,它与磁栅相对静止时也能有信号输出。输出信号通过鉴相电路或鉴幅电路处理后可获得正比于被测位移的数字输出。

4. 感应同步器

感应同步器是利用两个平面形绕组的互感随位置不同而变化的原理而制成的测位移的传感器,其输出是数字量,测量精度高,并且能测 1m 以上的大位移,因而广泛应用于数控机床。由于采用了多极感应元件,对误差起补偿作用,所以用感应同步器来测量位移具有精度高、工作可靠、抗干扰能力强、寿命长、接长便利等优点。

思考题与习题 8

8-1 编码器的结构有哪些类型?各有什么特点?

8-2 光栅产生的莫尔条纹有哪些特点?

8-3 光栅测量位移(大小、方向)的原理是什么?

8-4 磁栅传感器的工作原理是什么?

8-5 简述感应同步器的结构和工作原理。

第9章 其他典型传感器

本章主要内容

1. 热电偶传感器；
2. 仿生传感器；
3. 智能传感器；
4. 微波传感器。

教学目标及重点、难点

教学目标

1. 了解热电势效应，以及热电偶的结构及种类；
2. 掌握热电偶回路的主要性质；
3. 掌握热电偶自由端温度补偿的常用方法；
4. 悉热电偶的应用；
5. 了解仿生传感器的基本工作原理、结构和特性；
6. 了解智能传感器的基本工作原理、结构和特性；
7. 了解微波传感器的基本工作原理、结构和特性。

重点：

1. 电偶回路的主要性质，热电偶自由端温度补偿的常用方法，热电偶的应用。
2. 生传感器、智能传感器、微波传感器的基本工作原理、结构和特性。

难点：热电偶自由端温度补偿的常用方法。

9.1 热电偶传感器

9.1.1 热电偶的工作原理

热电偶传感器是将温度转换成电动势的一种测温传感器，它是工业中应用最为普遍的接触式测温装置。这是因为热电偶具有性能稳定、测温范围大、信号可以远距离传输等特点，并且结构简单、使用方便。热电偶能够将热能直接转换为电信号，并且输出直流电压信号，使得显示、记录和传输都很容易。热电偶原理图如图 9-1 所示。

两种不同材料导体组成的回路称为热电偶。

组成热电偶的导体称为热电极。

置于温度 T 的结点为测量端（工作端或热端），置于参考温度 T_0 的另一结点为参考端（自由端或冷端）。

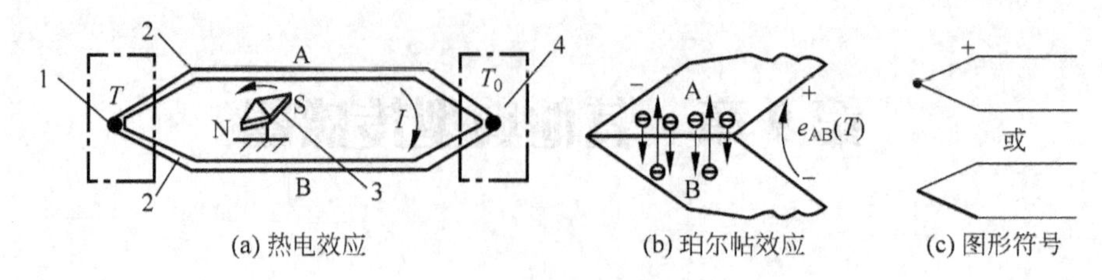

图 9-1　热电偶原理图

1—工作端；2—热电极；3—指南针；4—参考端

1. 热电效应

1821 年，德国物理学家塞贝克将两种不同金属组成闭合回路，如图 9-2 所示，并用酒精灯加热其中一个接触点，发现回路中的指南针发生偏转。如果对两个结点同时加热，指南针的偏转角反而减小。指南针的偏转说明回路中有电动势产生并有电流在回路中流动，电流的强弱与两个结点的温度有关，这种物理现象称为热电效应。

2. 热电偶测温原理

热电偶的测温原理基于热电效应。将两种不同材料的导体组成一个闭合回路，如图 9-2 所示。当两个结点温度 T 和 T_0 不同时，在该回路中就会产生电动势，这种现象称为热电效应，相应的电动势称为热电动势。这两种不同材料的导体的组合就称为热电偶。导体 A 和 B 称为热电极。两个结点中，一个称为热端，也称为测量端或工作端，测温时它被置于被测介质(温度场)中；另一个结点称为冷端，又称参考端或自由端，它通过导线与显示仪表或测量电路相连，如图 9-3 所示。

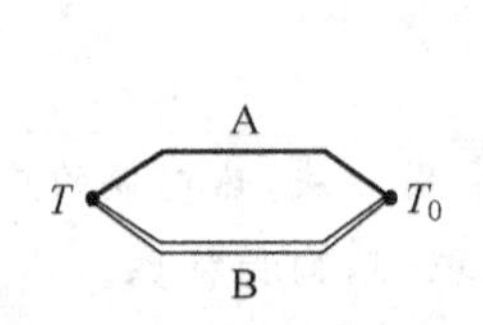

图 9-2　热电效应原理图

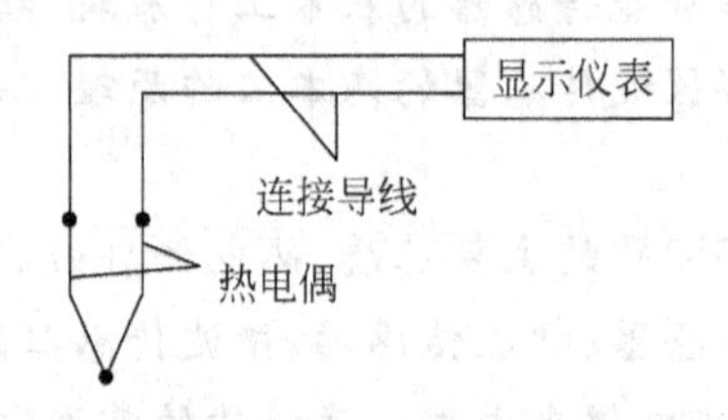

图 9-3　热电偶测温系统简图

1) 导体的接触电动势、温差电动势和热电动势

上述回路中存在的热电动势 $E_{AB}(T,T_0)$ 由接触电动势和温差电动势组成。

(1) 接触电动势(珀尔帖电动势)

接触电动势是由于两种不同导体的自由电子密度不同而在接触处形成的电动势。两种导体接触时，自由电子由密度大的导体向密度小的导体扩散，在接触处失去电子的一侧带正电，得到电子的一侧带负电，扩散达到动平衡时，在接触面的两侧就形成稳定的接触电动势。接触电动势的数值取决于两种不同导体的性质和接触点的温度。两结点的接触电动势 $e_{AB}(T)$ 和 $e_{AB}(T_0)$ 可表示为

$$e_{AB}(T) = \frac{kT}{e}\ln\frac{n_A}{n_B} \tag{9-1}$$

$$e_{AB}(T_0) = \frac{kT_0}{e}\ln\frac{n_A}{n_B} \tag{9-2}$$

式中，k——玻耳兹曼常数，$k=1.38\times10^{-23}$ J/K；

e——单位电荷电量，$e=1.60\times10^{-19}$ C；

n_A、n_B——A，B 两种材料的电子浓度；

T、T_0——接触处的绝对温度。

接触电动势大小与金属材料性质有关，而与热电极的几何尺寸无关。

(2) 温差电动势

温差电动势是同一导体的两端因其温度不同而产生的一种电动势。同一导体的两端温度不同时，高温端的电子能量要比低温端的电子能量大，因而从高温端移动到低温端的电子比从低温端移动到高温端的电子要多，结果高温端因失去电子而带正电，低温端因获得多余的电子而带负电。因此，在导体两端便形成温差电动势，其大小为 $e_A(T,T_0)$ 和 $e_B(T,T_0)$：

$$e_A(T,T_0)=U_{AT}-U_{AT_0}=\frac{k}{e}\int_{T_0}^{T}\frac{1}{N_A}\frac{d(N_At)}{dt}dt \tag{9-3}$$

$$e_B(T,T_0)=U_{BT}-U_{BT_0}=\frac{k}{e}\int_{T_0}^{T}\frac{1}{N_B}\frac{d(N_Bt)}{dt}dt \tag{9-4}$$

式中，N_At 和 N_Bt 分别为 A 导体和 B 导体的自由电子密度，是温度 t 的函数。

温差电动势的大小与两种材料的性质和材料两端的温差有关，与热电极的几何尺寸无关。

(3) 热电动势

在图 9-4 所示的热电偶回路中，设 $n_A>n_B$，$T>T_0$，产生的总热电动势为

$$E_{AB}(T,T_0)=e_{AB}(T)+e_B(T,T_0)-e_{AB}(T_0)-e_A(T,T_0) \tag{9-5}$$

在总热电动势中，温差电动势比接触电动势小很多，可忽略不计，则热电偶的热电动势可表示为

$$E_{AB}(T,T_0)=e_{AB}(T)-e_{AB}(T_0) \tag{9-6}$$

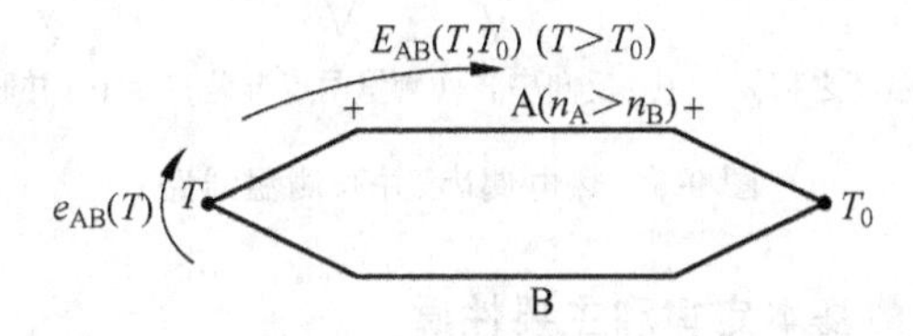

图 9-4　热电偶的热电动势

对于已选定的热电偶，当参考端温度 T_0 恒定时，$e_{AB}(T_0)=C$ 为常数，则总的热电动势就只与温度 T 成单值函数关系，即

$$E_{AB}(T,T_0)=e_{AB}(T)-C=\varphi(T) \tag{9-7}$$

这一关系式可通过实验方法获得，在实际测量中很有用，即只要测出 $e_{AB}(T,T_0)$ 的大小，就能得到被测温度 T，这就是利用热电偶测温的原理。

2) 热电偶测温线路

(1) 单只热电偶的使用

热电偶产生的热电动势通常在毫伏级。测温时，它可以直接与显示仪表(如动圈式毫伏表、电子电位差计、数字表等)配套使用，也可与温度变送器配套，转换成标准电流信号。如图 9-5 所示为热电偶的典型测温线路。

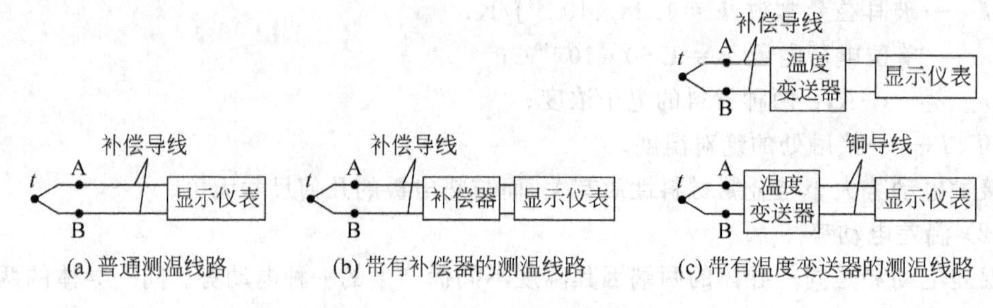

(a) 普通测温线路　(b) 带有补偿器的测温线路　(c) 带有温度变送器的测温线路

图 9-5　热电偶的典型测温线路

(2) 多只热电偶连接使用

在特殊情况下,热电偶可以串联或并联使用,但只能是同一分度号的热电偶,且冷端应在同一温度下。

- 为了获得较大的热电动势输出和提高灵敏度或测量多点温度之和,可以采用热电偶正向串联;
- 采用热电偶反向串联可以测量两点间的温差;
- 利用热电偶并联可以测量多点平均温度。

如图 9-6 所示为热电偶串、并联测温线路。

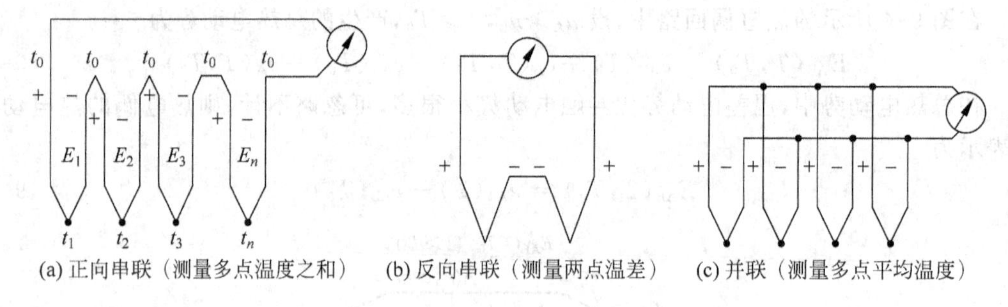

(a) 正向串联（测量多点温度之和）　(b) 反向串联（测量两点温差）　(c) 并联（测量多点平均温度）

图 9-6　热电偶串、并联测温线路

9.1.2　热电偶回路的基本定律和主要性质

1. 两导体电极材料相同,其热电动势为零

无论两结点温度如何,其热电动势均为零,因此只有两种不同材料才能构成热电偶。

2. 两结点温度及热电动势

热电偶两结点温度相同,其热电动势为零

3. 均质导体定律

由两种均质导体组成的热电偶,其热电动势的大小只与两材料及两结点温度有关,与热电偶的尺寸、形状及沿电极各处的温度分布无关。如材料不均匀,当导体上存在温度梯度时,将会有附加电动势产生。该定理说明,热电偶必须由两种不同性质的均质材料构成。

4. 中间温度定律

在热电偶测温回路中,t_c 为热电极上某一点的温度,热电偶 AB 在结点温度为 t,t_0 时的热电动势 $E_{AB}(t,t_0)$等于热电偶 AB 在结点温度为 t,t_c和 t_c,t_0 时的热电动势 $E_{AB}(t,t_c)$和

$E_{AB}(t_c,t_0)$的代数和，如图 9-7 所示，即

$$E_{AB}(T,T_0)=E_{AB}(T,T_c)+E_{AB}(T_c,T_0) \tag{9-8}$$

该定律是参考端温度计算修正法的理论依据，在实际热电偶测温回路中，利用热电偶这一性质，可对参考端温度不为0℃的热电动势进行修正。另外根据这个定律，可以连接与热电偶热电特性相近的导体 A′和 B′，如图 9-7 所示，将热电偶冷端延伸到温度恒定的地方，这也为热电偶回路中应用补偿导线提供了理论依据。

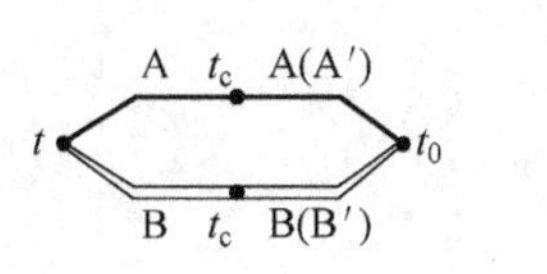

图 9-7　中间温度定律示意图

5. 中间导体定律

利用热电偶进行测温，必须在回路中引入连接导线和仪表，接入导线和仪表后是否会影响回路中的热电动势？

中间导体定律说明，在热电偶回路中接入第三种材料的导体，只要第三种导体的两端温度相同，则这一导体的引入将不会改变原来热电偶的热电动势大小，即 $E_{ABC}(T,T_0)=E_{AB}(T,T_0)$（C 两端温度相同）。

如图 9-8 所示为接入第三种导体时热电偶回路的两种形式。在图 9-8(a)所示的回路中，由于温差电动势可忽略不计，因此回路中的总热电动势等于各结点的接触电动势之和，即

$$E_{ABC}(T,T_0)=E_{AB}(T)+E_{BC}(T_0)+E_{CA}(T_0) \tag{9-9}$$

当 $T=T_0$ 时，有

$$E_{ABC}(T,T_0)=0$$

则

$$E_{BC}(T_0)+E_{CA}(T_0)=-E_{AB}(T_0) \tag{9-10}$$

$$E_{ABC}(T,T_0)=E_{AB}(T)-E_{AB}(T_0)=E_{AB}(T,T_0) \tag{9-11}$$

此式说明，在热电偶测温回路内接入第三种导体，只要第三种导体的两端温度相同，则对回路的总热电动势不会产生影响。

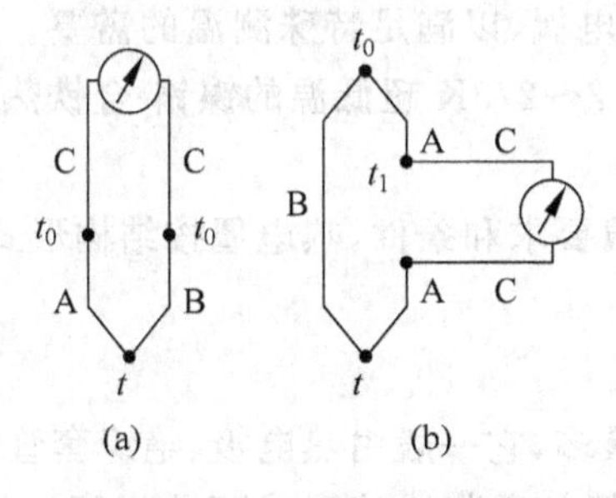

图 9-8　具有三种导体的热电偶回路

6. 标准电极定律

如果已知热电极 A，B 分别与热电极 C 组成的热电偶在(T,T_0)时的热电动势分别为 $E_{AC}(T,T_0)$和 $E_{BC}(T,T_0)$，如图 9-9 所示，则在相同的温度下，由 A，B 两种热电极配对后的热电动势 $E_{AB}(T,T_0)$可按下式计算：

$$E_{AB}(T,T_0)=E_{AC}(T,T_0)-E_{BC}(T,T_0) \tag{9-12}$$

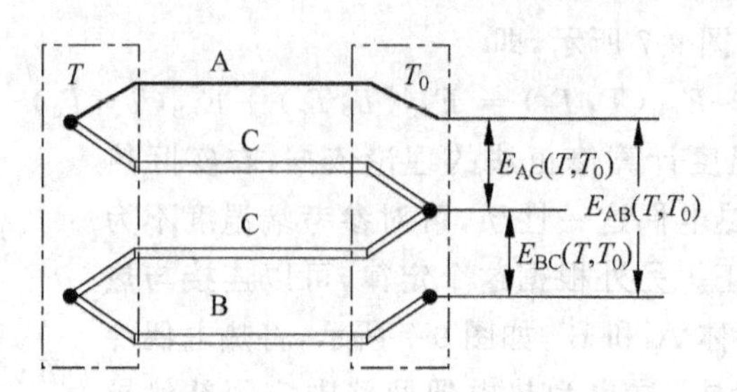

图 9-9　标准电极定律示意图

这里热电极 C 称为标准电极。因为铂容易提纯，熔点高，性能稳定，所以标准电极通常采用纯铂丝制成。标准电极定律也称为参考电极定律或组成定律。

标准电极定律使得热电偶选配电极的工作大为简化，只要已知有关热电极与标准电极配对时的热电动势，利用上述公式就可以求出任何两种热电极配成热电偶的热电动势。

9.1.3　热电偶的种类及结构形式

1. 热电偶的类型和材料

从理论上讲，任何两种不同材料的导体都可以组成热电偶，但为了准确可靠地测量温度，组成热电偶的材料必须经过严格的选择。

工程上用于热电偶的材料应满足以下条件：热电动势变化尽量大，热电动势与温度的关系尽量接近线性关系，物理、化学性能稳定，易加工，复现性好，便于成批生产，有良好的互换性。实际上并非所有材料都能满足上述要求。目前，在国际上被公认比较好的热电偶的材料只有几种。国际电工委员会(IEC)向世界各国推荐 8 种标准化热电偶。所谓标准化热电偶，就是已列入工业标准化文件中的热电偶，具有统一的分度表。现在工业上常用的 4 种标准化热电偶材料为：铂铑 30－铂铑 6(B 型)、铂铑 10－铂(S 型)、镍铬-镍硅(K 型)和镍铬－铜镍(我国通常称为镍铬-康铜)(E 型)。我国已采用 IEC 标准生产热电偶，并按标准分度表生产与之相配的显示仪表。

另外，还有一些特殊用途的热电偶，以满足特殊测温的需要。例如，用于测量 3800℃超高温的钨镍系列热电偶，用于测量 2～273K 超低温的镍铬-金铁热电偶等。

2. 热电偶的结构形式

为了适应不同生产对象的测温要求和条件，热电偶按结构形式分为普通型热电偶、铠装型热电偶、薄膜热电偶等。

(1) 普通型热电偶

普通型热电偶在工业上使用最多，它一般由热电极、绝缘套管、保护管和接线盒组成，其结构如图 9-10 所示。普通型热电偶的安装连接形式可分为固定螺纹连接、固定法兰连接、活动法兰连接、无固定装置等多种形式。

(2) 铠装型热电偶

铠装型热电偶又称套管热电偶。它是由热电偶丝、绝缘材料和金属套管三者经拉伸加工而成的坚实组合体，如图 9-11 所示。它可以做得很细很长，使用中根据需要能任意弯曲。铠装型热电偶的主要优点是测温端热容量小，动态响应快，机械强度高，挠性好，可安装在结构复杂的装置上，因此被广泛用在许多工业部门中。

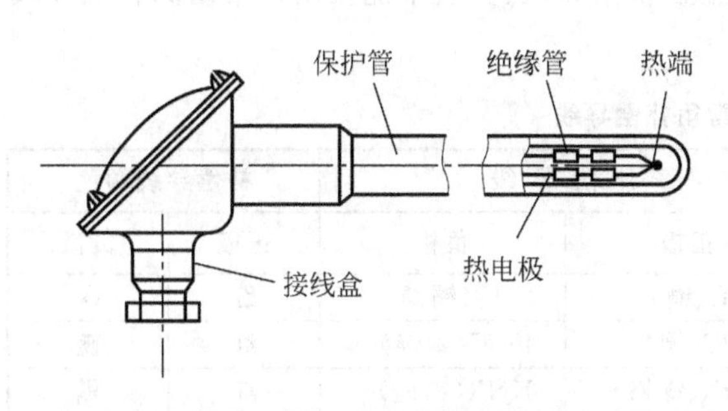

图 9-10　普通型热电偶的结构

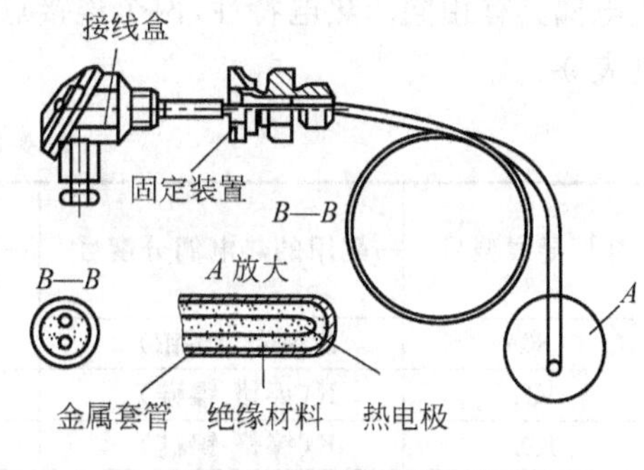

图 9-11　铠装型热电偶

(3) 薄膜热电偶

薄膜热电偶是由两种薄膜热电极材料用真空蒸镀、化学涂层等办法蒸镀到绝缘基板上而制成的一种特殊热电偶,如图 9-12 所示。薄膜热电偶的热接点可以做得很小(可薄到 0.01～0.1μm),具有热容量小、反应速度快等特点,热响应时间达到微秒级,适用于微小面积上的表面温度以及快速变化的动态温度测量。

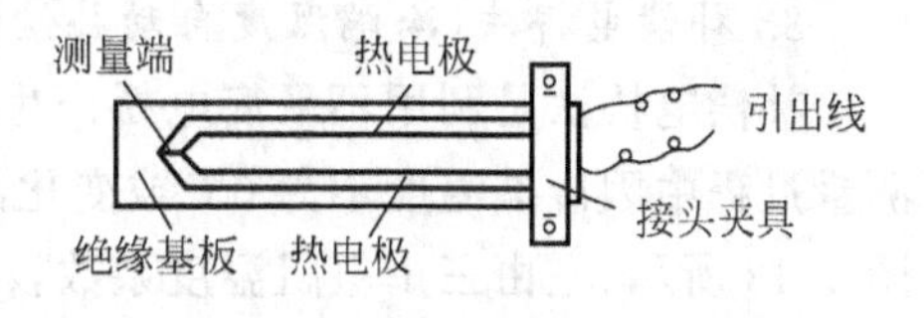

图 9-12　薄膜热电偶

9.1.4　热电偶自由端温度的补偿

当热电偶材料选定以后,热电动势只与热端和冷端温度有关。因此只有当冷端温度恒定时,热电偶的热电动势和热端温度才有单值的函数关系。此外热电偶的分度表是以冷端温度为 0℃作为基准进行分度的,而在实际使用过程中,冷端温度往往不为 0℃,所以必须对冷端温度进行处理,以消除冷端温度的影响。

当热端温度为 t 时,分度表所对应的热电动势 $e_{AB}(t,0)$ 与热电偶实际产生的热电动势 $e_{AB}(t,t_0)$ 之间的关系,可根据中间温度定律用下面的式子表示:

$$e_{AB}(t,0)=e_{AB}(t,t_0)+e_{AB}(t_0,0) \tag{9-13}$$

可见,$e_{AB}(t_0,0)$ 是冷端温度 t_0 的函数,因此需要对热电偶冷端温度进行处理。对热电偶冷端温度进行处理的方法主要有冷端 0℃恒温法、补偿导线法、补偿电桥法和冷端温度修正法。

1. 冷端 0℃恒温法(冰浴法)

冷端恒温法就是将热电偶的冷端置于某一温度恒定不变的装置中。热电偶的分度表是以 0℃为标准的。所以在实验室及精密测量中,通常把冷端放入 0℃恒温器或装满冰水混合物的容器中,以便冷端温度保持 0℃,这种方法又称为冰浴法。这是一种理想的补偿方法,但工业中使用极为不便。

2. 补偿导线法

在实际测温时,需要把热电偶输出的热电动势信号传输到远离现场数十米远的控制室里的显示仪表或控制仪表,这样,冷端温度 t_0 比较稳定。热电偶一般做得较短,通常为 350～2000mm,需要用导线将热电偶的冷端延伸出来。工程中采用一种补偿导线,它通常由两种不同性质的廉价金属导线制成,而且在 0～100℃温度范围内,要求补偿导线和所配热电偶具有相同的热电特性，两个连接点温度必须相等，正负极不能接反。常用的补偿导线见表 9-1。

表 9-1　常用补偿导线

补偿导线型号	配用的热电偶分度号	补偿导线		补偿导线颜色	
		正极	负极	正极	负极
SC	S(铂铑 10-铂)	SPC(铜)	SNC(铜镍)	红	绿
KC	K(镍铬-镍硅)	KPC(铜)	KNC(铜镍)	红	蓝
KX	K(镍铬-镍硅)	KPX(镍铬)	KNX(镍硅)	红	黑
EX	E(镍铬-铜镍)	EPX(镍铬)	ENX(铜镍)	红	棕
JX	J(铁-铜镍)	JPX(铁)	JNX(铜镍)	红	紫
TX	T(铜-铜镍)	TPX(铜)	TNX(铜镍)	红	白

3．补偿电桥法(冷端温度自动补偿法)

补偿电桥法是利用不平衡电桥产生的不平衡电压 U_{ab} 作为补偿信号，自动补偿热电偶测量过程中因冷端温度不为 0℃或变化而引起热电动势的变化值。补偿电桥的工作原理如图 9-13 所示，它由三个电阻温度系数较小的锰铜丝绕制的电阻 R_1，R_2，R_3 及电阻温度系数较大的铜丝绕制的电阻 R_{Cu} 和稳压电源组成。补偿电桥与热电偶冷端处在同一环境温度，当冷端温度变化引起热电动势 $e_{AB}(t,t_0)$变化时，由于 R_{Cu} 的阻值随冷端温度变化而变化，适当选择桥臂电阻和桥路电流，就可以使电桥产生的不平衡电压 U_{ab} 补偿由于冷端温度 t_0 变化引起的热电动势变化量，从而达到自动补偿的目的。

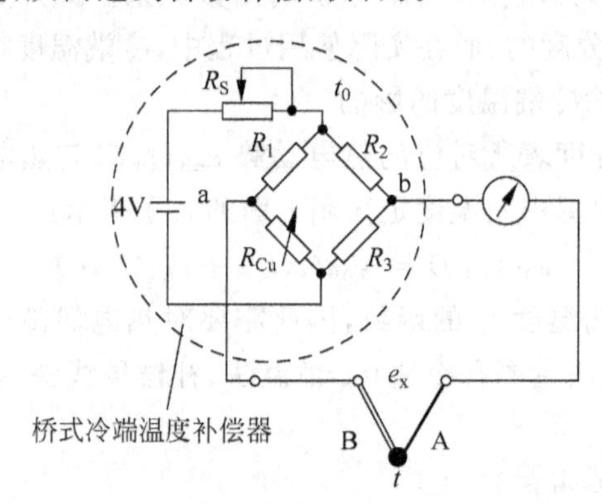

图 9-13　补偿电桥的工作原理图

采用补偿电桥法对冷端温度进行补偿应该注意以下几点：不同型号的补偿器只能与相应的热电偶配用，只能补偿到固定温度；正负极不能接反；仅能在规定的温度范围内使用，通常为 0～40℃。

4．冷端温度修正法

采用补偿导线可使热电偶的冷端延伸到温度比较稳定的地方，但只要冷端温度 t_0 不等于 0℃，就需要对热电偶回路的测量电势值 $e_{AB}(t,t_0)$加以修正。当工作端温度为 t 时，分度表所对应的热电动势 $e_{AB}(t,0)$与热电偶实际产生的热电动势 $e_{AB}(t,t_0)$之间的关系可根据中间温度定律用下式表示：

$$e_{AB}(t,0) = e_{AB}(t,t_0) + e_{AB}(t_0,0) \tag{9-14}$$

由此可见，测量电势值 $e_{AB}(t,t_0)$ 的修正值为 $e_{AB}(t_0,0)$。$e_{AB}(t_0,0)$ 是参考端温度 t_0 的函数，经修正后的热电动势为 $e_{AB}(t,0)$，可由分度表中查出被测实际温度值 t。

当热电偶参考端温度不等于 0℃时，需要对仪表的示值加以修正，因为热电偶的温度-热电动势关系以及分度表是在参考端温度为 0℃的情况下得到的。修正公式：

$$e_{AB}(t,0) = e_{AB}(t,t_0) + e_{AB}(t_0,0)$$

9.1.5　热电偶的应用

1. 典型线路

热电偶测温的典型线路不同于防爆热电偶，是动圈表与冷端补偿器配套使用的线路，是与自动电子电位差计配套使用的线路。注意，自动电子电位差计内部有补偿桥路。

2. 正向串接

热电偶正向串联连接，它是各个同型号热电偶的正、负极串联连接而成的。热电偶显示仪表总的输入热电势为

$$E = E_{ab}(t_1,t_0) + E_{ab}(t_2,t_0)$$

可见，用正向串联线路去测同一温度，则显示仪表的总输入热电势 $E=2E_{ab}(t,t_0)$，这样可以提高仪表的灵敏度。用多个同型号热电偶正向串联组成的热电偶称为热电堆，它可应用在辐射式高温计中，以测量微小温度变化并获得较大的热电势输出。

3. 反向串接

将同型号热电偶的同名极（负极或正极）相连，这就是热电偶的反向串联。这样组成的热电偶称为微差热电偶。它的输出热电势为

$$\Delta E = E(t_1,t_0) - E(t_2,t_0) = E(t_1,t_2)$$

因此，ΔE 反应了两个测温点（t_1,t_2）的温度差。这里要求，使用热电偶的型号及冷断温度 t_0 必须相同，且其热电偶的热电特性为线性，如镍铬-镍硅热电偶。

4. 热电偶热电动势的测量

热电偶输出的热电动势与被测温度有对应关系，热电动势的测量可采用动圈式仪表、电位差计、电子电位差计，或者通过微机识别后输出温度值。用电位差计测量时，是采用标准电压来平衡热电动势的。标准电压与热电动势方向相反，回路中没有电流。因此，线路电阻对测量结果没有影响。

例 9-1　如图 9-14 所示为铂铑 10-铂（S 型）热电偶，A′和 B′为补偿导线，温度 $t_1=50$℃，$t_2=0$℃，$t_3=30$℃，$t_0=0$℃。

① 当 $U_0=936\mu V$ 时，求被测点温度 t。

② 如果 A′和 B′改为铜导线，此时 $U_3=810\mu V$，再求温度 t。

分析：

① 由于 C 和 D 均为导体，根据中间导体定律，t_2 处的电压就等于 t_0 处的电压，即 $U_2=U_0$。而 A′和 B′为补偿导线，视同热电偶 A 和 B，所以 $E_{AB}(t,t_2)=U_2=U_0=936\mu V$，$t_2=0$℃，直接查表可得温度 t。

② 根据中间导体定律，t_1 处的电压就等于 t_0 处的电压，即 $U_1=U_0$，而 $t_1=50$℃，$E_{AB}(t,$

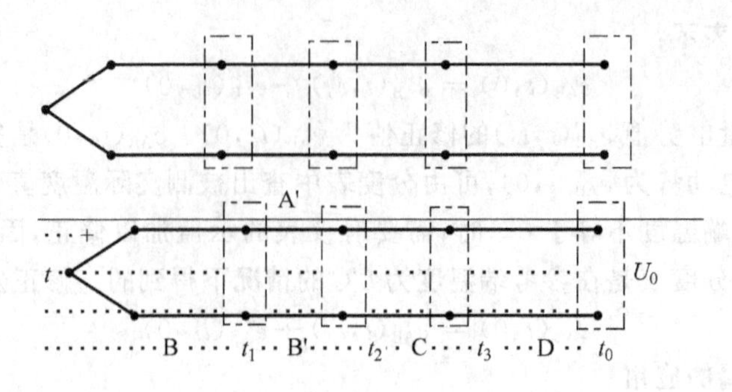

图 9-14　例 9-1 图

$t_1)=U_1=U_0$，根据中间温度定律，$E_{AB}(t,0℃)=E_{AB}(t,t_1)+E_{AB}(t_1,0℃)=U_0+E_{AB}(50℃,0℃)=1109\mu V$，直接查表可得温度 t。

热电偶在测温过程中，为了保证输出热电动势是被测温度的单一函数，必须保持自由端（冷端）的温度恒定。为了消除或补偿由于自由端温度不恒定而引入的测量误差，常采用以下几种方法。

（1）仪表调零修正法

在 t_0 基本不变的情况下，仪表预先机械调零到 t_0 处，即仪表预先输入 $E(t_0,0℃)$，则指针指向 t_0。

（2）冷端温度自动补偿

一般采用电桥补偿法，在热电偶回路中串入一个自动补偿的电位差信号来补偿热电动势的变化值：

$$E(t,0℃)=E(t,t_0)+U_{AB}$$

电桥补偿法利用直流电桥的不平衡电压来补偿热电偶因自由端温度变化而引起的热电动势变化值。

（3）延引电极法

用补偿导线制成的热电偶与工作热电偶相连，它既可把工作热电偶的原自由端延长到新的自由端，以节省贵重金属，又不会由于引入该导线而给工作热电偶带来测量误差，这种方法称为延引电极法。

9.2　仿生传感器

9.2.1　视觉传感器

1. PSD(Position Sensitive Device)传感器

如图 9-15 所示，当光束照射到 1 维的线和 2 维的平面时，检测光照射的位置。公式如下：

$$x=\frac{L}{1+\frac{I_1}{I_2}} \tag{9-15}$$

式中，L——电极 1 与电极 2 的距离；

I_1——流过电极 1 的电流；

I_2——流过电极 2 的电流；

x——光照射点与电极 1 的距离。

2. 视觉传感器

机器人通过摄像机以图像的形式获得环境的信息，其中就用到视觉传感器。

(1) CCD(Charge Coupled Device)传感器

CCD 传感器通过 CCD 阵列进行二维扫描，对表示灰度的电压采样并进行二值数字化处理，它每隔一定时间扫描一次。

(2) 图像的投影

到图像面的中心投影如图 9-16 所示，图中：

O——原点，透镜中心；

Z 轴——光轴，摄像机的前方；

xy 轴——组成图像面；

P 点——物体上的一点；

p 点——P 点在图像面上的投影。

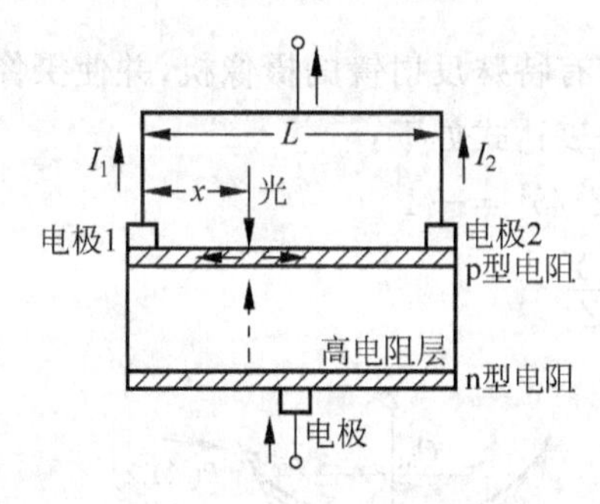

图 9-15　PSD 传感器

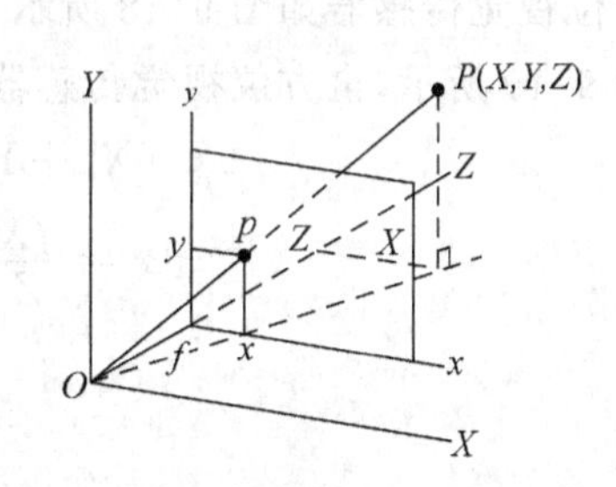

图 9-16　到图像面的中心投影

3. 形状传感器

① 利用 CCD 摄像机拍摄穿透光。由于热噪声的干扰，透明物体不能被准确识别。

② 若形状有特征，可用轮廓识别物体。例如，由手印鉴别每个人，由形状识别机械零件。

4. 光切断传感器

光切断传感器如图 9-17 所示，将通过狭缝照射的面状光投射到物体上，再检测反射光。公式如下：

$$H = d\tan\alpha \tag{9-16}$$

$$l = L\cos\theta + W\sin\theta \tag{9-17}$$

$$W = w\cos\theta \tag{9-18}$$

式中，H——物体的高度；

L——物体的长度；

W——物体的宽度；

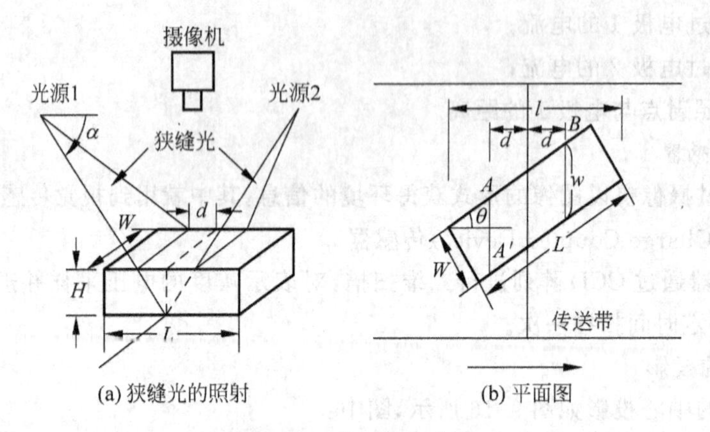

(a) 狭缝光的照射　　(b) 平面图

图 9-17　光切断传感器

θ——物体与传送带所成的角度；

w——物体上照射线的长度；

l——物体在传送带上所占的长度。

5. 全方位视觉传感器

全方位视觉传感器如图 9-18 所示，它采用带有特殊反射镜的摄像机，并使摄像机回转。如图 9-19 所示，全方位视觉传感器镜面方程表达式如下：

$$(X^2+Y^2)/a^2+Z^2/b^2=-1 \tag{9-19}$$

$$x=\frac{fX}{Z},\quad y=\frac{fY}{Z} \tag{9-20}$$

图 9-18　全方位视觉传感器

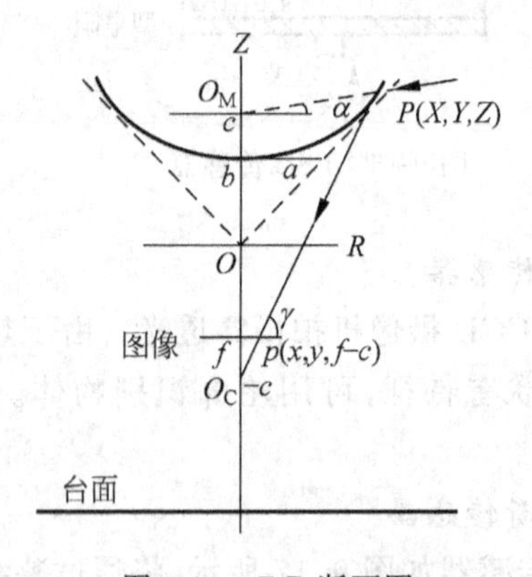

图 9-19　Z-R 断面图

图 9-19 中：

P——空间内一点；

p——P 在摄像机上所成的像；

O_M——反射镜的一个焦点；

O_C——反射镜的另一个焦点；

O——坐标原点；

f——摄像机透镜的焦距；

α——直线 O_MP 的仰角；

γ——反射镜面反射光的仰角。

9.2.2　触觉传感器

人的触觉是人类感觉的一种。它通常包括热觉、冷觉、痛觉、触压觉和力觉等。机器人触觉实际上是对人的触觉的模仿。它是有关机器人和对象物之间直接接触的感觉，包含的内容较多，通常指以下几种。

触觉：手指与被测物是否接触，基于接触图形的检测。

压觉：垂直于机器人和对象物接触面上的力感觉。

力觉：机器人动作时各自由度的力感觉。

滑觉：物体向着垂直于手指把握面的方向滑动或变形。

机器人触觉的功能主要有以下两方面。

（1）检测功能

对操作物进行物理性质检测，如光滑度、硬度等。其目的是感知危险状态，实施自身保护，灵活地控制手爪及关节以操作对象物，使操作具有适应性和顺从性。

（2）识别功能

识别对象物的形状（如识别接触到的表面形状）。

1. 接触觉传感器

接触觉传感器如图 9-20 所示，用于探测是否接触到物体。

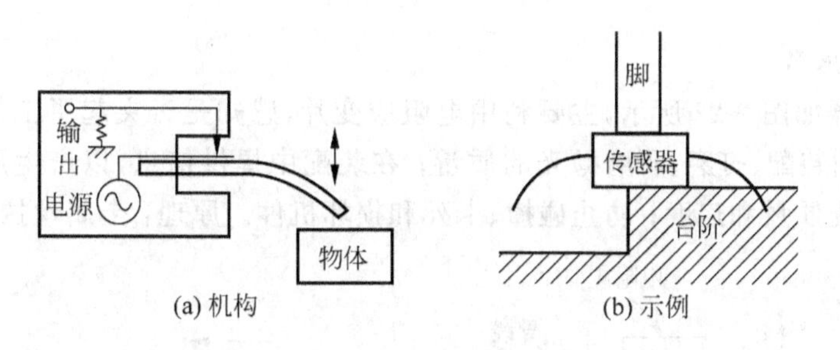

图 9-20　接触觉传感器

接触觉传感器的工作重点集中在阵列式触觉传感器信号的处理上，目的是辨识接触物体的形状。

这种信号的处理涉及图像处理、计算机图形学、人工智能、模式识别等学科，是一门比较复杂、难度较高的技术，目前还很不成熟，有待于进一步研究和发展。

2. 压觉传感器

压觉指的是对于手指给予被测物的力，或者加在手指上的外力的感觉。它用于握力控制与手的支撑力的检测。

目前的压觉传感器主要是分布式压觉传感器，它是通过把分散的敏感元件排列成矩阵式格子来设计的。导电橡胶、感应高分子、应变计、光电器件和霍尔元件常被用做敏感元件阵列单元。

压觉传感器通常用于检测物体与手爪间产生的力及其分布情况。如图 9-21 所示是使用弹簧的平面压觉传感器。

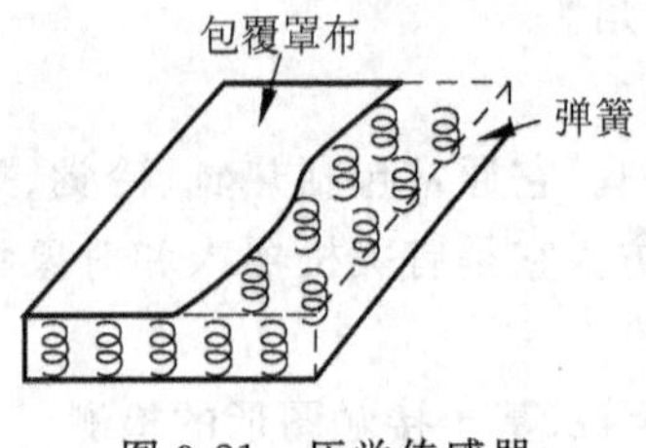

图 9-21 压觉传感器

3. 滑觉传感器

滑觉传感器如图 9-22 所示，用于检测垂直于加压力方向的力和位移。

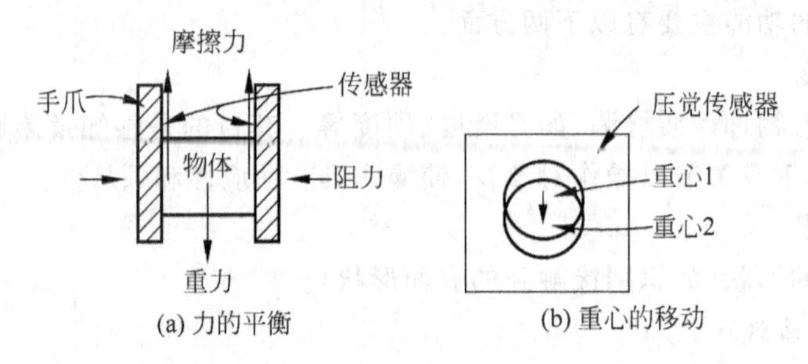

图 9-22 滑觉传感器

4. 力觉传感器

力觉传感器如图 9-23 所示，主要利用电阻应变片，感知是否夹起了工件或是否夹持在正确部位；控制装配、打磨、研磨抛光的质量；在装配中提供信息，以产生后续的修正补偿运动来保证装配质量和速度；防止碰撞、卡死和损坏机件。原理：金属丝拉伸时电阻变大。

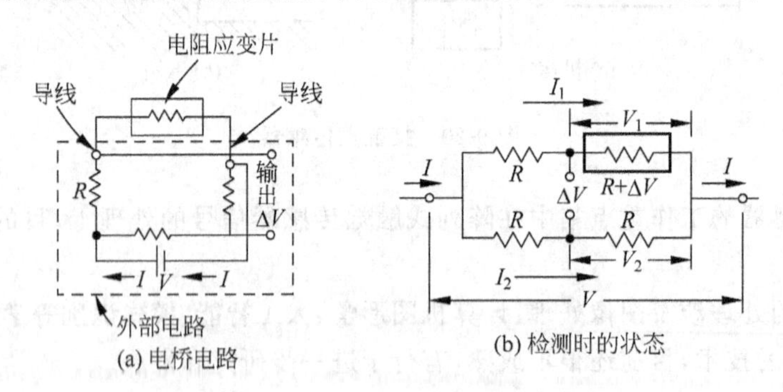

图 9-23 力觉传感器

图 9-23 中电压与电流的关系如下：

$$V = (2R + \Delta R)I_1 = 2RI_2 \tag{9-21}$$

$$V_1 = (R + \Delta R)I_1, \quad V_2 = RI_2 \tag{9-22}$$

则

$$\Delta V = V_1 - V_2 = \frac{V \cdot \Delta R}{4R} \tag{9-23}$$

所以

$$\Delta R = \frac{4R\Delta V}{V} \tag{9-24}$$

9.3　智能传感器

9.3.1　智能传感器的定义及其功能

1. 智能传感器的概念与形式

20世纪80年代中期以来，随着微处理器技术的迅猛发展及其与传感器的密切结合，使传感器不仅具有传统的检测功能，而且具有存储、判断和信息处理的功能。由微处理器和传感器相结合构成的新颖传感器，即为智能传感器(smart sensor)。所谓智能传感器就是一种以微处理器为核心单元的，具有检测、判断和信息处理等功能的传感器。

智能传感器包括传感器智能化和集成智能传感器两种主要形式。

前者是采用微处理器或微型计算机系统来扩展和提高传统传感器的功能，传感器与微处理器是两个分立的功能单元，传感器的输出信号经放大调理和转换后由接口送入微处理器进行处理。

后者是借助于半导体技术将传感器部分与信号放大调理电路、接口电路和微处理器等制作在同一块芯片上，即形成大规模集成电路的智能传感器。

集成智能传感器具有多功能、一体化、集成度高、体积小、适宜大批量生产、使用方便等优点，它是传感器发展的必然趋势，它的发展将取决于半导体集成化工艺水平的进步与提高。然而，目前广泛使用的智能传感器，主要是通过传感器智能化来实现的。

近几年来，人们提出了智能结构的概念，也就是将传感元件、致动元件以及微处理器集成于基底材料中，使材料或结构具有自感知、自诊断、自适应的智能能力。智能结构涉及传感技术、控制技术、人工智能、信息处理和材料学等多种学科与技术，是当今国内外竞相研究开发的前沿科技。

2. 智能传感器的构成与特点

从构成上看，智能传感器是一个典型的以微处理器为核心的计算机检测系统。它一般由图9-24所示的几个部分构成。

同一般传感器相比，智能传感器有以下几个显著特点。

① 精度高。由于智能传感器具有信息处理的功能，因此通过软件不仅可以修正各种确定性系统误差(如传感器输入输出的非线性误差、温度误差、零点误差、正反行程误差等)，而且还可以适当地补偿随机误差，降低噪声，从而使传感器的精度大大提高。

② 稳定、可靠性好。它具有自诊断、自校准和数据存储功能，对于智能结构系统还有自适应功能。

③ 检测与处理方便。它不仅具有一定的可编程自动化能力，可根据检测对象或条件的改变，方便地改变量程及输出数据的形式等，而且输出数据可通过串行或并行通信线直接送

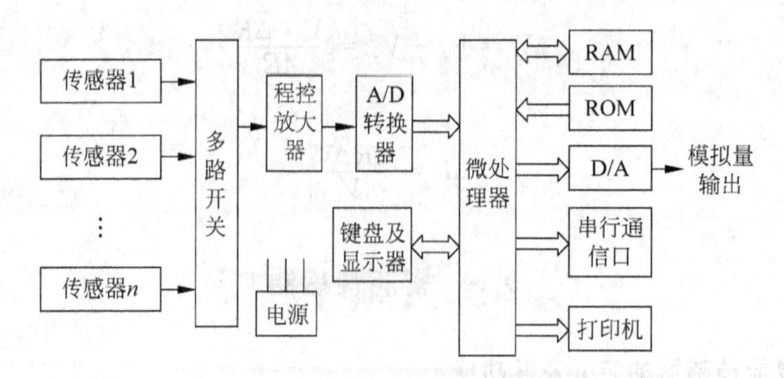

图 9-24　智能传感器的构成

入远程计算机进行处理。

④ 功能广。它不仅可以实现多传感器多参数综合测量，扩大测量与使用范围，而且能以多种形式输出(如 RS-232 串行输出、PIO 并行输出、IEEE-488 总线输出，以及经 D/A 转换后的模拟量输出等)。

⑤ 性能价格比高。在相同精度条件下，多功能智能传感器与单一功能的普通传感器相比，其性能价格比高，尤其是在采用比较便宜的单片机后更为明显。

9.3.2　传感器智能化的技术途径

传感器智能化的途径很多，下面介绍其中最主要的 3 条途径。

1. 传感器和信号处理装置的功能集成化

利用集成或混合集成方式将敏感元件、信号处理器和微处理器集成在一起，利用驻留在集成体内的软件，实现对测量过程的控制、逻辑判断和数据处理以及信息传输等功能，从而构成功能集成化的智能传感器。这类传感器具有小型化、性能可靠、能批量生产、价廉等优点，因而，被认为是智能传感器的主要发展方向。

例如，多功能继承 FET 生物传感器是将多个具有不同固有成分选择的 ISFET(单个有选择性的场效应管)和多路转换器集成在同一芯片上，实现多成分分析。日本电气公司已经研制出能检测葡萄糖、尿素、维生素 K 和白蛋白 4 种成分的继承 FET 传感器。

另外一种功能集成传感器是将多个具有不同特性的气敏元件集成在一个芯片上，利用图像识别技术处理传感器得到的不同灵敏度模式，然后对这些模式所获取的数据进行计算，与被测气体的模式比较，便可辨别出气体种类和确定各自的浓度。

2. 基于新的检测原理和结构，实现信号处理的智能化

采用新的检测原理，通过微机械精细加工工艺和纳米技术设计新型结构，使之能真实地反映被测对象的完整信息，这也是传感器智能化的重要技术途径之一。

人们研究的多振动智能传感器就是利用这种方式实现传感器智能化的实例。

工程中的振动通常是多种振动模式的综合效应，常用频谱分析方法解析振动。由于传感器在不同频率下的灵敏度不同，势必造成分析上的失真。现在采用微机械加工技术，在硅片上制作出极其精细的沟、槽、孔、膜、悬臂梁、共振腔等，构成性能优异的微型传感器。

加工时，首先在片上外延生长片状悬臂梁的振动板；然后，在其上生长一层 SiO_2 绝缘膜；再在 SiO_2 上生成起应变片作用的多晶硅膜；最后，在应变片的电极部分与振动板的自

由端处蒸金，形成电极敏感部分。多层结构工艺结束后，在自由端处打一小孔，采用各向异性腐蚀工艺进行深度加工，形成硅单晶片状悬臂梁，同时在硅片上集成信号处理器。采用这种精细加工工艺，可以构成完整的多振动的信号感知和处理的智能传感器。

目前，人们已能在 2mm×4mm 硅片上制成有 50 条振动板、谐振频率为 4～14kHz 的多振动智能传感器。

3. 研制人工智能材料

近几年来，人工智能材料（Artificial Intelligent Materials，AIM）已经成为高新技术领域中的一个研究热点，也是全世界有关科学家和工程技术人员主要的研究课题。

所谓人工智能，就是研究和完善达到或超过人的思维能力的人造思维系统。其主要内容包括机器智能和仿生模拟两大部分。前者是利用现有的高速、大容量电子计算机的硬件设备，研究计算机的软件系统来实现新型计算机原理论证、策略制定、图像识别、语言识别和思维模拟，这是人工智能的初级阶段。后者则是在生物学已有成就的基础上，对人脑和思维过程进行人工模拟设计出具有人类神经系统功能的人工智能机。为了达到上述目的，无疑，计算机科学是实现人工智能的必要手段，而仿生学和材料学则是推动人工智能研究不断前进的两个车轮。

人工智能材料是继天然材料、人造材料、精细材料后的第四代功能材料。它有三个基本特征：能感知环境条件的变化（普通传感器的功能），能进行自我判断（处理器功能），能发出指令和自行采取行动（执行器功能）。显然，人工智能材料除了具有功能材料的一般属性（即电、磁、声、光、热、力等特定功能），能对周围环境进行检测外，还具有按照反馈的信息进行调节和转换等软件功能。这种材料具有自适应自诊断、自修复自完善和自调节自学习的特性，这是制造智能传感器极好的材料。因此，人工智能材料和智能传感器是不可分割的两个部分。

智能材料是一种结构灵敏性材料，其种类繁多、性能各异。按电子结构和化学键分为金属、陶瓷、聚合物和复合材料等几大类；按功能特性又分为半导体、压电体、铁弹体、铁磁体、铁电体、导电体、光导体、电光体和电致流变体等几种；按形状分则有块材、薄膜和芯片智能材料。前两者常用做分离式智能元器件或者传感器（Discrete Intelligent Componts，DIC），后者则主要用做智能混合电路和智能集成电路（Intelligent Integrated Circuit，IIC）。

9.3.3　智能传感器的发展前景

人工智能材料和智能传感器，在最近几年以及今后若干年的时间内，仍然是世人瞩目的焦点。虽然在人工智能材料及智能器件的研究方面已向前迈进了重要一步，但是目前人们还不能随意地设计和创造人造思维系统，尚处在实验室中开拓研究的初级阶段。今后人工智能材料和智能传感器的研究内容主要集中在以下几个方面。

① 利用微电子学，使传感器和微处理器结合在一起实现各种功能的单片智能传感器，仍然是智能传感器的主要发展方向之一。例如，利用三维集成（3DIC）及异质结技术研制高智能传感器“人工脑”，这是科学家近期的奋斗目标。日本正在用 3DIC 技术研制的视觉传感器就是其中一种。

② 微结构（智能结构）是今后智能传感器的重要发展方向之一。“微型”技术是一个广泛的应用领域，它覆盖了微型制造、微型工程和微型系统等各种学科与多种微型结构。

微型结构是指在 1μm～1mm 范围内的产品，它超出了人们的视觉辨别能力。在这样的范围内加工出微型机械或系统，不仅需要有关传统的硅平面技术和深厚知识，还需要对微切削加工、微制造、微机械、微电子 4 个领域的知识有一个全面的了解。这 4 个领域是完成智能传感器或微型传感器系统设计的基本知识来源。

人们希望，微电子与微机械的集成，即微电子机械系统(MEMS)能够在未来得到迅速发展，以带动智能结构的发展。微型化技术是促成这种集成的重要因素，因此，智能传感器系统的核心在于微电子与微机械的集成。

实现智能传感器特别重要的 4 项相关技术包括硅、厚膜、薄膜和光纤技术。同样应包括如下材料加工技术(工艺)：

- 各向异性和各向同性、块硅的刻蚀；
- 表面硅微切削；
- 活性离子刻蚀；
- 自然离子刻蚀；
- 激光微切削。

这些技术和工艺是今后智能传感器必须一一攻克的课题。

在未来 20 年内，微机械技术的作用将会同微电子在过去 20 年所起的作用一样震撼人类，全球微型系统市场价值十分巨大，批量生产微型结构和将其置入微型系统的能力对于全球性市场的开发具有重要作用。“微型”工程技术将会像微型显微镜以及电子显微镜一样影响人类的生活，促进人类进步和科学技术的进一步发展。因此，这也是人类今后数十年内研究的重要课题之一。

③ 利用生物工艺和纳米技术研制传感器功能材料，以此技术为基础研制分子和原子生物传感器是一门新兴学科，是 21 世纪的超前技术。

纳米科学是一门集基础科学和应用科学于一体的新兴科学。它主要包括纳米电子学、纳米材料学、纳米生物学等学科。纳米科学具有很广阔的应用前景，它将促使现代科学技术从目前的微米尺度(微型结构)上升到纳米或原子尺度，并成为推动 21 世纪人类基础科学研究和产业技术革命的巨大动力，当然也将成为传感器(包括智能传感器)的一种革命性技术。

我国科学家在这项前沿科学技术领域已经取得了重大技术突破。

1991 年，已经成功地在硅表面上操纵单个硅原子，并已揭示了这种单原子操纵的机理是电场蒸发效应。

1992 年，首次成功地连续移动硅表面上的单个原子，从而在原子表面上加工出了单原子尺度的特殊结构，如单元子线和单原子链等。

1993 年，首次成功地连续把单个硅原子施加到硅表面的精确位置上，并在其表面上构成了新颖的单原了沉积的特殊结构，如单原子链等，并能保持硅表面上原有的原子结构不被破坏，还能用单原子修补硅表面上的单原子缺陷。这些基础实验结果证明了利用单个原子存储信息的可能性。

1994 年，首次成功地实现了单原子操作的动态实时跟踪，制作出了单原子扫描隧道显微镜纳米探针，实现了单原子的点接触，并观测到扫描隧道显微镜纳米探针和物质表面之间形成的纳米桥及其延伸和纳米桥延伸断裂时的动态过程。

1995 年，成功地在硅表面上制备出原子级平滑的氢绝缘层，并在其表面上对单个氢原子进行了选择性脱附(即移动操纵),加工出硅二聚体原子链,这是目前世界上最小的二聚体原子链结构。

1996 年,首次成功地将从硅的氢绝缘表面上提取的氢原子重新放回到该表面上,再次去饱和表面上的硅悬键。

1997 年,首次成功地实现了单原子的双隧道结,并成功地控制和观测到单个电子在此双隧道结中的传输过程,这是目前世界上在最小单位上(单原子尺度)进行的单电子晶体管的基础研究。

单原子操纵技术研究已经为未来制作单分子、单原子、单电子器件,大幅度提高信息存储量,实施遗传工程学中生物大分子的单原子置换以及物种改良,实现材料科学中的新原子结构材料研制,研制智能传感器等提供了划时代的科学技术的实验和理论基础。

在世界范围内,目前已经利用纳米技术研制出了分子级的电器,如碳分子电线、纳米开关、纳米马达(其直径只有 10nm)和纳米电动机等。可以预料纳米级传感器将应运而生,使传感器技术产生一次新飞跃,人类的生活质量将随之产生质的改变。

④ 完善智能器件原理和智能材料的设计方法,也将是今后几十年极其重要的课题。

为了减轻人类繁重的脑力劳动,实现人工智能化、自动化,不仅要求电子元器件能充分利用材料固有物性对周围环境进行检测,而且要求其兼有信号处理和动作反应的相关功能,因此必须研究将信息注入材料的主要方式和有效途径,研究功能效应和信息流在人工智能材料内部的转换机制,研究原子或分子对组成、结构和性能的关系,进而研制出“人工原子”,开发出“以分子为单位的复制技术”,在“三维空间超晶格结构和 K 空间”中进行类似于“遗传基因”控制方法的研究,不断探索新型人工智能材料和传感器件。

我们要关注世界科学前沿,赶超世界先进水平。当前,以各种类型的记忆材料和相关职能技术为基础的初级智能器件(如智能探测器和控制器、智能红外摄像仪、智能天线、太阳能收集器、智能自动调光窗口等)要优先研究,并研究智能材料(如功能金属、功能陶瓷、功能聚合物、功能玻璃和功能复合材料以及分子原子材料)在智能技术和智能传感器中的应用途径,从而达到发展高级智能器件、纳米级微型机器人和人工脑等系统的目的,使我国的人工智能技术和智能传感器技术达到或超过世界先进水平。

9.4　微波传感器

微波传感器是继超声波、激光、红外和核辐射等传感器之后的一种新型的非接触式传感器。微波是介于红外线与无线电波之间的电磁辐射,具有电磁波的性质。它不仅用于微波通信、卫星发射等无线通信,而且在雷达、导弹诱导、遥感、射电望远镜等方面也有应用。由于微波与物质的相互作用,在工业中,微波传感器对材料无损检测及物位检测具有独到之处。在地质勘探方面,微波断层扫描成为地质及地下工程的得力助手。因此,微波传感器在工业、农业、地质勘探、能源、材料、国防、公安、生物医学、环境保护、科学研究等方面具有广阔的应用前景。

9.4.1　微波概述

微波是波长为 1mm～1m 的电磁波,可以细分为三个波段：分米波、厘米波、毫米波。

微波既具有电磁波的性质，又不同于普通无线电波和光波，是一种相对波长较长的电磁波。微波具有下列特点：

① 定向辐射的装置容易制造；

② 遇到各种障碍物易于反射；

③ 绕射能力差；

④ 传输特性好，传输过程中受烟雾、火焰、灰尘、强光的影响很小；

⑤ 介质对微波的吸收与介质的介电常数成比例，水对微波的吸收作用最强。

9.4.2　微波传感器的原理和组成

1. 微波传感器的测量原理及分类

微波传感器是利用微波特性来检测某些物理量的器件或装置。由发射天线发出微波，此波遇到被测物体时将被吸收或反射，使微波功率发生变化。若利用接收天线接收通过被测物体或由被测物体反射回来的微波，并将它转换为电信号，再经过信号调理电路，即可以显示出被测量，实现微波检测。根据微波传感器的原理，微波传感器可以分为反射式和遮断式两类。

(1) 反射式微波传感器

反射式微波传感器是通过检测被测物反射回来的微波功率或经过的时间间隔来测量被测量的。通常它可以测量物体的位置、位移、厚度等参数。

(2) 遮断式微波传感器

遮断式微波传感器是通过检测接收天线收到的微波功率大小来判断发射天线与接收天线之间有无被测物体或被测物体的厚度、含水量等参数的。

2. 微波传感器的组成

微波传感器通常由微波发射器(即微波振荡器)、微波天线及微波检测器三部分组成。

(1) 微波振荡器及微波天线

微波振荡器是产生微波的装置。由于微波波长很短，即频率很高(300MHz～300GHz)，要求振荡回路中具有非常微小的电感与电容，因此不能用普通的电子管与晶体管构成微波振荡器。构成微波振荡器的器件有调速管、磁控管或某些固态器件，小型微波振荡器也可以采用体效应管。

由微波振荡器产生的振荡信号需要用波导管(管长为 10cm 以上，可用同轴电缆)传输，并通过天线发射出去。为了使发射的微波具有尖锐的方向性，天线要具有特殊的结构。常用的微波天线如图 9-25 所示，其中有喇叭形天线、抛物面天线、介质天线与隙缝天线等。

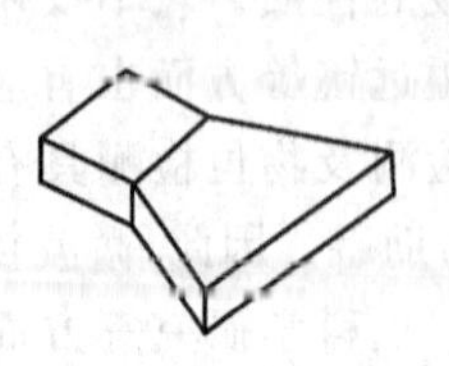
(a) 扇形喇叭天线

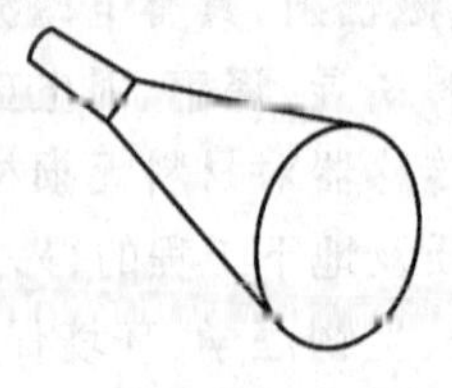
(b) 圆锥形喇叭天线

(c) 旋转抛物面天线

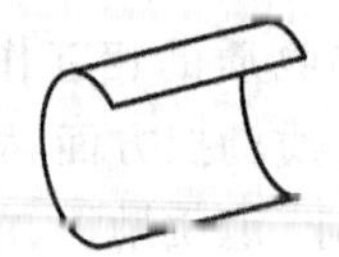
(d) 抛物柱面天线

图 9-25　常用的微波天线

喇叭形天线结构简单,制造方便,可以看做波导管的延续。喇叭形天线在波导管与空间之间起匹配作用,可以获得最大能量输出。抛物面天线使微波发射方向性得到改善。

(2) 微波检测器

电磁波作为空间的微小电场变动而传播,所以使用电流-电压特性呈现非线性的电子元件作为探测它的敏感探头。与其他传感器相比,敏感探头在其工作频率范围内必须有足够快的响应速度。作为非线性的电子元件,在几兆赫以下的频率通常可用半导体 PN 结,而对于频率比较高的可使用肖特基结。在灵敏度特性要求特别高的情况下,可使用超导材料的约瑟夫逊结检测器、SIS 检测器等超导隧道结元件;而在接近光的频率区域,可使用由金属-氧化物-金属构成的隧道结元件。

微波的检测方法有两种,一种是将微波变化为电流的视频变化方式,另一种是与本机振荡器并用而变化为频率比微波低的外差法。

微波检测器性能参数有:频率范围、灵敏度-波长特性、检测面积、FOV(视角)、输入耦合率、电压灵敏度、输出阻抗、响应时间常数、噪声特性、极化灵敏度、工作温度、可靠性、温度特性、耐环境性等。

3. 微波传感器的特点

微波传感器作为一种新型的非接触传感器具有如下特点:

① 有极宽的频谱(波长为 1.0mm～1.0m)可供选用,可根据被测对象的特点选择不同的测量频率;

② 烟雾、粉尘、水汽、化学气氛以及高、低温环境对检测信号的传播影响极小,因此可以在恶劣环境下工作;

③ 时间常数小,反应速度快,可以进行动态检测与实时处理,便于自动控制;

④ 测量信号本身就是电信号,无须进行非电量的转换,从而简化了传感器与微处理器间的接口,便于实现遥测和遥控;

⑤ 微波无显著辐射公害。

微波传感器存在的主要问题是零点漂移和标定尚未得到很好的解决。其次,使用时外界环境因素影响较多,如温度、气压、取样位置等。

9.4.3 微波传感器的应用

1. 微波液位计

微波液位计如图 9-26 所示。相距为 S 的发射天线与接收天线,相互成一定角度。波长为 λ 的微波信号从被测液面反射后进入接收天线。接收天线接收到的微波功率的大小将随着被测液面的高低不同而异。

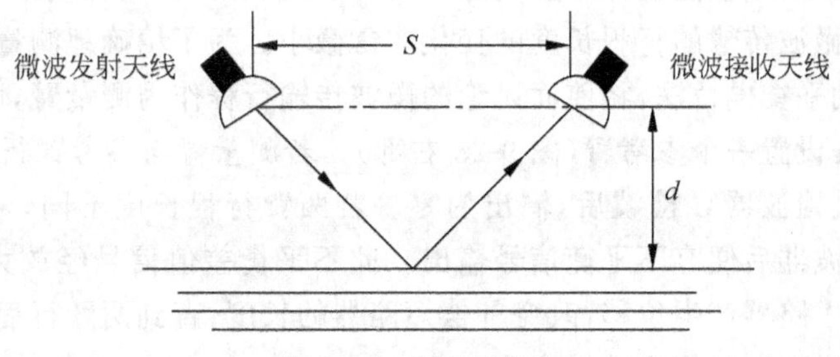

图 9-26　微波液位计

2. 微波湿度传感器

水分子是极性分子,常态下以偶极子形式杂乱无章地分布着。在外电场作用下,偶极子会形成定向排列。当微波场中有水分子时,偶极子受场的作用而反复取向,不断从电场中得到能量(储能),又不断释放能量(放能),前者表现为微波信号的相移,后者表现为微波衰减。这个特性可用水分子自身的介电常数 ε 来表征,即

$$\varepsilon = \varepsilon' + \alpha\varepsilon'' \tag{9-25}$$

式中:ε'——储能的度量;

ε''——衰减的度量;

α——常数。

ε'与ε''不仅与材料有关,还与测试信号频率有关,所以极性分子均有此特性。一般干燥的物体,如木材、皮革、谷物、纸张、塑料等,其ε'在 1～5 范围内,而水的ε'则高达 64,因此如果材料中含有少量水分子,其复合ε'将显著上升,ε''也有类似性质。

使用微波传感器测量干燥物体与含一定水分的潮湿物体所引起的微波信号的相移与衰减量,就可以换算出物体的含水量。

图 9-27 给出了酒精含水量测量仪框图,图中 MS 产生的微波功率经分功率器分成两路,再经衰减器 A_1 和 A_2 分别注入两个完全相同的转换器 T_1 和 T_2 中。其中,T_1 放置无水酒精,T_2 放置被测样品。相位与衰减测定仪(PT 和 AT)分别反复接通两电路(T_1 和 T_2)输出,自动记录与显示它们之间的相位差与衰减差,从而确定样品酒精的含水量。

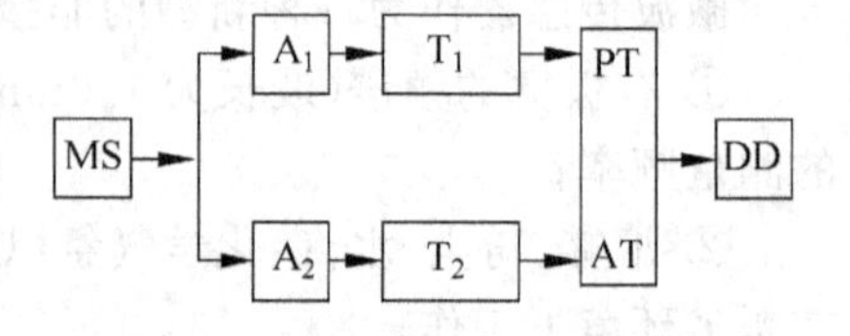

图 9-27 酒精含水量测量仪框图

对于颗粒状物料,由于其形状各异、装料不均匀等因素影响,测量其含水量时,对微波传感器要求较高。

3. 微波测厚仪

微波测厚仪是利用微波在传播过程中遇到被测物体金属表面被反射,且反射波的波长与速度都不变的特性进行测厚的。

微波测厚仪原理如图 9-28 所示,在被测金属物体上下两表面各安装一个终端器。微波信号源发出的微波,经过环行器 A、上传输波导管传输到上终端器,由上终端器发射到被测物体上表面,微波在被测物体上表面全反射后又回到上终端器,再经过传输导管、环行器 A、下传输波导管传输到下终端器。由下终端器发射到被测物体下表面的微波,经全反射后又回到下终端器,再经过传输导管回到环行器 A。因此被测物体的厚度与微波传输过程中的行程长度有密切关系,当被测物体厚度增加时,微波传输的行程长度便减小。

一般情况下,微波传输的行程长度的变化非常微小。为了精确地测量出这一微小变化,通常采用微波自动平衡电桥法,将前面讨论的微波传输行程作为测量臂,而对完全模拟测量臂微波的传输行程设置一个参考臂(图 9-28 右部)。若测量臂与参考臂行程完全相同,则反相叠加的微波经过检波器 C 检波后,输出为零。若两臂行程长度不同,两路微波叠加后不能相互抵消,经检波器后便有不平衡信号输出。此不平衡差值信号经放大后控制可逆电动机旋转,带动补偿短路器产生位移,改变补偿短路器的长度,直到两臂行程长度完全相同,放大器输出为零,可逆电动机停止转动为止。

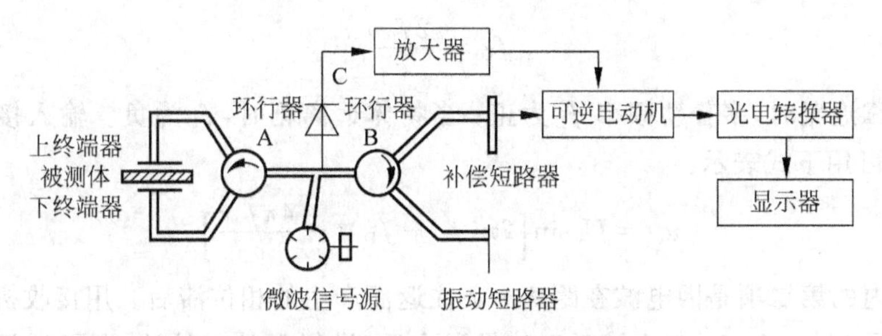

图 9-28　微波测厚仪原理图

补偿短路器的位移与被测物厚度增加量之间的关系式为

$$\Delta S = L_B - (L_A - \Delta L_A) = L_B - (L_A - \Delta h) = \Delta h \tag{9-26}$$

式中，L_A——电桥平衡时测量臂行程长度；

L_B——电桥平衡时参考臂行程长度；

ΔL_A——被测物厚度变化 Δh 后引起的测量臂行程长度变化值；

Δh——被测物厚度变化值；

ΔS——补偿短路器位移值。

由上式可知，补偿短路器位移值 ΔS 即为被测物厚度变化值 Δh。

4. 微波辐射计（温度传感器）

任何物体，当它的温度高于环境温度时，都能够向外辐射热能。微波辐射计能测量对象的温度。普朗克公式在微波领域可近似为

$$L_0(\lambda, T) = \frac{2CkT}{\lambda^4} \tag{9-27}$$

就微波辐射计而言，它以一定的频带宽检测来自物体的微波辐射辉度 $L(\lambda, T)$。由于此电信号输出正比于物体的发射率 $\varepsilon(\lambda, T)$ 和绝对温度的乘积，因此微波辐射计指示的温度不是物体的真实温度，而是辉度温度 $\varepsilon(\lambda, T)T$。

图 9-29 给出了微波温度传感器的原理框图。图中 T_i 为输入（被测）温度，T_c 为基准温度，C 为环行器，BPF 为带通滤波器，LNA 为低噪声放大器，IFA 为中频放大器，M 为混频器，LO 为本机振荡器。

微波温度传感器最有价值的应用是微波遥测，将它装在航天器上，可以遥测大气对流层的状况，进行大地测量与探矿，遥测水质污染程度，确定水域范围，判断植物品种等。

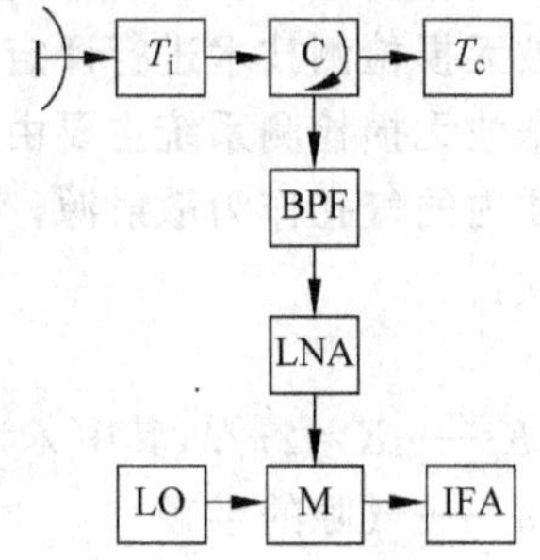

图 9-29　微波温度传感器原理框图

5. 微波测定移动物体的速度和距离

微波测定移动物体的速度和距离利用雷达能动地将电波发射到对象物，并接收返回的反射波的能动型传感器。若对在距离发射天线为 r 的位置上以相对速度 v 运动的物体发射微波，则由于多普勒效应，反射波的频率 f_r 发生偏移，如下式所示：

$$f_r = f_0 + f_D \tag{9-28}$$

式中，f_D 是多普勒频率，并可表示为

$$f_D = \frac{2f_0 v}{c} \tag{9-29}$$

当物体靠近靶时，多普勒频率 f_D为正；当物体远离靶时，f_D为负。输入接收机的反射波的电压 u_e可用下式表示：

$$u_e = U_e \sin\left[2\pi(f_0 + f_D)t - \frac{4\pi f_0 r}{c}\right] \tag{9-30}$$

中括号内的第二项是因电波在距离 r 上往返而产生的相位滞后。用接收机将来自发射机的参照信号 $U_e \sin 2\pi f_0 t$ 与上述反射信号混合后，进行超外差检波，则可得到如下具有两频率之差，即 f_D的差拍频率的多普勒输出信号：

$$u_d = U_d \sin\left(2\pi f_D t - \frac{4\pi f_0 r}{c}\right) \tag{9-31}$$

因此，根据测量到的差拍信号频率，可测定相对速度。但是，用此方法不能测定距离。为此考虑发射频率稍有不同的两个电波 f_1 和 f_2，这两个波的反射波的多普勒频率也稍有不同。若测定这两个多普勒输出信号成分的相位差为 $\Delta\Phi$，则可利用下式求出距离 r：

$$r = \frac{c\Delta\Phi}{4\pi(f_2 - f_1)} \tag{9-32}$$

6. 微波无损检测

微波无损检测综合利用微波与物质的相互作用，一方面微波在不连续界面处会产生反射、散射、透射，另一方面微波还能与被检材料产生相互作用，此时的微波场会受到材料中的电磁参数和几何参数的影响。通过测量微波信号基本参数的改变即可达到检测材料内部缺陷的目的。

在工艺过程中，由于纤维的表面状态、树脂黏度、低分子物含量、线性高聚物向体型高聚物转化的化学反应速度、树脂与纤维的浸渍性、组分材料热膨胀系数的差异以及工艺参数控制的影响等因素，在复合材料制品中难免会出现气孔、疏松、树脂开裂、分层、脱黏等缺陷。这些缺陷在复合材料制品中的位置、尺寸以及在温度和外载荷作用下对产品性能的影响，可用微波无损检测技术进行评定。

微波无损检测系统主要由天线、微波电路、记录仪等部分组成，如图 9-30 所示。当以金属介质内的气孔作为散射源，产生明显的散射效应时，最小气隙的半径与波长的关系符合下列公式：

$$Ka \approx 1 \tag{9-33}$$

式中，K——$K=2\pi/\lambda$，其中 λ 为波长；

a——气隙的半径。

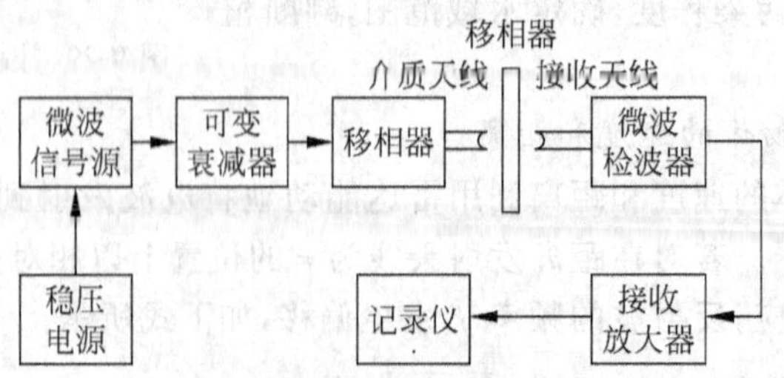

图 9-30　微波无损检测方框图

当微波的工作频率为 36.5GHz 时，$a=1.0$mm，也就是说，$\lambda=6$mm 时，可检出的孔隙的最小直径约为 2.0mm。从原理上讲，当微波波长为 1mm 时，可检出的最小的孔径大约为 0.3mm。通常，根据所要检测的介质中最小气隙的半径来确定微波的工作频率。

本章小结

本章主要介绍测试系统中其他常用传感器的基础知识，分别从工作原理、特性、使用方法等方面介绍了热电偶传感器、仿生传感器、微波传感器、智能传感器的相关基本知识。

热电偶传感器是将温度转换成电动势的一种测温传感器，测温原理基于热电效应：将两种不同材料的导体组成一个闭合回路，当两个接触点温度 T 和 T_0 不同时，在该回路中就会产生电动势，这种现象称为热电效应，相应的电动势称为热电动势，这两种不同材料的导体的组合就称为热电偶。工程上用于热电偶的材料应满足以下条件：热电动势变化尽量大，热电动势与温度的关系尽量接近线性关系，物理、化学性能稳定，易加工，复现性好，便于成批生产，有良好的互换性。

仿生就是利用现有的科学技术把生物体（或人）的行为和思想进行部分的模拟，其器件成为仿生传感器。仿生传感器可分为视觉、听觉、接触觉、压觉、接近觉、力觉、滑觉等七类。由于这类传感器非常"年轻"，仅有 20 年左右的历史，它的技术尚未达到完善的阶段，本章仅仅对于研究得较为成熟的仿生传感器以定性方式分类，介绍了它们的工作原理、结构等。

智能传感器在检测及自动控制系统中具有相当于人的五感（即视、听、触、嗅、味）的重要作用，自动化系统的功能越全，系统对传感器的依赖程度也越大。在高级控制系统中，智能传感器是一项关键技术。智能传感器是传感器与计算机技术融汇为一体，具有信息真实、信号处理、随机整定、自适应、自诊断、识别、根据需要修改内含特定算法的器件，可用于航天航空、国防、科研、医疗、生物、工业生产、家用电器等各个领域。

微波传感器是继超声波、激光、红外和核辐射等传感器之后的一种新型的非接触式传感器。微波是介于红外线与无线电波之间的电磁辐射，具有电磁波的性质。它不仅用于微波通讯、卫星发送等无线通信，而且在雷达、导弹诱导、遥感、射电望远镜等方面也有应用。由于微波与物质的相互作用，在工业中，微波传感器对材料无损检测及物位检测具有独到之处。在地质勘探方面，微波断层扫描成为地质及地下工程的得力助手。所以微波传感器在工业、农业、地质勘探、能源、材料、国防、公安、生物医学、环境保护、科学研究等方面具有广泛的应用前景。

思考题与习题 9

9-1　目前工业上常用的热电偶有哪几种？

9-2　为什么用热电偶测温时要进行冷端温度补偿？常用的补偿方法有哪些？

9-3　什么是热电偶的中间温度定律？说明该定律在热电偶实际测温中的意义。

9-4　什么是补偿导线？为什么要使用补偿导线？补偿导线的类型有哪些？在使用时

要注意哪些问题？

9-5　用分度号为Pt100的铂热电阻测温，当被测温度分别为－100℃和650℃时，求铂热电阻的阻值R_{t1}和R_{t2}分别为多大？

9-6　求用分度号为Cu100的铜热电阻测量50℃温度时的铜热电阻的阻值。

9-7　用K型热电偶（镍铬-镍硅）测量炉温，已知热电偶冷端温度为$t_0=30℃$，$E_{AB}(30℃,0℃)=1.203mV$，用电子电位差计测得$E_{AB}(t,30℃)=37.724mV$。求炉温t。

9-8　简述微波作为传感器的测量机理。

9-9　微波传感器有哪些特点？微波传感器如何分类？

9-10　微波辐射计是如何进行温度测量的？温度和波长之间的关系如何？

9-11　微波无损检测是如何进行测量的？

9-12　什么叫智能传感器？智能传感器有哪些实现方式？

9-13　智能传感器一般由哪些部分构成？它有哪些显著特点？

9-14　传感器的智能化与集成智能传感器有何区别？

9-15　举例说明集成智能传感器的结构和特点。

参考文献

[1] 王迪.传感器电路制作与调试项目教程.北京：电子工业出版社，2011年

[2] 徐军，冯辉.传感器技术基础与应用实训.北京：电子工业出版社，2010年

[3] 张玉莲.传感器与自动检测技术.北京：机械工业出版社，2010年

[4] 冯成龙，刘洪恩.传感器应用技术项目化教程.北京：清华大学出版社，北京交通大学出版社，2009年

[5] 张洪润，张亚凡，邓洪敏.传感器原理及应用.北京：清华大学出版社，2008年

[6] 何道清，张禾.传感器与传感器技术.北京：科学出版社，2008年

[7] 郁有文，常健，程继红.传感器原理及工程应用.西安：西安电子科技大学出版社，2004年

反侵权盗版声明

举报电话：(010) 88254396；(010) 88258888
传　　真：(010) 88254397
E-mail：dbqq@phei.com.cn
通信地址：北京市海淀区万寿路 173 信箱
　　　　　电子工业出版社总编办公室
邮　　编：100036